# 沼气工程与生物质能源开发

尹冬雪　刘　伟◎著

中国原子能出版社
China Atomic Energy Press

图书在版编目（CIP）数据

沼气工程与生物质能源开发 / 尹冬雪，刘伟著. --
北京 : 中国原子能出版社，2021.1 （2024.10重印）
ISBN 978-7-5221-1217-6

Ⅰ. ①沼… Ⅱ. ①尹… ②刘… Ⅲ. ①沼气工程—关系—生物能源—能源开发—研究 Ⅳ. ①S216.4②TK6

中国版本图书馆CIP数据核字(2021)第028108号

**沼气工程与生物质能源开发**

出　　版　中国原子能出版社（北京市海淀区阜成路 43 号 100048）
责任编辑　蒋焱兰　邮箱：ylj44@126.com　QQ：419148731
特约编辑　易艳辉　瞿明康
装帧设计　梁　晶
印　　刷　三河市华晨印务有限公司
经　　销　全国新华书店
开　　本　787mm×1092mm　1/16
印　　张　14.25
字　　数　220千字
版　　次　2021年3月第1版　2024年10月第 2 次印刷
书　　号　ISBN 978-7-5221-1217-6
定　　价　75.00元

出版社网址：http://www.aep.com.cn　　E-mail：atomep123@126.com
发行电话：010-68452845

# 前　　言

进入20世纪以后，化石能源被人们大量使用，人类社会进入以石油为主要能源和各种原料的工业化时代，但是，随着全球化的高速发展，化石能源已呈现短缺趋势，与此同时，化石能源使生态平衡的良性循环变得复杂，基于此，人们开始强烈希望尽可能多地利用太阳能对二氧化碳的还原产出的生物质，从而尽量减少二氧化碳在空气中的积累，为此，生物质能源的开发与利用得到了世界各国的普遍重视。今天，可再生能源主要是指生物质能源，其次还包括风能、太阳能等。在可再生能源中，应用领域较为广泛的能源之一便是沼气。

沼气技术在可再生能源生产、环境污染治理和农业生产等方面发挥着重要的作用。经过长期的发展，沼气技术涉及的理论认知、发酵工艺、净化提纯等都取得了长足的进步。我国沼气技术始于20世纪30年代，在发展初期以农村户用型沼气池为主，之后逐渐发展到大中型沼气工程。

本书分为两大部分，即沼气工程的相关理论知识与生物质能源的技术水平和发展趋势。前七章分别从沼气技术的基础理论逐渐深入至沼气工程的系统设计，内容详实、深入浅出，力求集知识性、系统性、实用性于一体。八至十一章是生物质能源部分，在重点突出基本概念、基本理论和原理的同时，体现生物质能源对现代社会的影响力，并对生物质能源未来发展的方向进行了科学的论述，以期为读者加深认识，理顺思路，同时激发出对生物质能源的钻研兴趣。

本书在编写过程中，参考了大量国内外有关资料，在此表示深深的谢意。由于书中内容涉及面广，编者水平有限，书中难免存在不足之处，敬请谅解。

# 目 录

第一章 沼气的来源与性质……1
第一节 沼气的来源……1
一、传统沼气池……2
二、高效厌氧消化……3
三、垃圾填埋场……7
第二节 沼气的性质和用途……8
一、沼气的成分……8
二、沼气的物理性质……10
三、沼气的化学性质……11
四、沼气的用途……12
第二章 原料预处理……15
第一节 原料收集与运输……15
一、粪便类原料……16
二、秸秆类原料……16
第二节 原料贮存……16
一、秸秆贮存仓……17
二、液态原料贮存池……18
三、固态原料堆棚……19
第三节 除 杂……19
一、格栅……19
二、除砂……21
第四节 提 质……25
一、物理预处理……26
二、化学预处理……29

三、生物预处理 30
四、组合预处理 32

第五节 消 毒 33

第六节 沼气发酵装置进料 34
一、液态原料的输送 34
二、固态原料的输送 36
三、液态原料的进料 37
四、固态原料的进料 37

第三章 沼气发酵工艺 39

第一节 沼气发酵的生化过程 39

第二节 沼气发酵微生物 40
一、发酵性细菌 40
二、产氢产乙酸菌 40
三、耗氢产乙酸菌 41
四、产甲烷菌 41
五、硫酸盐还原菌 42
六、产酸菌与产甲烷菌之间的速率平衡 42

第三节 沼气发酵过程的优化 43
一、保持沼气发酵装置内足够数量的微生物 43
二、提高微生物的活性 44
三、加强微生物与底物的传质效果 51

第四节 沼气工程发酵工艺 52
一、完全混合式厌氧反应器 52
二、厌氧接触 56
三、厌氧滤池 58
四、升流式厌氧污泥床 61
五、厌氧颗粒污泥膨胀床 65
六、内循环厌氧反应器 67
七、厌氧序批式反应器 70

八、厌氧复合反应器 ...... 73
九、厌氧挡板反应器 ...... 74

第五节 沼气发酵装置启动与运行 ...... 76
一、沼气发酵装置调试启动 ...... 76
二、沼气发酵装置运行 ...... 79

**第四章 沼气净化与提纯 ...... 82**

第一节 沼气特性与质量要求 ...... 82
一、沼气成分 ...... 82
二、不同沼气利用方式的质量要求 ...... 84

第二节 沼气净化技术 ...... 86
一、沼气脱水 ...... 86
二、沼气脱硫 ...... 89
三、除氧气、氮气 ...... 95
四、去除其他微量气体 ...... 95

第三节 沼气提纯技术 ...... 96
一、变压吸附 ...... 96
二、水洗 ...... 98
三、有机溶剂物理吸收 ...... 100
四、有机溶剂化学吸收 ...... 101
五、膜分离 ...... 103
六、低温提纯 ...... 104
七、沼气提纯技术的经济效益 ...... 105

**第五章 沼气利用 ...... 106**

第一节 集中供气 ...... 106
一、用气量 ...... 106
二、供气压力 ...... 106
三、供气管网 ...... 107
四、气压调节 ...... 108
五、供气管道系统安装 ...... 111

六、居民生活用气……115
七、公共建筑（商业）用气……119

第二节 沼气发电……123
一、沼气发电机组……123
二、沼气发电余热利用……128
三、沼气发电并网系统……129
四、沼气发电对气质的要求……129
五、压缩装置……130
六、储气罐……130
七、加气站设计基本原则……130

第三节 注入天然气管网……131
一、沼气注入天然气管网的气质要求……131
二、沼气提纯注入天然气管网……132
三、沼气不经提纯注入管网……135

第四节 沼气与生态农业……135
一、沼气的能源利用……135
二、沼气热能利用技术……142
三、沼气非热利用技术……148
四、沼气与大棚种植技术……154

第六章 沼气工程系统设计……158

第一节 站址选择与布局……158
一、站址选择……158
二、沼气站平面布置……159
三、沼气站高程布置……164

第二节 管道、泵与阀门……165
一、管道……166
二、泵……169
三、阀门……171

第三节 沼气发酵装置的保温与加热 ........ 172
一、保温材料 ........ 172
二、加热 ........ 173
三、保温制作 ........ 175

第四节 给水及消防 ........ 180
一、给水系统 ........ 180
二、消防 ........ 181

第五节 安全防护 ........ 184
一、防火防爆 ........ 184
二、防毒防窒息 ........ 185
三、其他防护措施 ........ 185

第六节 职业卫生与防护 ........ 186
一、职业危害类别 ........ 187
二、职业危害防控 ........ 188

**第七章 生物质能发电 ........ 192**

第一节 什么叫生物质能发电 ........ 192
一、你知道有多少种发电方法 ........ 192
二、火力发电厂是怎样发电的 ........ 195
三、什么叫生物质能发电 ........ 196

第二节 固体生物质发电 ........ 197
一、生物质固体成型燃料发电 ........ 197
二、利用秸秆粉和燥粉混合发电 ........ 197
三、秸秆直燃式发电 ........ 197
四、城市生活垃圾焚烧发电 ........ 199
五、废木材发电 ........ 202
六、甘蔗渣发电 ........ 202
七、稻壳发电 ........ 203
八、鸡粪发电 ........ 203

第三节 生物质液化发电 …… 204
一、啤酒发电 …… 204
二、甲醇发电 …… 204
三、甲醇燃料电池 …… 204

第四节 生物质气化发电 …… 204
一、秸秆气化发电系统 …… 205
二、稻壳气化发电 …… 205
三、生物质气化（燃气–蒸汽联合循环）发电 …… 205
四、生物质热裂解气化发电 …… 206
五、湿式生物质气化发电系统 …… 206
六、生活垃圾低温负压热馏处理发电 …… 206

第五节 有趣的生物质能发电探索 …… 207
一、日本开发海藻发电新技市 …… 207
二、大型会展期间产生的生物质能供燃料电池发电 …… 207
三、大黄蜂能收集太阳能并可转换成电能 …… 207
四、用狗粪点亮路灯 …… 207
五、用尿液能发电 …… 208

**第八章 生物质能源发展前程似锦 …… 209**

第一节 发展我国生物质能的产业链 …… 209
一、大力发展生物质能的原料 …… 209
二、燃料乙醇、生物紫油等重点产品的展望 …… 210
三、集中力量、因地制宜发展生物质能产业 …… 213
四、规划目标明确，措施给力 …… 213

第二节 生物质能源研发的瓶颈与对策 …… 213
一、能源植物资源与改良 …… 213
二、生物质液化和液态生物质燃料的研发 …… 214
三、生物质气化生产 …… 215
四、制备氢的研究和开发 …… 215
五、提高生物质能的自主科技创新能力 …… 216
六、中国需要开发三种绿色能源 …… 216

# 第一章 沼气的来源与性质

沼气是各种有机物在隔绝空气时，保持一定的湿度、浓度、酸碱度等条件下，经过各类厌氧微生物的分解代谢而产生的一种可燃性气体。这种气体是一种可再生的生物质能源。所谓生物质能源是指自然界里各种绿色植物通过叶绿素的光合作用，将太阳能转化为化学能固定在生物体内的一种能源。所有生物质里都储存着以化学能存在的生物能量。沼气属于生物质能源，是自然界中可不断再生的能源，可以说是取之不尽、用之不竭的生物质能源。

## 第一节 沼气的来源

植物在水中或者沼泽等环境中会腐烂产生沼气，普遍存在于煤矿及地层中间的沼气，也称为天然气，其主要成分均为甲烷。公元前1066—前771年，我国西周《周易》一书在谈到一些自然界发生的现象时说："象曰：'泽中有火。'"这里的"泽"就是沼泽。"火井"是我国古代人们给天然气井的形象命名。根据现已发现的文字记载，在我国辽阔的土地上，北起长城内外，南到云贵高原，西至玉门关外，东临黄海之滨和中国台湾省，古代都曾发现过天然气，有的地方早在两千年前就钻凿了天然气井。

由于沼泽中的土壤含水量饱和造成缺氧环境，有机物在厌氧状态下降解会缓慢释放出沼气。1776年发明电池的意大利物理学家C.A.Volta（1745—1827）在写给他友人的信中，叙述了发现甲烷的经过。他在意大利北部科摩（Como）湖中取得淤泥，用木棒搅动淤泥，让冒出的气泡通入倒转过来并充满水的瓶中，收集到一种气体。将此气体点燃时，火焰呈青蓝色，燃烧较慢，需要10～12倍体积的空气才会燃烧或爆炸，不同于氢气的燃烧。除了泥沼，海洋也是沼气的重要来源，它每年的沼气产生量占全球沼气排放量的

1%～4%。有研究表明，海洋中沼气是磷酸甲基酯等有机物分解后的产物。此外，在污水沟、粪池和反刍动物瘤胃等厌氧环境中也会产生沼气。

1630年，Van Helmont首次发现在有机物腐烂过程中可以产生一种可燃气体，并且发现在动物肠道中也存在这种气体。Volta认为这种可燃气体的产生量与可降解有机物的量有直接的联系。Humphry Davy于1808年认定牛粪厌氧消化气体中存在甲烷气体。

虽然厌氧产沼气的现象很早就被人们发现，但有意识地利用有机物厌氧发酵生产沼气的技术却只有100多年的历史。

## 一、传统沼气池

沼气发酵是在没有硝酸盐、硫酸盐、氧气和光线的条件下，经过微生物氧化分解的作用，把复杂有机物中的碳素化合物彻底氧化分解成二氧化碳，一部分碳素彻底还原成甲烷的过程。我们可以人为地将秸秆、杂草、树叶、人畜粪便等有机废弃物投入到沼气池中，调节环境温度、湿度、酸度，隔绝空气，为有机物厌氧发酵创造适宜的条件，产生沼气供人们生活生产使用。

实际上，中国农村的沼气发酵就是典型的利用厌氧消化法处理农业废物获得能源的代表。我国农村沼气建设起步于20世纪70年代，初期主要以解决农村地区能源短缺为目标。20世纪80年代中后期，随着农村经济的发展，农村能源短缺的问题得到缓解，为满足广大农民对清洁、方便和低成本能源的需求，沼气建设进入第二个发展阶段，以燃料改进和优质化能源开发为主要目标。

20世纪90年代后，在广大农民积极参与和自主创新的推动下，沼气技术与农业生产技术紧密结合，形成了以南方“猪～沼～果（菜、稻、茶、渔）”和北方“四位一体”（猪～沼～菜～厕，即猪舍、沼气池、日光温室和厕所结合为一体）为代表的能源生态模式，沼气建设随之突破传统的燃料生产、供应领域，进入农村经济建设主战场。在1995年之后，进入了第三个发展阶段，其标志是“生态家园工程”和“能源环境工程”等示范项目的开展，将沼气建设与农户住宅、厨房、厕所、畜舍、庭院环境卫生等结合起来，促进农户生产与生活、农田与庭院的紧密联系和良性循环，以期达到家居温暖清洁化、庭院经济高效化和农业生产无害化。

2003年的农村沼气国债资金建设项目涉及540个县，占全国县级行政区域的1/5，按照这个发展趋势，农村沼气建设将在几年内普及全国大部分地区。目前我国农村沼气池数量已超过5000万口。

## 二、高效厌氧消化

同传统的沼气池发酵产沼气相比，现代高效厌氧消化工艺对有机质的利用率、产沼率较高，并且产气速度快，有更广阔的工程应用前景，能更好地利用污水与有机垃圾制造可再生能源。高效厌氧消化的原料包括高浓度有机废水以及城市污水处理产生的污泥。高浓度有机废水主要包括养殖场废水以及啤酒、酒精、柠檬酸、味精、制糖、淀粉、食品和化工等行业所排放的工业废水。高浓度有机废水因其有机物含量高而多采用厌氧生物法进行处理，废水经过厌氧微生物的作用，其中大量的有机质被微生物利用转化成为沼气。厌氧消化的主要对象如下。

1.工业废水

厌氧处理适用于有机物浓度较高的工业废水，如发酵废水、淀粉废水、食品废水、纺织印染废水、抗菌素废水、中药废水、酱品废水、含油废水、有机磷农药废水、造纸废水、制革废水等，同时也适用于生活污水以及稀释的工业废水等低浓度有机废水。截至2003年底，全国工业有机废水共建成600个沼气工程，厌氧池总容积150万$m^3$。年处理有机废水约1.5亿t，仅占应处理总量的4%，年产沼气10亿$m^3$。这些工程主要分布在山东、四川、江苏等18个省市区，其中山东105处，占25.9%。

2.城市有机垃圾

根据De Baere的资料，欧洲固体垃圾总的厌氧处理量由1990年的12万t/年发展到2000年的100万t/年以上，增长了8.2倍。欧洲的有机垃圾量已有1/4是经厌氧处理的，而且发展速度逐年增大，1990—1995年的发展速度为3万t/年，1996—2000年为15万t/年。在中国，随着人们生活水平的提高，所产生的固体垃圾中，有机垃圾的比例不断提高，这部分有机垃圾可以进行生物处理，包括好氧堆肥和厌氧消化。目前国内尚未进行分类收集，城市生活垃圾的成分复杂，有机成分和其他成分混杂在一起，若采用好氧堆肥，很难获得高质量的肥料，而以厌氧消化作为获得沼气的工艺，对于混合收集的城市生活垃圾来说，是一种更合适的处理方法。

3.污水污泥

我国早就对城市污水处理率提出了明确的要求，中国城市污水处理率已达较高的水平，其中135个城市的污水处理率已超过70%。

在废水的处理中，通常要截留相当数量的悬浮物质，这些物质与水的混合体叫污泥。污泥中含有大量的有毒有害物质，如寄生虫卵、病原微生物、细菌、合成有机物及重金属离子，还含有各种植物营养素、有机物及水分等。污泥易于腐化发臭，颗粒较细，因此污泥需要及时处理，以确保污水处理厂正常运行，有害及发臭物质得到妥善处理或稳定，避免对环境造成二次污染。污泥的含水率较高，初沉池污泥的含水率为95%～97%，而剩余活性污泥的含水率高达99%以上，并且不易脱水，若进行焚烧，污泥中的大量水分则会影响燃烧效率；若直接进行填埋，则会增加后续渗滤液的处理量和处理难度。

在污泥的处理中，厌氧消化是较为普遍的一种稳定化工艺。污泥通过厌氧消化，会使污泥的体积减小为原来的1/2～2/3，污泥脱水效果提高，水分与固体易于分离，稳定性增强，无明显的恶臭，有毒细菌减少。目前世界各国在污泥处理的领域仍以污泥厌氧消化工艺为主，厌氧消化工艺是在20世纪40～50年代开发的成熟的污泥处理工艺，英国在1977年调查的98个城市污水处理厂中有73个建有污泥消化池，美国建有污泥消化池的污水处理厂总数为4 286个，欧美各国多数污水处理厂都建有污泥消化池。

4.农村秸秆

我国是农业生产大国，秸秆的分布广，产量大，根据我国主要农作物产量和谷草比计算，每年我国秸秆产量都有数亿吨，其中以稻草、玉米秸秆、麦秸秆为主，占秸秆总量的77.2%。近年来随着人民生活水平的提高，使用商品能源的农村人口逐渐增加，我国农村能源结构正在逐渐发生变化，秸秆利用率呈明显降低的趋势，在麦收和秋收季节，出现了田间直接焚烧秸秆的现象。大量秸秆的露天燃烧，不仅浪费了这部分资源，还导致了$CO_2$、$SO_2$等气体的排放，污染了空气。除燃烧外，目前秸秆的处理方式主要有还田、饲料化、气化、固化、炭化以及制取化学品，如乙醇等。

秸秆中含有丰富的有机质和氮、磷、钾等，可以作为肥料直接还田，简单易行，适用范围广。秸秆还田利用可增加土壤有机质和速效养分含量，培肥地力，缓解氮、磷、钾比例失调的矛盾，并可改良土壤结构，使土壤容重下降，孔隙度增加，更加有利于涵养水分。同时，秸秆还田还为土壤微生物提供了充分的碳源，促进微生物的生长、繁殖，提高土壤的生物活性。秸秆覆盖地面，干旱期可减少土壤水分的地面蒸发量，保持耕田的蓄水量；雨季可缓冲雨水对土壤的侵蚀，抑制杂草生长，改善地—空热交换状况。此外，秸秆还田还可以降低病虫害的发病率，减轻土壤盐碱度，增加作物的产量，提高作物的品质，优化农田生态环境。秸秆还田增产的机理主要是养分效应、改良土壤效应和农田环境优化效应。

秸秆还可以进行气化处理，即在有限供氧条件下产生可燃气体的热化学转化。植物纤维性废弃物由碳、氢、氧等元素和灰分组成，当它们被点燃时，供应少量空气，并且采取措施控制其反应过程，使其变成CO、$CH_4$、$H_2$等可燃气体，此时生物质中大部分能量都被转化到气体中。气化后的可燃气体可作为锅炉燃料与煤混燃，也可作为管道气为城乡居民集中供气。将气化后的可燃气经过净化除尘与内燃机连用，可取代汽油或柴油，实现能量系统的高效利用。

以植物纤维性废弃物为原料制取化学制品，也是综合利用秸秆、提高其附加值的有效方法。利用秸秆作为制取酒精的原料，开辟了农业废弃物利用的新途径。酒精可以通过糖、淀粉和纤维素的生物质发酵过程得到，但以秸秆作为原料生产酒精的技术难度就大多了，主要的解决方法是对作物秸秆进行各种处理以提高纤维素酶的水解效率，国内外在此方面进行了大量研究，但是技术上还是存在很大的难度。

另外，还可以采用固化技术和炭化技术处理秸秆。固化技术就是将秸秆粉碎，用机械的方法在一定的压力下挤压成型，这种技术能提高能源密度，改善燃烧特性，实现优质能源转化。炭化技术就是利用炭化炉将生物质压块进一步加工处理，生产出可供烧烤等使用的木炭。经固体成型的燃料具有易燃、使用方便、燃烧效率高等特点，而且造成的环境污染相对较小。

但是上述方法并不能解决现存的秸秆问题，原因归纳为以下几方面：①农业普遍增收之后，农作物秸秆越来越多，但综合利用滞后，秸秆过剩；

②随着农民收入增加、生活水平不断提高，农民宁愿增用化肥和燃煤，而少用秸秆作肥料和燃料；③由于农作物复种指数提高，特别是近几年小麦机收面积扩大，麦秸留茬过高，灭茬机械和免耕播种技术推广没有跟上，造成农民为赶农时放火焚烧秸秆和留茬；④气化、固化和炭化的技术水平还处于初级阶段，小型设备比较成熟，但气化装置质量较差，大型气化技术与国际水平有一定的差距，大面积推广的成本较高，涉及秸秆气化炉、净化装置的性能、质量、燃气的安全使用、环境污染等方面的问题还需下大力气进一步研究解决；⑤通过秸秆生产燃料酒精，首先要将秸秆的纤维素、半纤维素，经降解生成葡萄糖与木糖，进而生产酒精，存在的关键技术瓶颈包括缺乏有效的秸秆类植物生物质预处理技术，纤维素降解为葡萄糖的酶成本过高，以及缺乏高转化率利用戊糖、己糖生产酒精的微生物菌种等。厌氧消化则是对秸秆进行处理并综合利用的较好方式，该种方式不存在以上各种问题，而且设备较简单，容易推广。

5.畜禽粪便

随着养殖业的快速发展，我国畜禽粪便产生量很大，2020年，全国畜禽粪便产生总量约120亿t。畜禽养殖的COD排放量已超过全国工业废水和生活污水的COD排放量。

畜禽粪便中含有大量畜禽饲料中没有被转化的有机质，以及氮、磷、钾等营养元素。由于大量添加钙、磷等矿物元素以及铜、铁、锌、锰、钴、硒和碘等微量元素，未被吸收的过量矿物元素又随畜禽粪便排出。因此，畜禽粪便所含营养丰富，资源化利用的潜力巨大。由于畜禽高度密集，养殖场内潮湿，粪便和草料会散发出恶臭气，若粪便直接进入地表水体，导致河流严重污染，水体富营养化，会导致供水中的硝酸盐含量及其他各项指标严重超标，其对水体的危害程度不亚于工业废水。畜禽废水还会引起传染病和寄生虫病的蔓延，传播人畜共患病，直接危害人的健康。如果不加处理地任意堆放畜禽粪便，会危害环境，造成恶臭熏天、蚊蝇滋生、细菌繁殖、传播疾病，严重影响周围居民的工作和生活。为了减少养殖业对农村环境的污染，对畜禽粪便污水的无害化处理显得尤为重要。养殖场产生的粪便可以采用好氧堆肥的方式，这种方式很难得到高质量的肥料，而且好氧堆肥需要大量能源输入。将养殖粪便污水经过发酵处理，可以显著降低废水中有机质的含量，改善排放废水的水质。近年来，养殖场粪便处理沼气工程在我国得到了快速发展。

6.餐厨垃圾

餐厨垃圾是指餐饮单位在日常营业和家庭在生活过程中所产生的食品垃圾，是城镇有机垃圾的主要组成部分之一，它包括食物加工下脚料（厨余垃圾）和食用残余（餐余垃圾，俗称泔水、潲水）。其成分复杂，包括食用油、蔬菜、果皮、果核、米面、肉食、骨头等，此外还包括有少量的废餐具、牙签及餐纸。餐厨垃圾以淀粉、食物纤维类、蛋白质、脂类等有机物质为主要成分，同时也含有无机盐类，具有高油脂、高盐分、高水分、高有机质含量以及易腐发臭、易酸化、易生物降解等特点。目前，我国仅泔脚产生量就超过20 000 t/d，而北京、上海、重庆等地餐厨垃圾日产量均超过了1000 t。大量餐厨垃圾给城市环境造成了巨大的压力，会引起一系列严重的污染问题，并造成资源的浪费。目前我国最普遍的处理方式是混在普通垃圾中填埋处置或者直接运到农场喂猪，还没有建立健全的餐厨垃圾处理管理体系，也缺乏相应的管理政策和适宜的处理技术。

若直接填埋，餐厨垃圾的高含水率会导致渗滤液水量增大。若进行堆肥处理，高含水率也会影响垃圾堆体的温度升高而造成堆肥达不到卫生稳定效果，导致堆肥质量不达标。直接作为饲料喂猪的后果更加严重，这样会导致生物链的缩短，使得病菌滋生，重金属大量累积在生物体内，人若吃了“潲水猪”会存在重大的安全隐患。

我国尚未形成针对餐厨垃圾的成熟处理工艺，综合比较来说，厌氧消化具有明显的优势。餐厨垃圾含水率高，采用湿式厌氧消化技术几乎不用调节其含水率，反应过程不需要氧气的供给，餐厨垃圾中的大量有机物质通过厌氧消化过程可以转化为沼气，实现了清洁能源的回收利用。发酵沼液、沼渣营养丰富均衡，可作为良好的有机肥料。从整体处理过程来看，厌氧发酵对环境造成的负面影响较小。

## 三、垃圾填埋场

随着城市化的进程不断加快，人们向环境中排放了越来越多的垃圾。垃圾的不合理处置会产生一系列的影响：严重危害城市环境，破坏城市景观，传播疾病，威胁人类的生命安全等。近十几年来，我国城市垃圾产生量大幅度增加，与日俱增的生活垃圾已成为困扰经济发展和环境治理的重大问题。

垃圾填埋场以其适用性强、处置效果好成为当今世界广泛应用的一种城市垃圾处置方式，垃圾填埋场根据内部环境的不同分为好氧型填埋场、准好氧型填埋场和厌氧型填埋场。因为厌氧填埋具有操作简单、投资少等优点，大多数填埋场都采用厌氧方式进行填埋。城市垃圾在经过填埋压实之后，垃圾体内部有少量空气，经过一段时间，氧气被微生物耗尽，填埋场内处于缺氧甚至厌氧状态。由于填埋场内垃圾大部分是城市生活垃圾，有机成分比例较高，这些有机成分在厌氧环境中，经厌氧微生物的作用就会产生沼气。

## 第二节　沼气的性质和用途

### 一、沼气的成分

沼气是一种混合气体，根据发酵原料以及发酵时间的不同，气体成分有所差异，但是其主要成分都是甲烷和二氧化碳。在正常稳定产气阶段，甲烷占总气体体积的50%～70%，二氧化碳占30%～50%。除此以外，沼气中含有少量的水蒸气、硫化氢、氢气、一氧化碳、氨气、磷化氢、碳氢化合物、氮气、氧气和甲硫醇等，另外还含有少量的颗粒状杂质。甲烷、氢气和一氧化碳是可燃性气体。下面介绍主要气体成分的理化性质以及危害性。

1.甲烷

甲烷是最简单的有机化合物，分子式$CH_4$，无色、无味、无臭气体；标准状况下，密度0.707 g/L，对空气的相对密度是0.554；难溶于水，20℃时在水中溶解度为0.0024 g/L，可溶于醇、乙醚；甲烷熔点－182.5 ℃，沸点－161.5 ℃，着火点约为630 ℃，液化比较困难；甲烷化学性质比较稳定，跟强酸、强碱或强氧化剂（如$KMnO_4$）等一般不起反应；甲烷热值为35.9 MJ/$m^3$，充分燃烧时发出淡蓝色火焰，温度可达1400 ℃以上，产物为二氧化碳和水。

甲烷对人基本无毒，但浓度过高时，使空气中氧含量明显降低，可使人窒息。当空气中甲烷达25%～30%时，可引起头痛、头晕、乏力、注意力不集中、呼吸和心跳加速；甲烷和空气成适当比例的混合物，遇火花会发生爆炸，爆炸范围为5%～15%（以体积分数计）。

2.二氧化碳

二氧化碳为无色无味的酸性气体，分子式$CO_2$；标准状况下，密度1.977 g/L；易溶于水，25 ℃时溶解度为0.144 g/L；20 ℃时，将二氧化碳加压到5730 kPa即可变成无色液体，可压缩在钢瓶中存放，在－56.6 ℃、527 kPa时变为固体。液态二氧化碳减压迅速蒸发时，一部分气化吸热，另一部分骤冷变成雪状固体，将雪状固体压缩，成为冰状固体，俗称“干冰”；二氧化碳不可燃，不助燃。二氧化碳无毒，但不能供给动物呼吸，是一种窒息性气体。在空气中通常含量为0.03%（体积），若含量达到10%时，就会使人呼吸逐渐停止，最后窒息死亡。枯井、地窖、地洞底部一般二氧化碳的浓度较高，所以在进入之前，应先用灯火试验，如灯火熄灭或燃烧减弱，就不能贸然进入，以免发生危险。

3.硫化氢

其分子式$H_2S$，为酸性有毒气体，具有强烈的臭鸡蛋气味；易溶于水，常温时，硫化氢的溶解度为3.864 g/L；硫化氢可燃，燃烧时火焰呈蓝色，燃烧产物为二氧化硫和水。

硫化氢是一种神经毒剂，也为窒息性和刺激性气体，主要作用于中枢神经系统和呼吸系统。当硫化氢浓度超过0.02%时，可引起头痛、乏力、失明等。一般沼气中含千分之几的硫化氢。硫化氢溶于水之后形成氢硫酸，是一种弱酸，对沼气输送管道及其他机械设备有腐蚀性，在对沼气进行利用之前，一般要在预处理阶段去除硫化氢气体。

4.氢气

氢气是一种无色、无味、无毒的气体，密度约为空气的7%，在空气中的扩散速率最快。氢气熔点－259 ℃，沸点－253 ℃，在水中溶解度很小。纯净的氢气会在氧气或空气中平静地燃烧，但氢气和氧气或空气的混合物遇火会发生爆炸。

5.一氧化碳

无色无臭气体，不易溶于水，也不和酸碱反应。一氧化碳具有夺取生物组织中的氧而生成二氧化碳的特性，当空气中一氧化碳含量达到0.1%时，就会使人中毒，以致死亡。对一氧化碳的毒性，有关工业规定，空气中的含量不得超过0.02 mol/L。一氧化碳能燃烧，火焰呈蓝色，燃烧产物为二氧化碳。

## 二、沼气的物理性质

沼气是一种无色气体，略有气味，是因为其中含有少量硫化氢以及甲硫醇等恶臭气体。

1.密度和相对密度

沼气的密度是指单位体积沼气的质量，通常单位为g/L和kg/m$^3$。沼气密度可以利用沼气中各单一组分的密度来计算。$\rho_0$为沼气密度，$\rho_i$为沼气中第i种组分的密度，$x_i$为该组分所占的体积分数，则沼气的密度为

$$\rho_0=\Sigma\rho_i x_i$$

沼气的相对密度是指沼气的密度和空气的密度之比，以$\gamma$表示。

$$\gamma=\rho_0/1.293$$

沼气的相对密度随着沼气中二氧化碳含量变化而变化，当二氧化碳含量达到59%时，沼气的相对密度大于1，此时的沼气密度大于空气，泄漏后不易扩散；但是，正常稳定生产的沼气中二氧化碳含量一般小于40%，较易扩散。

2.绝对湿度和相对湿度

沼气中一般都含有不同程度的水蒸气，尤其是高温、中温发酵时沼气中水蒸气的含量较多。沼气中实际水蒸气的含量可以用沼气的绝对湿度来表示，绝对湿度是单位体积的湿气体中所含水蒸气的质量，通常单位为g/m$^3$。将沼气作为理想气体看待，设$D$为沼气的绝对湿度，$V$为沼气的体积，$m$为沼气中水蒸气的质量，则

$$D=m/V$$

即使水蒸气量相同，由于温度和压力的变化气体体积也要发生变化，即绝对湿度D发生变化。

为了反映沼气的潮湿程度，用相对湿度来描述某温度下沼气中水蒸气的含量，相对湿度是某温度时气体中的水蒸气分压跟同一温度下水的饱和蒸气压的百分比，用$\varphi$来表示，若$P_e$为沼气中水蒸气的分压，$P_{es}$为该温度下水蒸气的饱和蒸汽压：

$$\varphi=P_e/P_{es}$$

$\varphi$值介于0～1，$\varphi$=1时沼气中水蒸气含量达到最大，此时的沼气称为饱和湿沼气。$\varphi$值越大，说明沼气越潮湿。温度和压力的变化导致饱和水蒸气压的变化，$\varphi$也将随之而变化。

## 三、沼气的化学性质

沼气是一种良好的代用燃料，完全燃烧时火焰呈蓝白色，火苗短而急，稳定有力，同时伴有微弱的嗞嗞声，燃烧温度较高并放出大量的热，燃烧后的产物是二氧化碳和水蒸气。沼气中主要成分甲烷的着火温度较高，而大量存在的二氧化碳对燃烧具有强烈的抑制作用，所以沼气的燃烧速率很慢，不足液化石油气燃烧速率的1/4，仅为焦炉煤气燃烧速率的1/8。

1.沼气的燃烧特点

由于沼气中有气体燃料甲烷（$CH_4$）、不燃气体二氧化碳（$CO_2$）、硫化氢（$H_2S$）、氢气（$H_2$）和悬浮的颗粒状杂质，当沼气和空气以一定比例混合后，遇到明火马上燃烧。1 $m^3$纯甲烷的热值约为35.9 MJ，按其在沼气中含量50%～70%推算，1 $m^3$沼气的热值约为17.95～25.13 MJ；1 $m^3$沼气的热值相当于1 kg原煤的热值（1 kg原煤的热值平均为20.9MJ），但是由于沼气燃烧热效率为煤的3.3倍，因此在热值利用上，1 $m^3$沼气能代替3.3 kg原煤使用。沼气燃烧时的化学反应式如下：

$$CH_4+2O_2 \longrightarrow CO_2+2H_2O+35.9\ MJ$$

$$H_2+1/2O_2 \longrightarrow H_2O+10.8\ MJ$$

$$H_2S+3/2O_2 \longrightarrow SO_2+H_2O+23.38\ MJ$$

$$CO+1/2O_2 \longrightarrow CO_2$$

2.沼气的着火点

任何可燃混合物都必须经过着火阶段才能燃烧。着火阶段是燃烧阶段的准备过程，是由于温度的不断升高而引起的。当燃气中可燃气体由于温度急剧升高，由稳定的氧化反应转变为不稳定的氧化反应而引起燃烧的一瞬间，称为着火。甲烷的着火温度大致为540 ℃，而沼气中由于含有二氧化碳，其着火温度高于甲烷的着火温度，为650～750 ℃。

## 四、沼气的用途

目前，世界各国已经开始大力推广沼气应用，主要用作民用燃料，用于照明、燃烧发电等，沼气还可以用作原料制取化工产品。

1.作为民用燃料和照明

在广大的农村，沼气可以直接作为燃料进行利用或者直接用于照明，将沼气用作农村的能源，不仅清洁卫生、使用方便，而且热效率高。例如，修建一个平均每人1～1.5 $m^3$的发酵池，人畜粪便以及各种作物秸秆、杂草等通过发酵后，就可以基本解决一年四季的燃料和照明问题。现在，沼气正在各国农村应用，特别是我国在开发沼气能源方面具有独特的优势。

首先，沼气能源在我国农村分布广泛，潜力很大，凡是有生物的地方都有可能获得制取沼气的原料，所以是一种可再生能源。其次，可以就地取材，节省开支。沼气电站建在农村，发酵原料一般不必外求。

2.利用沼气发电

沼气经过预处理或提纯，去除其中的水分、硫化氢等杂质之后可作为高或者低热值燃料发电，作为内燃发动机的燃料直接发动各种内燃机，如汽油机、柴油机、煤气机等，通过燃烧膨胀做功产生原动力使发动机带动发电机进行发电。有些工厂的电力供应不足，或供应不稳定，此时还可用沼气发电，以补充电力的不足。沼气发电的形式有两种：一种是单独用沼气燃烧，二是与汽油或柴油混合燃烧。前者的稳定性较差，但较经济；后者则相反。目前沼气发电机，大多是由柴油或汽油发电机改装而成。沼气发电比油料发电便宜，如果考虑到环境因素，它将是一个很好的能源利用方式。利用沼气发电一方面可以缓解当前能源短缺的紧张局面，另一方面可以消耗有机垃圾自行发酵产生的甲烷，减轻温室效应。

兴办一个小型沼气动力站或发电站，设备和技术都比较简单，管理和维修也很方便，大多数农村都能办到。据调查，小型沼气电站每千瓦投资只要400元左右，仅为小型水力电站的1/3～1/2，比风力、潮汐和太阳能发电低得多。小型沼气电站的建设周期短，只要几个月时间就能投产使用，基本上不受自然条件变化的影响。

目前我国杭州、广州、南京、西安、北京、长沙、无锡、济南等垃圾填埋场气体发电厂已投入使用。

3.用沼气作动力燃料

1 $m^3$的沼气热量相当于0.5 kg汽油，或0.6 kg柴油。沼气作为汽车动力时，通常是将高压沼气装入气瓶，一车数瓶备用。由于热值较低，故启动较慢，但尾气无黑烟，对空气的污染小。采用沼气与柴油混合燃烧，可以节省17%的柴油。

4.用沼气作化工原料

沼气经过净化，可得到很纯净的甲烷。甲烷是一种重要的化工原料，在高温、高压或有催化剂的作用下，甲烷能进行很多反应。甲烷在光照条件下，甲烷分子中的氢原子能逐步被卤素原子所取代，生成一氯甲烷、二氯甲烷、三氯甲烷和四氯化碳的混合物，四种产物都是重要的有机化工原料。一氯甲烷是制取有机硅的原料；二氯甲烷是塑料和醋酸纤维的溶剂；三氯甲烷是合成氟化物的原料；四氯化碳是溶剂又是灭火剂，也是制造尼龙的原料。

在特殊条件下，甲烷还可以转变成甲醇、甲醛和甲酸等。甲烷在隔绝空气加强热（1000～1200 ℃）的条件下，可裂解生成炭黑和氢气。甲烷在1600 ℃高温下（电燃处理）裂解生成乙炔和氢气，乙炔可以用来制取乙酸、化学纤维和合成橡胶。甲烷在800～850 ℃高温并有催化剂存在的情况下，能跟水蒸气反应生成氢气、一氧化碳，是制取氨、尿素、甲醇的原料。用甲烷代替煤为原料制取氨，是今后氮肥工业发展的方向。

沼气的另一种主要成分二氧化碳也是重要的化工原料。沼气在利用之前，如将二氧化碳分离出来，可以提高沼气的燃烧性能，还能用二氧化碳制造冷凝剂“干冰”，可制取碳酸氢铵肥料。

5.用沼气孵化禽类

用沼气孵化禽类可避免传统的炭孵、炕孵工艺造成的温度不稳定和一氧化碳中毒现象。沼气孵化技术可靠，操作方便，孵化率高，不污染环境。

6.沼气用于蔬菜种植

把沼气通入种植蔬菜的大棚或温室内燃烧，利用沼气燃烧产生的二氧化碳进行气体施肥，不仅具有明显的增产效果，而且生产出的是无公害蔬菜。

7.利用沼气贮粮防虫

沼气中含氧量极低，当向储粮装置内输人适量的沼气并密闭停留一定时间内，即可排出空气，形成缺氧窒息的环境，使害虫因缺氧而窒息死亡。此法可保持粮食品质，对粮食无污染，对人体和种子发芽均无影响。此项技术可节约贮存成本60%以上，减少粮食损失10%左右。

# 第二章 原料预处理

沼气发酵装置之前的工艺单元及技术手段统称为原料预处理。原料预处理是为了满足发酵工艺需要而对各种生物质所进行的优化，是决定沼气工程成败的重要环节。合适的预处理可以改善原料输送性能和可生物降解性，促进发酵过程，保障系统稳定运行，提高产气效率，确保发酵残余物的卫生质量。由于原料的理化特性、收集渠道差异较大，不同发酵工艺对原料的预处理也有不同要求，同时原料预处理技术涉及的环节众多，技术繁杂，难易程度不一，因此需要不断总结工程经验，根据原料的特性，有针对地选择相应的技术与设备。

## 第一节 原料收集与运输

充足而稳定的原料供应是沼气发酵的物质保障，原料收集是沼气发酵原料保障的第一个环节，包括两个方面：一是从原料产生地汇集到收集容器中或运输车辆上；二是将收集容器中的原料装载到运输车辆上。应按照原料特性以及收集量，划定收集作业区域，有计划地合理安排原料的收集方式和集中地点。运输是将原料从产地或中转站运送到沼气工程厂区。在运输过程中，应采取相应的安全防护和污染防治措施，包括防火、防中毒、防腐蚀、防泄漏、防飞扬、防雨等措施。对运达的原料，应进行检查以达到质量要求。例如，以能源作物为主要原料的沼气工程，可使用快速测试方法检测干物质含量以及原料成分。同时，应记录原料的重量和其他重要数据（供应商、进料日期、数量、原料类型等）。下面主要介绍沼气发酵常用两种原料（粪便类、秸秆类）的收集和运输。

### 一、粪便类原料

粪便类原料首先应收集到养殖场（户）的临时贮存设施中，液态粪污可以贮存在集水池中，固态粪便则临时贮存在堆棚中。粪便类原料收集应设置粪便收集专用通道，避免交叉感染。此外，收集期间应做好防雨雪和防渗措施，防止原料的渗漏和遗撒。

粪便类原料应根据粪便的物理形态特征、运输要求等因素确定运输设备，如果为固态，可以使用自卸式卡车运输；如果是半固态或液体，可以采用沟渠、管道或罐车输送。运输车辆应当采取密封、防水、防渗漏和防遗撒等措施。车辆厢体应与驾驶室分离，厢体内壁光滑平整、易于清洗消毒，厢体材料应防水、耐腐蚀，厢体底部应防液体渗漏并设清洗污水的排水收集装置。

### 二、秸秆类原料

用于沼气生产的秸秆按贮存方式可分为两类，一类是青贮秸秆，另一类是黄贮秸秆。采用的收集设备可分为秸秆青贮收割机和秸秆联合收割机。目前在德国、美国、法国等西方国家，秸秆青贮收割机的研究与生产技术已经非常成熟，基本实现了全程机械化作业，除了与拖拉机配套的悬挂式、牵引式收割机外，还有自走式联合收割设备，针对黄贮秸秆（如玉米秸秆、小麦秸秆等）的回收利用，一般采用分段收获，即联合收割机收获粮食后将秸秆铺放在田间晾晒，待含水率符合要求后，再利用捡拾打捆机对秸秆进行收集，青贮秸秆作发酵原料时，运输车辆通常采用与收割机配套的装载车。黄贮秸秆作发酵原料时，运输车辆车型无规定，但装载高度不宜过高，经打捆包装好的秸秆在运输时应处于紧固状态，防止散落。

## 第二节 原料贮存

发酵原料一般需要采用缓冲贮存设施进行贮存。贮存的目的主要是解决由于季节性或生产周期波动而引起的原料供应不足或不均衡等问题，确保原料稳定供应。粪便类、工业类发酵原料每天产生，每天利用，贮存时间较短，一般几小时到2 d。秸秆类原料收集时间往往比较集中，而原料的利用则需要全年完成，贮存时间较长，一般10～12个月。贮存设施的设计应根据原料类型而定。设施大小取决于沼气发酵装置每天进料量和原料需要的贮存时间。如果使用外来发酵原料，还必须考虑与合同相关的情况，如协议接收数量以及来料频率。当使用有疫病风险的原料时，必须严格将原料接收站与养殖场损伤区隔离。

贮存设施的类型取决于原料的特性，通常分为贮存固态原料（如能源作物、秸秆等）的贮存仓和贮存液态原料（如粪水等）的贮存池。一般而言，贮存仓能存储一年以上的原料量，而贮存池只能贮存几天的原料量。贮存设施的尺寸大小根据贮存量、来料频率以及沼气发酵装置每天的进料量等综合确定。

## 一、秸秆贮存仓

秸秆贮存仓又分为通风仓和青贮仓。对于黄贮秸秆的贮存，通常采用通风仓或者干燥仓，利用热风强制循环或空气被动通风的对流干燥方式，使热风在秸秆捆间或者缝隙之间流动进行热交换，捆型秸秆达到12%～15%的安全贮存水分。秸秆沼气工程中，通常在站内应设置短期堆放秸秆的场所，长期堆放秸秆的场所宜选择在站外，并应配备有防潮、防雨雪和防火措施。秸秆贮存容量应根据原料特性、收获次数、消耗量和贮存周期等因素综合确定，满足工程连续运行对原料的需求。

青贮仓最初用于贮存动物的青饲料。目前青贮也常用于保存能源作物，并将其作为沼气发酵的原料。青贮技术是目前较为成熟的能源作物保存方法，其原理是将谷物秸秆、豆科作物秸秆、牧草等刚收获的青料进行乳酸发酵，即利用青贮原料中的可溶性碳水化合物生成乳酸，使原料pH下降到3.8～4.2，以抑制其他有害微生物的繁殖，达到将农作物秸秆软化的目的，增加可消化性能。青贮过程能够减少贮存过程中微生物对糖类的利用，同时抑制秸秆自身的木质化过程，最大程度地保留青秸秆中的游离糖含量。青贮后，秸秆大部分有机质转移到液相，然后将料液进行沼气发酵产沼气，可大大提高沼气发酵的效率和秸秆的利用率。秸秆类原料的青贮发酵过程一般持续20 d左右。图2-1示意的是典型青贮发酵过程的温度和pH变化情况。

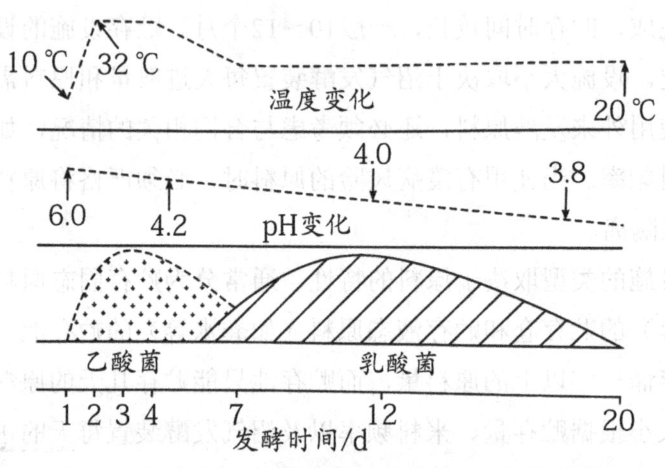


图2-1 典型青贮发酵过程的温度和pH变化情况

在德国的沼气工程中，青贮主要贮存于混凝土构造的青贮仓里，或直接堆放于地上。青贮堆放时应用拖拉机进行碾压，目的是尽可能地压实青贮，将空气全部挤压出。为了避免青贮在堆放时发生好氧分解，有必要将氧含量降到最低，因此通常在青贮上覆盖塑料薄膜，再压上轮胎或沙袋，或者直接在最上面覆盖一层牧草青贮，也能达到压实的目的。

根据农业部行业标准《秸秆沼气工程工艺设计规范》，青贮秸秆的含水率应≥65%，密度大于500 kg/m³。对青贮仓而言，实际操作中还应考虑到青贮发酵时会释放液体，有污染水体的可能性，因此必须采取一些防渗措施。由青贮堆放排出的污水，营养成分高，会导致地表水的富营养化，同时出水中还含有具有腐蚀性的硝酸。

## 二、液态原料贮存池

液态原料通常贮存在不漏水且加固的混凝土贮存池中，有地上式和地下式两种，类似于养殖场贮存液态粪水的集水池，一般只能贮存1～2 d的原料量，贮存池上面需要加盖。如果贮存池建在比沼气发酵罐高的位置上（如坡地），利用高度差实现沼气发酵装置进料，则可节省原料的输送设备（进料泵）。

原料可在贮存池中通过压碎、匀浆等措施最终混合成可泵送的混合物。为避免原料混合物在贮存池中发生堵塞、沉积、漂浮等分层现象，贮存池中需配备搅拌装置。贮存液态原料的贮存池也需要经常维护，去除池底的沉积物（如砂石等）。

### 三、固态原料堆棚

为了减少固体原料堆放过程产生的气味，原料的贮存以及准备都应当在封闭空间里进行，具体方案是加顶棚，顶棚下包括接收和准备原料的空间，以及贮存空间。废气可以被抽取和输送到合适的净化装置（如洗涤器或生物过滤器）。固态原料堆棚通常做成负压系统，废气收集可阻止气味的扩散。除了减少气味外溢，顶棚还可为设备提供保护，确保作业和检测不受天气条件的影响，围挡也可以起到减少噪声的作用。

## 第三节 除　　杂

沼气工程发酵原料以畜禽粪便、作物秸秆和有机垃圾为主，含有影响沼气生产的杂物如块状物、泥砂、长草等。除杂的主要目的是清除粗、大、长的杂物以及泥砂，各种原料经除杂后，不得含有直径或长度大于40 mm的固体物质。原料中的长草、塑料袋、手套、畜禽毛发等杂物一般用格栅去除。对原料中的泥砂，如鸡粪中含有的贝壳、砂砾等以及牛粪中来源于卧床的砂土，一般选用沉砂池或除砂器去除。

### 一、格栅

格栅由一组或数组平行的金属栅条、塑料齿钩或金属筛网、框架及相关装置组成，倾斜安装在污水渠道、泵房集水井的进口处或污水处理厂的前端，用来截留污水中较粗大漂浮物和悬浮物，如纤维、碎皮、毛发、果皮、蔬菜、木片、布条、塑料制品等，防止堵塞和缠绕水泵机组、管道阀门、进出水口，以便减轻后续处理构筑物的负荷，保证污水处理设施的正常运行。被截留的物质称为栅渣，栅渣的含水率为70%～80%，容重约为750 $kg/m^3$。

在沼气工程中，沉砂池、集水池、匀浆调节池、水泵前应设置格栅，以防堵塞水泵、输料管道及其他设备装置，栅条间距一般为15～30 mm。

按格栅形状，可分为平面格栅和曲面格栅。

平面格栅由栅条与框架组成，栅条布置在框架的外侧，适用于机械清渣或人工清渣；栅条布置在框架的内侧，在格栅的顶部设有起吊架，可将格栅吊起，进行人工清渣。

平面格栅的基本参数与尺寸包括宽度B、长度L、间隙净宽e、栅条至外边框的距离b。可根据污水渠道、泵房集水井进口管大小选用不同的数值。格栅的基本参数与尺寸见表2-1。

表2-1　平面格栅的基本参数及尺寸（mm）

| 名称 | 数值 |
|---|---|
| 格栅宽度B | 600，800，1000，1200，1400，1600，1800，2000，2400，2600，2800，3000，3200，3400，3600，3800，4000，用移动除渣机时，B＞4000 |
| 格栅长度L | 600，800，1000，1200，…，以200为一级增长，上限值取决于水深 |
| 间隙净宽e | 10，15，20，25，30，40，50，60，80，100 |
| 栅条至外边框距离b | b值按下式计算：b=[B−10n−（n−1）e]/2；b≤d |

按清渣方式，可分为人工清渣格栅和机械清渣格栅两种。

处理流量小或所能截留的污染物量较少时，可采用人工清渣的格栅。这类格栅采用直钢条制成，为了便于人工清渣作业，避免清渣过程中栅渣回落水中，格栅安装角度一般与水平面成30°～60°，倾角小时，清渣时较省力，栅渣不易回落，但需要较大的占地面积。人工格栅还常作为机械清渣格栅的备用格栅。图2-2为人工清渣格栅示意图。

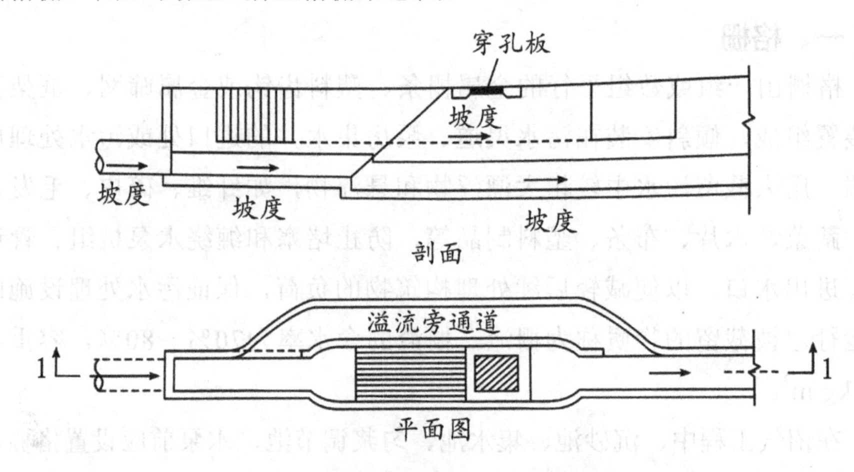


图2-2　溢流旁通的人工清渣格栅

当栅渣量大于0.2 $m^3$/d时，为改善劳动和卫生条件，都应采用机械清渣格栅。常用格栅机类型有：臂式格栅机、链式格栅机、钢绳式格栅机、回转式格栅机等。在畜禽粪污处理沼气工程中，使用较多的是回转式机械格栅机。回转式机械格栅可连续自动清除污水中的毛发、纤维及各种悬浮物，它由许多个相同的耙齿机件交错平行组装成一组封闭的耙齿链，在电动机和减速机的驱动下，通过一组槽轮和链条形成连续不断的自下而上的循环运动，达到不断清除栅渣的目的。当耙齿链运转到设备上部及背部时，由于链轮和弯轨的导向作用，可以使平行的耙齿排产生错位，使固体污物靠自重下落到渣槽中，属自清式清污机一类。回转式机械格栅示意图如图2-3所示。

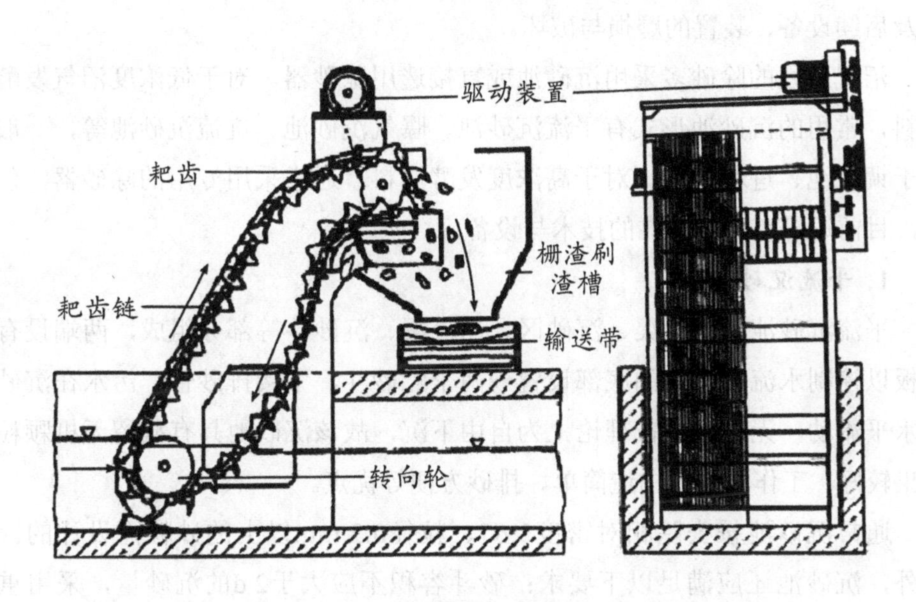


图2-3 回转式机械格栅示意图

## 二、除砂

一些奶牛场在奶牛养殖中，常常用砂作为垫料为奶牛提供“砂卧床”，清出的粪便中砂的含量较高。另外，运动场清除的牛粪也含有泥砂。在规模化养鸡场中，鸡的饲料中需要添加白水砂，因而鸡粪中也含有大量未消化的砂砾。如果不去除奶牛粪、鸡粪中所含的泥砂等杂物，会影响整个发酵系统的稳定运行，甚至造成整个发酵系统的失败。泥砂对沼气发酵系统的危害有以下几方面。

（1）影响进料系统，堵塞管道，磨损泵、切割机等进料设备的叶片。

（2）磨损搅拌桨和搅拌轴，给搅拌系统带来极大的危害。

（3）沉积在沼气发酵罐中，影响进料，减少沼气发酵装置有效容积，降低产气效率。

（4）泥砂与粪浆混合凝固，清除困难，最终导致沼气发酵系统完全失败。

因此，在进料前需要对奶牛粪、鸡粪等畜禽粪便进行除砂预处理，尽可能减少泥砂进入发酵系统，保证沼气发酵过程的连续稳定运行。除砂单元的功能是去除比重较大的无机颗粒（如砂石、金属块等），减轻泥砂颗粒对水泵及后续设备、装置的磨损与破坏。

沼气工程的除砂多采用沉砂池或直接选用除砂器。对于低浓度沼气发酵原料，常用的沉砂池形式有平流沉砂池、曝气沉砂池、旋流沉砂池等，一般设于调配池、进料泵前。对于高浓度发酵原料，通常采用专用的除砂器，但是，目前还没有十分可靠的技术与设备。

**1. 平流沉砂池**

平流沉砂池由人流渠、沉砂区、出流渠、沉砂斗等部分组成，两端设有闸板以控制水流。在池的底部设置一两个贮砂斗，下接排砂管。污水在沉砂区水平流动，无机颗粒在理论上为自由下沉，故该沉砂池具有截留无机颗粒效果较好、工作稳定、构造简单、排砂方便等优点。

通常沉砂池按去除相对密度2.65、粒径0.2 mm以上的砂粒而设计的。此外，沉砂池还应满足以下要求：砂斗容积不应大于2 d的沉砂量，采用重力排砂时，砂斗斗壁与水平面的倾角不应小于55°；沉砂池排砂宜采用机械方式，并经砂水分离后贮存或外运，常用的机械排砂法有链板刮砂、螺旋输送以及移动泵吸式排砂机；采用人工重力排砂时，排砂管直径不应小于200 mm，同时考虑防堵塞措施。

平流沉砂池的设计，应符合下列要求：①最大流速为0.3 m/s，最小流速为0.15 m/s；②停留时间一般采用30～60 s，最大流量时停留时间不应小于30 s；③有效水深不应大于1.2 m，每格宽度不宜小于0.6 m。

**2. 曝气沉砂池**

曝气沉砂池呈矩形，沿渠道壁一侧的整个长度上，距池底约0.6～0.9 m处设置曝气装置，同时送气管应设置调节气量的阀门。曝气装置下面设置集砂槽，在池底另一侧有$i$=0.1～0.5的坡度，坡向集砂槽，集砂槽侧壁的倾角应不小于60°。为了使曝气时池内水流产生旋流运动，在必要时可在设置曝气装置的一侧设置挡板。曝气沉砂池剖面如图2-4所示。

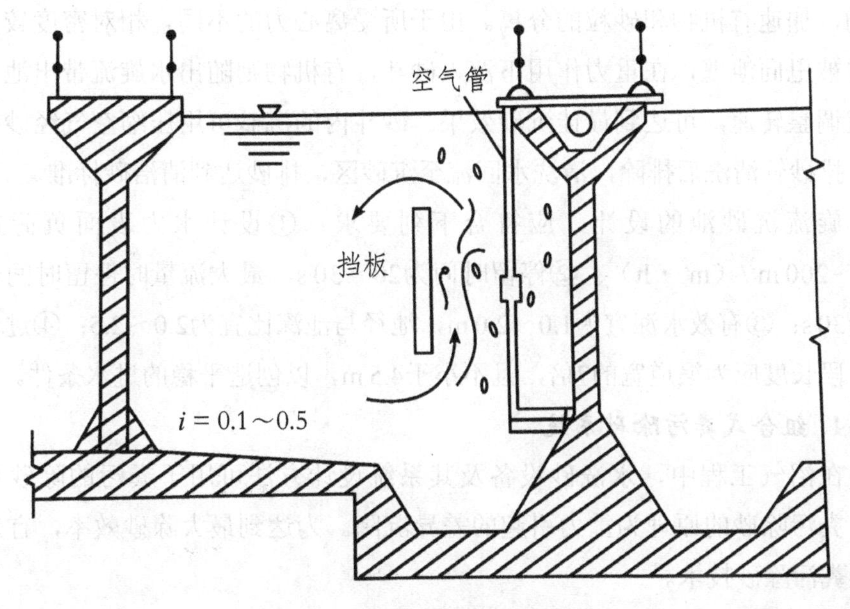


图2-4 曝气沉砂池剖面图

由于侧向鼓入空气使池内水流做旋流运动，增加了污水中悬浮颗粒之间互相碰撞、摩擦的机会和强度，再加上受到气泡上升时的冲刷作用，颗粒表面附着的有机物得以摩擦去除。这样，比重较轻的有机物旋至水流的中心部位随水流带走，而比重较大的无机颗粒被甩向池壁并下沉，沉于池底的砂粒较为纯净，有机物含量只有5%左右，便于沉砂的处置。

集砂槽中的砂可采用机械刮砂、空气提升器或泵吸式排砂机排除。

曝气沉砂池的设计，应符合下列要求：①水平流速一般为0.06～0.12 m/s，旋流速度应保持0.25～0.3 m/s；②最大流量时停留时间取1～3 min；③有效水深为2～3 m，宽深比一般采用1～2，长宽比可达5，当长比宽大得多时应考虑设置横向挡板；④1 $m^3$污水的曝气量宜为0.1～0.2 $m^3$空气；⑤池子的进口与出口的布置应防止发生短路，进水方向应与池中旋流方向一致，出水方向应与进水方向垂直，并宜考虑设置挡板。

**3. 旋流沉砂池**

旋流沉砂池是利用机械力控制水流流态与流速、加速砂粒的沉淀并使有机物随水流带走的沉砂装置。沉砂池由流入口、流出口、沉砂区、砂斗、涡轮驱动装置、带变速箱的电动机、压缩空气输送管、砂提升管以及排砂管组成。污水由流入口切线方向流入沉砂区，旋转的涡轮叶片使砂粒呈螺旋型流动，加速有机物和砂粒的分离。由于所受离心力的不同，相对密度较大的砂粒被甩向池壁，在重力作用下沉入砂斗，有机物则随出水旋流带出池外。通过调整转速，可达到最佳沉砂效果。砂斗内的沉砂可用压缩空气经砂提升管、排砂管清洗后排除，清洗水回流至沉砂区，排砂达到清洁砂标准。

旋流沉砂池的设计，应符合下列要求：①设计水力表面负荷宜为150～200 $m^3/(m^2 \cdot h)$；②停留时间为20～30 s，最大流量时停留时间不宜小于30 s；③有效水深宜为1.0～2.0 m，池径与池深比宜为2.0～2.5；④进水渠道直段长度应为渠道宽的7倍，且不小于4.5 m，以创造平稳的进水条件。

**4. 组合式粪污除砂系统**

在沼气工程中，水洗砂设备及其系统设计方法可用于粪污的除砂系统中，粪污除砂的原理为重力引起的差异沉降。为达到最大除砂效率，宜采用三级粪污除砂技术。

第一级：砂水分离器。第一级粪污除砂采用改进的水洗砂设备将粪污中的砂洗出，应用比较多的是螺旋式砂水分离器。在接收池中，含砂粪污按一定的比例与稀释水混合，稀释水为养殖场圈舍冲洗水，基本上无需外加清洁水。利用螺旋输送机或者活塞泵将含砂粪污输送到第一级粪污除砂系统，含砂粪污从分离器的顶部法兰进入水槽，比重大的砂粒沉积于集水槽底部；驱动装置带动无轴螺旋输送机转动，砂粒在螺旋体的作用下沿着倾斜的U形槽向上移动，离开液面，砂粒与粪污分离并从除砂器排除，在排砂之前应用清洁水冲洗砂。最终，粪污、未分离的细砂连同水流一起流过溢流堰进入到下一个处理阶段。

第二级：水力旋流器。根据斯托克斯定律，对于沉积颗粒，引起沉降的惯性力必须大于维持颗粒呈悬浮状的黏滞阻力。水力旋流器的作用是将细砂从粪污中分离出来。旋流器由一中空的圆锥体构筑物或金属管制作而成，第一级的砂水分离器出水流入地上式的钢槽中，再由管道泵输送到水力旋流器中。在旋流器中，颗粒进行高速的圆周运动，密度大的颗粒受到较大的离心力。粗重砂粒被抛向旋流器壁，并旋转向下和形成的浓液从圆锥体底部的底流口排出。由底流口排出的料液直接回流到第一级的螺旋式砂水分离器中，进入到第一级除砂循环中。旋流器除砂效率主要取决于最初的砂粒级配情况。其余的液体比如较轻的粪污以及细砂粒等，旋转到一定程度后，随二次上旋涡流从圆锥体顶部的溢流口排出。

第三级：沉砂渠。水力旋流器上部溢流口出料再采用沉砂渠除砂。沉砂渠能使水力旋流器中排出的绝大部分细砂得到进一步沉降。细小砂粒会直接嵌入或附着在固体粪便上，经过抽运泵送所引起的剧烈搅动后，砂粒可从有机质上剥离，进入沉砂渠后，水流速度减缓，细砂粒可以沉降下来。

沉砂渠的尺寸以及其他参数（如坡度、长度、宽度、表面粗糙度等）的设计可以用曼宁公式计算。同时利用水力旋流器底流口的出料流速，可将进入沉砂渠的水平流速优化到0.23～0.30 m/s。控制流速的目的是使砂粒进入沉砂渠后沉积下来，防止再次被夹带回水流中。及时清理沉砂渠有利于提高沉降去除效果，否则砂粒会随水流直接排出而得不到沉降。

为了防止水流的突然转向影响沉降效果，建议采用双向渠道进行沉砂。与第一级的螺旋除砂以及第二级的水力旋流相比，沉砂渠法是自然的重力沉降，一旦建成，就不能通过人为控制提高沉降效果。例如，沉降更多的砂粒、更少的有机物。对于操作人员而言，唯一可行的调控手段就是提高清砂频率。沉砂渠去除的砂粒，有机物含量较高，挥发性固体含量约为5%，因而不适合于牧场循环利用，可还田利用。

对于奶牛场粪污处理沼气工程，目前除砂方法还不能取得比较理想的效果，最为彻底的解决措施是：用沼渣或发酵干燥后的牛粪替代砂粒作为牛卧床的垫料。

## 第四节 提 质

秸秆类沼气发酵原料呈纤维状，不仅难以混合，而且大多数的能量都被贮存在纤维中。提质的目的是应用不同的原料处理技术使贮存在纤维中的能量释放出来，从而提高原料的混合性能，增加沼气产率。

高纤维类生物质原料的预处理，主要有物理预处理、化学预处理、生物预处理以及上述三种方法的组合预处理等技术。每种预处理方法又有各自不同的处理方式，并且各种方法在不同的应用领域也不尽相同，这些方法既可以独立使用，也可以组合使用。

## 一、物理预处理

物理预处理主要是利用物理方法缩小生物质原料的粒度，降低结晶度，破坏半纤维素和木质素的结合层，增大物料的比表面积，同时软化生物质，将部分半纤维素从生物质原料中分离、降解，从而增加酶对纤维素的可触及性，提高纤维素的酶解转化率。常用的物理预处理方法有机械粉碎、热处理、超声波破碎、电动崩解以及微波辐射等。

### 1. 机械粉碎

机械粉碎是包括切割、粉碎、研磨等技术在内的一种物理预处理方法，其目的是减小原料粒径，进而增加底物与微生物接触面积，使原料更易于微生物的侵入和分解；同时还可破坏原料坚硬的细胞壁与三素（纤维素、木质素、半纤维素）的晶体结构，使更多的可溶性组分释放出来，参与到生物降解和产甲烷过程中。除了能提高沼气产量外，原料粒径的减小对发酵罐中料液的黏度也有较大影响，可以减少由浮渣层的形成而带来的出口堵塞、气体无法排出、消化效率低等问题。总的来说，原料粒径的减小能有效加速生物降解，但并不一定能增加沼气产量，停留时间和粉碎程度的相互作用也是影响甲烷产量的一个重要因素，因此采用正确的技术至关重要。

工程应用中常见的粉碎机安装方式有三种：一是置于发酵罐前端的单独粉碎搅拌机；二是直接安装于管道中的粉碎机；三是粉碎与泵结合的混合进料装置。

粉碎固体原料的设备主要涉及削片机、研磨机、粉碎机以及带撕裂和切削的螺杆输送机。独立粉碎机适合于普通的青贮、玉米芯粉、谷物、玉米粒、土豆、甜菜根、绿色垃圾等原料的预处理，具有粉碎程度可调、自动填充、在故障情况下容易维护等优点，但当出现机器堵塞或运行中断时需要手动进行清空。而与进料计量单元组合的粉碎机，适合于处理普通的青贮、玉米芯粉、畜禽粪便、面包垃圾、蔬菜等，具有处理能力高、能自动控制物料的粉碎和进料量等优点。但是，物料在粉碎设备上容易搭桥，发生故障时必须手动移除物料。在沼气工程中，轴带桨和刀片的螺杆输送机常与进料和计量单元结合起来使用。

固态原料需要在预发酵池、管道或发酵池之前进行粉碎，而含有固体或纤维的液体原料则可以在预发酵池、其他混合装置或管道中进行粉碎。特别是在原料不均匀的情况下，更应该进行粉碎预处理，因为不均匀的原料可能会损坏进料系统，如进料泵，影响其连续运行。

机械粉碎预处理是高纤维生物质原料沼气化利用中最昂贵的步骤之一，尽管能通过增加原料的比表面积来提高沼气产量，但所需的能耗太高。干秸秆应在粉碎间进行粉碎，经粉碎后的粒径宜小于10 mm，鲜秸秆应经粉碎后进入青贮池储存，粉碎后的粒径宜为20～30 mm。机械粉碎的另一个缺点是粉碎机可能会被石头等其他硬质材料损坏，而且设备维修费用也很高。

有研究表明，将干草粉碎到粒径0.5 mm时的沼气产量比粉碎到20～30 mm时提高了约10%。另一项研究显示，将剑麻纤维从粒径100 mm粉碎到2 mm，相应的产沼气量可提高约20%～25%。用粉碎机将粒径为12.5 mm的小麦秸秆粉碎到1.6 mm时所耗费的电量为2.8～7.55 kWh/t。结合以上数据，一个处理小麦秸秆原料的完全混合式厌氧反应器所需的电耗约为10 kWh/t。

**2. 热水解**

热水解又称为高温液相热水分解，主要是利用高压热水将生物质原料加热到220 ℃，并维持一定的时间，料液冷却后用于沼气发酵。其中，含水量较低的原料在进行热处理前还需要补给水分。大量热水的作用会引起生物质的膨胀，并使生物质中连接结晶纤维素和结构化合物的氢键断裂。半纤维素也在高温液相热水中得到分解，从而加速了生物质的膨胀。

大型高温热处理技术首先对原料进行2～3 MPa的加压处理，通过热交换器，原料被加热到140～180 ℃，水解的料液冷却以后，进行下一步的发酵处理。利用废气流可对油类进行加热，料液可以达到170～220 ℃的水解温度，停留时间为20 min。最终，压力被释放后即完成高温热解预处理过程。

大量研究表明，热解预处理仅仅在达到某一特定的温度时才能提高沼气产量，而低于这一温度时，产气量则会下降。利用高温热水解技术对农作物秸秆进行预处理，最高温度能达到220 ℃。而对酒糟的热预处理则表现为：

处理温度在160 ℃以上时，料液产气量明显低于未进行处理的料液。最高温度取决于原料的组分和预处理的停留时间。

另外，也可应用CambiRTHP热水解技术（165～170 ℃，0.6 MPa，30 min）。据报道，在牛粪产沼气的连续试验中（55 ℃，停留18 d），经过热水解处理后（100 ℃、120 ℃、140 ℃，20 min、40 min），产甲烷潜力（BMP）提高了10%～24%。

**3．超声波破碎**

超声波的频率通常在20 kHz以上，能在液相中形成气泡而引起气穴。当气泡破裂时会形成冲击波，在气—液界面产生扰动并形成剪切力，破坏料液微生物的细胞壁，使原料溶液化。

从处理的最终效果来看，超声波破碎更适用于厌氧消化液的后处理中。作为原料预处理技术，超声波破碎主要应用于污泥的处理，而在粪污的预处理中较少，目前有报道用于奶牛粪的预处理。Luste等研究了超声波破碎对奶牛粪的水解作用以及产甲烷潜力的影响，结果表明超声波破碎（频率为30 kHz）可使物料的产甲烷潜力从（210±10）$Nm^3\ CH_4/10^3$ kgVS提高到（250±10）$Nm^3\ CH_4/10^3$ kgVS；同时经过超声波破碎后，培养液的产甲烷活性也从22 NmL $CH_4$/（g VS d）提高到26 NmL $CH_4$/（g VS d）。

**4．电动崩解**

电动崩解主要应用于污泥的预处理。对于污泥的沼气发酵，主要抑制因素是污泥絮体的聚合作用，它是由带负电荷的微生物胞外聚合物通过离子键与阳离子结合在一起“搭桥”而形成。电动崩解在污泥处理中的作用是通过电场破坏离子键从而分解污泥絮体。除此之外，电场通过改变细胞膜的荷电情况来破坏微生物细胞。但是，电动崩解处理技术对木质纤维素原料的影响程度尚不明确。目前已有德国公司开发生产了用于电动崩解的装置，污泥进入一段管道，管道内置有电极，工作电压约为30 kV。使用电动崩解预处理后，污泥的沼气产量可提高20%左右。德国的Hugo Vogelsang Maschinenbau GmbH公司对外声称，这套预处理装置也可提高农业废弃物的沼气产量，但相关的研究表明，电动崩解预处理对农业废弃物的产沼气潜力并没有显著提高。同超声波破碎技术一样，电动崩解更适合用于厌氧消化液的后处理，或者用于类似污泥性质原料的预处理。

### 5. 微波辐射

微波是频率为0.3～300 GHz的电磁波（波长1 mm～1 m），具有穿透特性，其方向和大小随时间呈周期性变化。微波辐射技术在实际的应用中，主要用于秸秆的预处理，目的是提高料液中还原糖的浓度，从而提高原料的产甲烷潜力。Intanakul等将蔗渣原料、稻草预浸在甘油中，用功率200 W微波装置常压处理10 min，最终还原糖的浓度增加了2倍多。黄祖新等在密闭容器中用微波照射红松、甘蔗渣、山毛榉、稻草等原料，结果表明，原料糖化率随着温度的升高而升高，但是当温度超过半纤维素和木质素的热软化点时，则会引起过分解反而使糖化率下降。

综上所述，物理预处理方法具有反应速度快、处理时间短、处理效果好及环境友好等优点，处理后原料的产气效果有明显提高。但所涉及的处理设备复杂、投资费用较高，并且需要高温、高压、高能耗，处理成本相对较高，限制了其工程应用。在沼气工程中，除了应用较多的机械粉碎之外，大多数物理预处理方法尚处于实验室研究阶段。

## 二、化学预处理

化学预处理主要有酸处理、碱处理、氧化处理及有机溶剂处理等方法。这些方法可使纤维素、半纤维素和木质素膨胀并破坏其结晶性，使天然纤维素溶解，从而增加原料的可消化性。目前在沼气技术研究和工程应用中，运用较多的是酸处理和碱处理。

### 1. 酸处理

强酸具有很强的腐蚀性和氧化性，可以有效地水解木质纤维素原料，提高木聚糖转化为木糖的效率。硫酸和盐酸等浓酸就是很好的酸法处理试剂，但是，由于强酸具有很强的腐蚀性和氧化性，对反应设备的抗腐蚀性要求高，产生的废液也可能造成二次污染，实际应用中大多采用稀酸处理，并且已经成功应用于木质纤维素原料的预处理。Van Walsum等用10%的盐酸对水稻秸秆进行预处理，秸秆沼气发酵的产气量和甲烷含量分别提高了25%和67%。覃国栋等采用不同浓度的稀硫酸（2%、4%、6%、8%、10%）对水稻秸秆进行预处理，并对处理后的水稻秸秆进行沼气发酵试验，结果表明，酸处理能显著地改善水稻秸秆的生物降解产沼气性能，提高秸秆的产气效率。

**2. 碱处理**

碱处理是一种应用较广的木质纤维素原料预处理方法。其原理是，由碱提供的氢氧根与木质素分子中的化学键发生皂化反应将木质素去除；但碱对半纤维素和纤维素的破坏较小，因而原料的利用率较高。常用的碱主要有氢氧化钠、氢氧化钾、氢氧化钙等。与酸处理不同的是，碱处理可直接通过生化反应将木质素去除，从而打开三素的晶体结构，增加水解酶对底物的可及度，使纤维素与半纤维素更易被沼气发酵微生物利用。

许多学者的研究结果表明，碱处理能提高厌氧消化效率和产气率。He等在常温条件下采用6%的氢氧化钠溶液对水稻秸秆进行预处理（处理时间为3周），可使沼气产量提高27.3%～64.5%。Liew等的研究表明，采用3.5%的氢氧化钠溶液对树叶进行预处理，最终甲烷产量能提高21.5%。需要特别注意的是，在连续的沼气发酵过程中，碱预处理会导致料液pH的增加和盐的累积。pH的增加会影响发酵液中的铵离子与游离氨之间的平衡，从而抑制产甲烷过程。而且高浓度的阳离子（如钙离子、钾离子、钠离子）也会因为渗透压过高而抑制整个厌氧消化过程。

化学预处理具有工艺简单、效率高、处理成本低等优点，但在处理过程中存在无机酸碱需要量大，试剂中和、回收较困难，环境友好性差，易造成二次污染等问题。

## 三、生物预处理

生物预处理主要有微生物处理、酶处理、复合菌剂处理等方法，主要利用预酸化（多级发酵）、外加生物质降解酶或复合菌剂等，将秸秆类物质中的木质纤维素分解，更有利于沼气发酵菌群的利用和分解。

**1. 微生物处理**

微生物处理是一种简单的预处理技术，也称为预酸化或多级发酵，其原理是将沼气发酵的第一、二阶段（水解和酸化）与产甲烷阶段分离。这类预处理技术通常在两级厌氧消化系统中进行，类似于反刍动物的消化系统。第一级消化器（预酸化）的pH介于4～6，抑制甲烷的产生，引起挥发性脂肪酸的积累。在预酸化阶段产生的气体主要是二氧化碳和氢气，其中氢气的产生与脂肪酸的产生密切相关，是预酸化阶段评价的重要指标。在实际操作过程中，pH在很大程度上影响氢气的产量。Antonopoulou等的研究表明，在连续发酵的试验中，氢气占预酸化阶段气体总量的35%～40%（V/V）。

一般而言，纤维素、半纤维素以及淀粉降解酶的最佳工作条件是pH介于4～6，温度为30～50 ℃，因此预酸化处理可为水解酶提供理想的工作环境，从而提高厌氧消化过程的底物降解率（特别是碳水化合物的降解）。Liu等对比研究了两级厌氧消化系统与单级消化系统的产沼气效果，结果表明两级厌氧消化系统通过增加水解酶的活性能得到较高的底物降解率，沼气产量能提高21%。

除此之外，微生物预处理还能提高沼气中甲烷含量。与氢气和挥发性脂肪酸一样，二氧化碳也在预酸化阶段形成。通常情况下，二氧化碳主要有以下三种形式：碱性条件下以碳酸根的形式存在，中性条件下以碳酸氢根的形式存在，酸性条件下以二氧化碳的形式存在。由于预酸化阶段较低的pH，大多数的碳酸盐是以挥发性的二氧化碳形式存在。正因为如此，对于产甲烷阶段而言，产生的沼气中甲烷含量较高。Nizami等采用两级厌氧消化系统以牧草青贮为原料进行沼气发酵，产生的沼气中甲烷含量高达71%，而采用单级厌氧消化系统产生的沼气中，甲烷含量为52%。

**2. 酶处理**

添加酶的目的是降解高分子聚合物，特别是木质纤维素。通常使用降解酶的混合物，包括纤维素酶、木聚糖酶、果胶酶、淀粉酶等。实际操作中，酶的添加有以下三种方式：直接添加到单级厌氧消化器中、添加到两级厌氧消化系统的水解和酸化容器中、添加到专用的酶预处理容器中。Romano等研究了酶的添加对麦草厌氧消化的影响，结果表明酶预处理能提高物料的溶解性，有利于厌氧微生物的分解利用。在酒糟的两级厌氧消化研究中，酸化阶段添加酶，有助于产气量的提高。但是，也有研究证明酶的添加会使料液中挥发性脂肪酸的产量提高，从而抑制后续的产甲烷过程。Ellenrieder等添加单一酶（如纤维素酶、淀粉酶或果胶酶）到玉米和牧草青贮中，沼气发酵的结果表明，酶的添加对产气量没有提升作用。

**3. 复合菌剂处理**

复合菌剂一般包括多株纤维素、木质素分解菌以及由霉菌、细菌和放线菌等多种微生物菌种组成的一些辅助功能菌。研究发现，很多复合菌剂对秸秆有着很好的预处理效果，能明显提高沼气发酵消化率和产气率。石卫国利用复合菌剂预处理后的秸秆（稻草、麦草等）作为沼气发酵原料，产沼气的启动时间明显加快，启动时间只需2～7 d，其产气量比未使用复合菌剂的对照组提高了42.15%～52.35%。闫志英等用复合菌剂预处理玉米秸秆，然后作为沼气干发酵的原料，结果表明，玉米秸秆经复合菌剂预处理后的产气量比对照组提高29.54%，总有机碳降解率提高136.32%，纤维素降解率提高47.68%。

与物理预处理和化学预处理相比，生物预处理具有反应条件温和、能耗低、处理成本低、设备简单、专一性强、不会带来环境污染等诸多优点。但是，目前在实际的应用中，生物预处理仍存在着能够降解木质纤维素的微生物种类少、木质纤维素降解酶活性低、作用周期长等问题。

## 四、组合预处理

上述物理、化学和生物预处理三种方法各有利弊，因此可以将其中两种或三种结合起来，弥补单一预处理方法的缺陷，提高预处理的效率。常用的组合预处理方法主要有蒸气爆破、挤压和热化学处理。

### 1. 蒸气爆破

蒸气爆破的原理与热水解相似，是将需要处理的原料放入密闭的蒸气反应器中，处理温度设置为160～220 ℃，反应器内压力上升，持续一段时间后（5～60 min），突然释放压力。由于压力的急剧下降，原料细胞内的水分蒸发，原料的体积迅速膨胀，使得细胞壁和木质素坚固的结晶结构被破坏，因而更易被沼气发酵微生物分解。许多学者的研究都证明蒸气爆破有利于提高沼气发酵原料（尤其是木质纤维素原料，如农作物秸秆等）的产沼气潜力。

### 2. 挤压

挤压是从金属、塑料加工等行业衍生而来的一种原料预处理方法。其原理是将原料送入挤压机中，螺杆随即转动推进加压，原料在高压条件下从特殊形状的小孔（模头）中挤压出。在这一过程中，粗纤维的结晶结构被破坏。另外，随着原料被挤压出，压力会突然下降并引起原料细胞内的水分蒸发，原料的体积迅速膨胀，使得细胞壁的结构破坏，这同蒸气爆破方法类似。通常情况下采用双螺杆挤压机，两个螺杆在两个筒体中反向转动并相互交叉。挤压机可供使用的功率为11～55 kW，物料的输出量为0.9～4.0 t/h。根据出料一致性的要求，挤压压力高达30 MPa，温度介于60～300 ℃。但是，对于总固体含量为30％～35％的原料，处理的温度不能超过100℃，否则会导致原料水分蒸发而过于干燥。挤压能提高原料的比表面积，增加水解酶对底物的可及度，从而加快产甲烷的速度。Hjorth等研究挤压预处理对稻草沼气发酵的影响，产甲烷潜力试验的结果表明，经挤压处理的稻草产甲烷量比未经处理的稻草提高了70％。在实际操作过程中，挤压技术主要的问题是螺杆的磨损，多数情况下使用几个月后就需要更换。同其他机械预处理技术一样，原料在预处理过程中应尽量避免混有石头或金属等硬质材料，否则会大大减少设备的使用寿命。

**3．热化学处理**

热化学处理实际上是利用热处理和化学处理方法相结合而产生的共同效应。在热化学处理技术中，除了广泛应用的不同种类的酸碱之外，氨［如氨纤维爆破法（AmmoniaFiber Expansion，AFEX）］和各种溶剂（有机溶剂法）等也有应用。大多数研究在60～220 ℃的条件下进行，也有研究指出，当预处理温度超过160～200 ℃时，产甲烷量反而会有所下降。对污泥进行碱预处理的试验中，若同时再加上热预处理，会明显增加料液中化学需氧量的溶解性（100％）以及后续沼气发酵的产气量（20％）。Zhang等对木薯进行了热酸预处理，其中硫酸的浓度为1.32％～4.68％（w/w），原料在温度为150～170 ℃的条件下反应10～36 min，结果表明，经过热酸预处理后，木薯沼气发酵的产气量比未处理时提高了57％。为了获得最大产气量，原料的预处理参数为：温度160 ℃，硫酸的浓度为3％，处理时间为20 min。Rafiqtle等采用5％的氢氧化钙溶液，在25～150 ℃条件下对猪粪进行预处理，研究结果表明，当热处理温度为70 ℃时，产气量能得到最大程度的提高，此时沼气产量能提高78％，而甲烷产量能提高60％。

## 第五节 消　毒

根据相关法律法规的要求，进入沼气发酵罐之前，存在疫病风险的原料必须进行消毒预处理。处理畜牧副产品（如畜禽粪便）或其他有潜在卫生风险的原料时，常采用巴斯德消毒法（70 ℃，1 h）或高压灭菌（133 ℃，0.3 MPa，20 min）等技术作为沼气发酵的预处理工艺。绝大多数沼气工程通常采用巴斯德消毒法进行预处理，消毒可在密封加热的不锈钢罐中进行，消毒容器的大小取决于进出物料量。传统的牲畜草料罐也经常被使用。在消毒过程中，可通过仪器设备对消毒进行检测和记录，以此来了解装载量、温度和压力。通常情况下，消毒后的原料温度比发酵罐内的发酵料液温度高。因此，消毒原料的多余热量可以预热其他发酵原料或直接添加到发酵罐里加热罐体。如果没有条件利用消毒原料的余热，必须采用合适的方法将温度降到发酵罐中料液温度的水平。

## 第六节　沼气发酵装置进料

从沼气发酵的生物学角度来看，原料的连续进出是获得稳定发酵的理想状态。然而，在实际工程中，几乎不可能达到这样的理想状态，正常情况下只能达到半连续进料，原料分批次添加到沼气发酵罐中，因此所有的进料输送设备都不是连续运行的。进料输送设备和技术的选择主要取决于原料的均匀程度，在实际应用中，通常又分为液态原料和固态原料的进料输送。

### 一、液态原料的输送

在沼气工程中，液态原料最常见的输送设备是离心泵、回转泵、转子泵及单偏心螺杆泵，常用计时器或电脑进行控制，整个工艺可实现全自动或半自动运行。一般而言，沼气工程中的进料完全可以通过一个或两个位于中心泵站或控制室内的泵实现，管路的所有操作状态（如进料、完全排空、故障检修等）也都可以通过自动的阀门实现。

泵的安装需要有足够的空间，应预留泵维护（如故障检修）时的周围操作空间。即便是对原料进行良好的预处理，泵也有可能会被堵塞，此时需要快速地进行清理。为了不影响整个沼气工程的正常运行，必须在管道上安装截止阀，将泵与管道系统分离开来，便于维护。此外，切割或粉碎机都可以直接安装在泵的上游以保护泵，还可以直接使用带切割的泵。

按泵的工作原理可将泵分为叶片泵和容积泵。

叶片泵是将泵中叶轮高速旋转的机械能转化为液体的动能和压能。由于叶轮中有弯曲且扭曲的叶片，故称叶片泵。根据叶轮结构对液体作用力的不同，叶片泵又可分为离心泵、轴流泵和混流泵。

容积泵是利用工作室容积周期性的变化来输送液体。容积泵按工作元件作往复运动或回转运动可分为往复泵和回转泵两类。通过活塞、柱塞工作元件作往复运动的容积式泵称为往复泵；通过齿轮、螺杆、叶轮转子或滑片等工作元件的旋转来产生工作腔的容积变化使液体不断地从吸入侧转移到排出侧的泵称为回转泵，如齿轮泵、液环泵、挠性叶轮泵、旋转活塞泵、径向或轴向回转柱塞泵等。

沼气工程中比较常用的泵主要有离心泵、回转泵、转子泵和单偏心螺杆泵等。

**1. 离心泵**

离心泵是依靠叶轮旋转时产生的离心力来输送液体的泵。叶轮内的液体受到叶片的推动而与叶片共同旋转，由旋转而产生的离心力，使液体由中心向外运动，并获得动量增量。在叶轮外周，液体被甩出至蜗卷形流道中。由于液体速度的降低，部分动能被转换成压力能，从而克服排出管道的阻力不断外流。叶轮吸入口处的液体因向外甩出而使吸入口处形成低压（或真空），因而吸入池中的液体在液面压力（通常为大气压力）作用下源源不断地压人叶轮的吸入口，形成连续的抽送作用。在沼气工程中，离心泵通常用于输送液体底物（如粪水）。离心泵有立式、卧式、单级、多级、单吸、双吸、自吸等多种形式，使用时应根据需要进行选择。

**2. 回转泵**

回转泵常用于液体粪便的输送中，特别适合于较稀原料的输送，种类较多。回转泵在泵体内有一个不停旋转的叶轮，称为转子。当转子旋转时，它与泵体间形成的空间容积发生周期变化。容积增大的过程形成低压，液体被吸入泵内；容积减小的过程形成高压，液体被排出泵外。在此过程中，叶轮加速介质，将速度转化为出口处的水头或压力。叶轮的形状和大小不一，依实际需求而定。切割泵是一种特殊的回转泵，其叶轮边缘经相应的硬化处理后能起到粉碎底物的作用。回转泵的泵压能达到2 MPa，输出流量为2～30 m³/min，通常用于总固体含量小于8%的底物，可允许有少量长草。回转泵具有流量大、用途广（可用作潜污泵）等优点，但由于回转泵为非自吸泵，因此在使用时必须置于料液的液面以下（如放于泵井或池中）。

**3. 单偏心螺杆泵**

单偏心螺杆泵是由单头螺杆转子在螺孔的定子孔腔内啮合，形成若干密闭腔，当转子绕定子轴作行心旋转时，这些密闭腔作螺旋运动，它们连续匀速地将密闭腔内的介质从吸入端送到压出端，从而让底物移动。单偏心螺杆泵的泵压能达到4.8 MPa，输出流量为0.055～8 m³/min，适用于长纤维物质含量较低的黏性可泵送底物。单偏心螺杆泵具有自吸、底物可计量、可逆性等优点，但泵本身容易受到干扰（如石头、长纤维物质、金属块），且空转后容易损坏。

**4. 转子泵**

转子泵依靠两个同步反向转动的转子（齿数为2～6）在旋转过程中于进口处产生吸力（真空度），从而吸入所要输送的物料。这两个转子在径向和轴向上有较小的缝隙，在反向旋转互相滚碾过程中并不相互接触，也不接触泵体。通过形状尺寸的设计，确保在任何位置排出和吸入部分之间均是密封的。转子泵的泵压能达到1.2 MPa，输出流量为0.1～16 m³/min，适用于黏稠的可泵送底物。转子泵具有自吸、底物可计量、可逆性、维护方便以及可输送较粗糙的纤维物质等优点，即使泵空转也不受影响。

## 二、固态原料的输送

固态原料用于湿发酵沼气工程时，原料需要先与补充液体混合均匀，而后进料到沼气发酵罐。大多数情况下原料的输送可以通过常规的装载车辆来完成；只有当需要自动进料时，才会使用底部刮板进料机、顶部推送机和螺杆输送机。刮板进料机和顶部推送机可以水平或向上移动所有类型的可堆积物料，但无法用于原料的计量。螺杆输送机可以从任何方向运输固态物料，但前提是无大石块，并且将物料粉碎到螺杆可以抓起的程度。固态原料的自动进料系统通常与装载设备结合起来形成沼气工程的一个单元。

箱式发酵工艺常见于干发酵沼气工程中，实际操作上通常采用铲车作为固态原料输送的唯一手段，或直接从拖车底部用刮料器向箱内进料。

## 三、液态原料的进料

液态原料通常从地下式混凝土结构的集料池进料，在集料池内液态粪便得到贮存和均质。如果沼气工程没有条件直接加入辅助原料，集料池也被用作混合、切碎和均质固态原料，必要时还可加入补充液体形成可泵送的液态原料，这时通常称为调配池。调配池或集料池通常采用钢筋混凝土结构，规模大小足以贮存1～2 d的进料量，适用于可泵送、搅拌的液态原料贮存与均质。考虑到在调配池或集料池池底会沉积砂石等物质，因此必须配有泵井或刮板机等去除沉积物的设施。调配池或集料池通常为圆形或方形的池或罐，与地面持平或高出地面，但需保证铲车可以接近；如有条件可建在比沼气发酵罐高的地方，可以依靠高度差进料，省去进料泵。

## 四、固态原料的进料

固态原料可以采用直接或间接进料的方式输送到沼气发酵罐。间接进料首先需要将固态原料引入到调配池或原料进料管道内。如图2-5所示。直接进料可将固态原料直接进到沼气发酵罐中，省去了调配池或进料管道混合调配浆料的阶段。

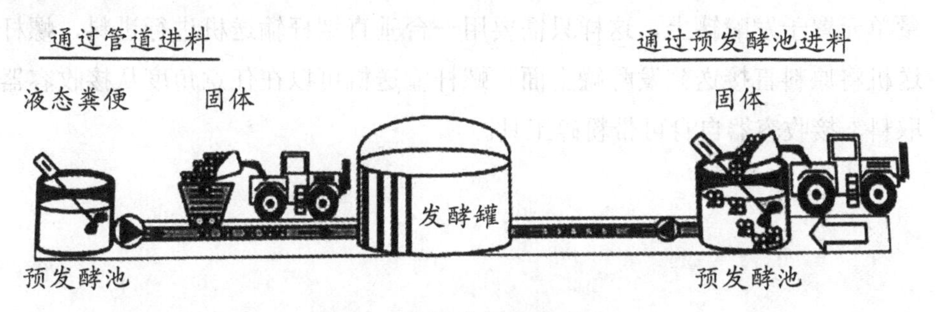


图2-5 间接进料示意图

### 1. 通过预发酵池的间接进料

固态原料可在调配池中混合、粉碎和拌匀，通过添加补给液可将固态原料浸湿成可抽送的浆状物。如果在这一过程混进了干扰物质，调配池也能起到隔离砂石等干扰物质的作用，而后通过刮板机或螺杆输送机进一步将干扰物质去除。利用铲车或其他移动装置将原料投加到调配池，按照合适的比例混合均匀后，混合物由泵输送到沼气发酵罐。

**2. 通过液体底物管道的间接进料**

除了通过调配池进料外，固态原料（如有机生活垃圾、青贮、固体粪便等）还可以通过合适的计量设备（如仓泵）进料到管道中。实际操作中可将固态原料推入到液态物料管道，或者将液体直接通过仓泵打入管道中。管道液体主要来自集料池的液体粪便、发酵后的沼液等。

仓泵的泵压能达到4.8 MPa，对料液的输出流量为0.5～1.1 $m^3$/min，而对固体的输出流量为4～12 t/h，适用于基本上没有干扰杂物的预粉碎原料。仓泵具有抗磨损、高抽送能力、底物可计量、可通过切割设备粉碎原料等优点，但在某些情况下会受到干扰杂物（如石头、长纤维物质、金属块）的影响。

**3. 柱塞式给料机直接进料**

柱塞式给料机采用液压动力，通过一侧的开口将原料直接压到沼气发酵罐底部，原料被浸入液体粪便中，这样可降低浮渣形成的风险。该系统有反向旋转的螺杆使物料落到下方的柱体中，同时也能粉碎长纤维物质。进料系统通常连接在一个接收仓或直接安装在接收仓下面。

**4. 螺杆输送机直接进料**

当使用螺杆输送机进料时，变距螺旋将原料推到发酵罐液面以下的位置，以保证产生的沼气不会通过螺旋从发酵罐中逸出。最简单的方法是将计量单元置于发酵罐上，这样只需要用一台垂直螺杆输送机进行进料，螺杆输送机将原料直接送到发酵罐上面。螺杆输送机可以在任意角度从接收容器中取料，接收容器自身可带粉碎工具。

# 第三章 沼气发酵工艺

沼气发酵是微生物在无氧条件下进行的生化过程，主要涉及专性厌氧微生物（严格厌氧）和兼性厌氧微生物（在有氧条件下具有好氧微生物的功能）的不同类群。微生物生化过程将有机原料转化成沼气，其主要成分是甲烷（50%～70%）和二氧化碳（30% ～50%），同时还存在少量的硫化氢。绝大部分发酵原料被微生物转化成沼气产品，只有极少部分供微生物生长、繁殖利用。建设沼气工程，需要以最少的投入获得最大的产出，提高沼气发酵效率是降低投入的主要手段。影响沼气发酵效率的关键因素有反应器中微生物数量、微生物活性以及底物与微生物之间的传质。高效的沼气发酵反应器都是从提高反应器中微生物数量以及底物与微生物之间的传质效果着手，从而提高反应器的发酵效率。在微生物最适生长温度范围内，提高发酵温度是改善微生物活性，进而提高发酵效率的最有效手段。沼气发酵过程及装置不仅需要科学的设计，而且需要精心的运行管理。

## 第一节 沼气发酵的生化过程

沼气发酵也称厌氧消化，是利用兼性厌氧微生物和专性厌氧微生物的代谢作用，在无氧条件下将复杂有机物转化为沼气、水和少量的细胞物质。有机物进行沼气发酵时，主要经历三个阶段：液化阶段、产氢产乙酸阶段和产甲烷阶段。

液化阶段：用作沼气发酵原料的畜禽粪便、作物秸秆、有机垃圾、食品加工废物和废水等，主要化学成分为多糖、蛋白质和脂类等复杂有机物。大多数复杂有机物不溶于水，必须先被发酵性细菌分泌的胞外酶水解为可溶性糖、肽、氨基酸和脂肪酸后，才能被微生物吸收利用。发酵性细菌将上述可溶性物质吸收进入细胞后，经过发酵作用将它们转化为乙酸、丙酸、丁酸等脂肪酸和醇类以及一定量的氢、二氧化碳、氨和硫化氢等。生成有机酸的种类与沼气发酵过程氢的调节作用有关：氢分压低时，主要生成乙酸；氢分压高时，除生成乙酸外还会有丙酸、丁酸等较长链脂肪酸生成。

与好氧处理相比，沼气发酵（厌氧消化）处理具有下述优点：回收清洁能源——甲烷，减少温室气体排放；不需要曝气供氧，能耗低；容积负荷较高，装置容积小；密闭发酵，臭味少，对环境影响小；中、高温发酵以及较长固体滞留期，有利于杀灭病原菌，并且形状稳定，节约污泥处理费用。

## 第二节 沼气发酵微生物

沼气发酵是一个复杂的生物转化过程，涉及的微生物种类繁多，数量巨大，各种类群的沼气发酵微生物按照各自的营养要求起着不同的物质转化作用，沼气发酵的工艺条件及其控制，就是为各类微生物提供最佳的生长条件。四大类群的微生物参与沼气发酵活动：①发酵性细菌；②产氢产乙酸菌；③耗氢产乙酸菌；④产甲烷菌。发酵性细菌、产氢产乙酸菌与耗氢产乙酸菌称为不产甲烷菌。正常的产气旺盛的沼气发酵过程，必须有不产甲烷菌与产甲烷菌协调联合作用，任何一类微生物数量上的过多或过少，功能上的失调，都会引起动态平衡破坏，从而导致沼气发酵失败。

### 一、发酵性细菌

发酵性细菌包括各种有机物分解菌，它们能分泌胞外酶，主要作用是将复杂的有机物分解成较为简单的物质。例如，多糖转化为单糖，蛋白质转化为肽或氨基酸，脂肪转化为甘油和脂肪酸。参与的微生物主要是兼性厌氧菌和专性厌氧菌，主要包括梭状芽胞杆菌、拟杆菌、双歧杆菌、棒状杆菌、乳酸菌以及大肠杆菌等。此外，还有真菌以及原生动物。

### 二、产氢产乙酸菌

发酵性细菌分解发酵复杂有机物产生的有机酸和醇类，除甲酸、乙酸和甲醇外，均不能被产甲烷菌利用，必须由产氢产乙酸菌将其分解转化为乙酸、氢和二氧化碳。但是，在标准状态下，乙醇、丙酸、丁酸转化成乙酸和氢的吉布斯自由能大于零，反应不能自发进行。产氢产乙酸微生物只有在耗氢微生物共存的条件下才能生长，才能将底物降解为较短链的乙酸。这种产氢微生物与耗氢微生物间生理代谢的联合称为互营联合。互营联合菌之间的种间氢转移是推动沼气发酵稳定连续进行的生物动力。发现的产氢产乙酸菌有沃林氏互营杆菌、沃尔夫互营单胞菌等。

### 三、耗氢产乙酸菌

耗氢产乙酸菌也称同型乙酸菌，这是一类既能自养生活又能异养生活的混合营养型菌。既能利用氢气与二氧化碳生成乙酸，也能代谢糖类产生乙酸。已经分离到的耗氢产乙酸菌有伍德乙酸杆菌，威林格乙酸杆菌、嗜热自养梭菌、乙酸梭菌以及基维产乙酸菌等。这些菌在沼气发酵过程中的作用在于增加形成甲烷的前体物质——乙酸，同时在代谢氢气和二氧化碳时消耗氢，并且在分解有机物时不产生氢，因此在保证沼气发酵系统较低氢分压方面有一定作用。

### 四、产甲烷菌

在沼气发酵过程中，甲烷的形成是由一群生理上高度专业化的古菌——产甲烷菌所引起的。产甲烷菌生长缓慢，对氧高度敏感，要求严格的厌氧环境。产甲烷菌的食物简单，只能代谢氢气、二氧化碳、甲酸、甲醇、乙酸等少数底物，有的产甲烷菌还能代谢甲胺、二甲胺和三甲胺生成甲烷。产甲烷菌包括食乙酸产甲烷菌和食氢产甲烷菌。食乙酸产甲烷菌只有甲烷八叠球菌和甲烷丝菌或称甲烷毛发菌两属。甲烷八叠球菌除利用乙酸外，有的种还能利用氢气/二氧化碳生成甲烷。甲烷丝菌只能利用乙酸，倍增时间4～9 d。食氢产甲烷菌包括甲烷杆菌目、甲烷球菌目的全部以及甲烷微球菌目的大部分种，它们均能以氢气/二氧化碳为底物生成甲烷，并且大部分种能利用甲酸生成甲烷。食氢产甲烷菌比食乙酸产甲烷菌的最大生长速率快得多，倍增时间为4～12 h。

## 五、硫酸盐还原菌

有些工业有机废水（如糖蜜酒精废液以及玉米淀粉加工所产生的有机废水）含有硫酸盐，给硫酸盐还原菌的活动创造了条件，进而给沼气发酵设施的运行和维护带来了一定的影响。硫酸盐还原菌和产甲烷菌以及产乙酸菌之间对底物竞争，使沼气中甲烷含量降低。在硫酸盐浓度较高的情况下，硫酸盐还原菌在与产甲烷菌以及产乙酸菌的竞争中占有明显的优势，但是有些因素，如温度、pH以及游离态硫化氢的浓度也影响到它们之间的竞争关系。同时，硫酸盐还原菌的代谢产物——硫化氢还会对产甲烷菌的正常活动产生抑制作用。有几种硫酸盐还原菌也可以像发酵性细菌和产乙酸菌那样进行代谢活动。有些硫酸盐还原菌可以和产甲烷菌或产乙酸菌构成一个有效的降解丙酸和丁酸的共生生物群，有利于丙酸和丁酸的降解。常见的硫酸盐还原菌有脱硫弧菌属、脱硫叶菌、脱硫球菌和脱硫肠状菌属等。

## 六、产酸菌与产甲烷菌之间的速率平衡

在沼气发酵过程中，几大类微生物形成一条食物链。从各类微生物的生理代谢产物或其活动对发酵液pH的影响来看，可分为产酸阶段和产甲烷阶段。在沼气发酵过程中，产酸菌和产甲烷菌之间，相互依赖，互为对方创造维持生命活动所需要的良好环境条件。产酸与分解酸产生甲烷的速度处于相对平衡状态，在发酵液内既无过多的有机酸积累，又可以保持较高的甲烷生产速率。如果发酵液中易降解有机物浓度过高，产酸菌会大量繁殖，快速产酸。而产甲烷菌却繁殖缓慢，来不及消耗产生的酸，结果造成有机酸的积累，使发酵液酸化，pH下降，打破产酸与产甲烷的速度平衡。低pH进而抑制产甲烷菌活性，分解酸的速率进一步降低，有机酸进一步积累，结果反馈抑制产酸过程，最终导致整个沼气发酵过程运行失败。如果发酵液中有机物浓度过低，酸的生成满足不了产甲烷菌的需求，则会使沼气发酵速率降低。由于产酸菌的繁殖速率大约是产甲烷菌的15倍，在沼气发酵过程中，特别是沼气发酵系统启动初期，容易出现酸积累导致的酸化现象。

## 第三节 沼气发酵过程的优化

过去几十年的沼气工程研究、设计和运行实践中，始终围绕着保持沼气发酵装置中足够的微生物数量，改善微生物生长繁殖的营养物质和环境条件增强微生物活性，加强微生物与基质的传质效果等方面改进沼气发酵过程的性能，进而提高整个沼气工程的效率。

### 一、保持沼气发酵装置内足够数量的微生物

微生物是沼气发酵过程中生命活动的主体。在沼气发酵系统中，微生物有两种存在形式：一种是群体，另一种是个体。试验表明，消化液中以个体存在的微生物数量并不多，对沼气发酵过程所起的作用微不足道。决定沼气发酵进程的主要是以群体形式存在的微生物，也就是通常所说的厌氧污泥，有时也简称污泥。污泥浓度的大小对沼气发酵装置产气效率的影响很大。一般而言，污泥浓度愈大（即单位有效容积中的微生物量愈多），发酵装置的最大产气效率也就愈高。沼气发酵装置中微生物数量通常用污泥沉降比（SV）、挥发性悬浮固体浓度（VSS）表示。

污泥沉降比是指沼气发酵混合液在量筒中静置30 min，沉淀污泥与原混合液的体积比，以%表示。

挥发性悬浮固体浓度是在600 ℃燃烧炉中能够被燃烧、并以气体逸出的那部分固体，通常用于表示污泥中有机物的量，以mg/L表示。

不论是高温发酵还是中温发酵，有机物的最大去除能力［以g/（L·d）计］在相当宽的范围内随污泥浓度（以污泥体积沉降比表示）的增加而提高。例如，污泥浓度由2%增加到10%时，反应器单位容积的有机物去除能力约增加了一倍，污泥浓度由10%增加到20%时，单位容积的有机物去除能力又增加了一倍。当污泥浓度超过某一限值后，单位容积所能去除的有机物量趋于稳定。这表明，污泥浓度的效应是有限的，当超过某一限度后，容积去除能力就不再增加。但是，就单位重量的污泥固体而言，随着其浓度的增加，有机物的去除能力却在逐渐减小。例如，污泥浓度为2%、10%和20%时，单位重量污泥的有机物去除能力比为1：0.4：0.35。

因此，保持消化装置内足够多的微生物具有十分重要的意义。可以通过以下措施达到此目的。

**1. 加快厌氧微生物的生长速率**

沼气发酵的第一、二阶段是不产甲烷菌活动的结果；第三阶段是产甲烷菌作用所致。产甲烷菌是一类严格的专性厌氧菌，对营养要求较简单，但对环境条件变化特别敏感，适应性差。另外，产甲烷菌繁殖的世代时间长，为4～8 d，所以产甲烷菌既是左右沼气发酵过程成败的关键微生物，也是控制厌氧生物反应速率的主要微生物。如果能通过生物工程手段提高产甲烷菌繁殖速率，缩短其世代时间，那么，在相同时间内，产甲烷增殖的数量将会更多，从而提高沼气发酵效率，同时沼气发酵装置的启动时间将会缩短。但是，到目前为止，这方面的研究，特别是实践应用，还没有取得明显的进展。

**2. 增加沼气发酵装置滞留微生物的能力**

传统沼气发酵装置难以滞留厌氧微生物，发酵装置内微生物数量少，发酵效率低。在微生物生长繁殖速率不变的情况下，减少微生物排放速率，同样可以达到累积、滞留微生物的目的。可以通过改变传统沼气发酵装置的结构，装设填料、回流污泥、培养颗粒污泥等措施，增加反应器滞留微生物的能力，保持沼气发酵装置内足够数量的微生物，特别是产甲烷菌。以往研究开发的各种新型高效沼气发酵装置，正是以滞留微生物为基本出发点，通过装置结构、工艺技术上的改进，维持反应器中高浓度的生物固体，从而提高反应器的有机负荷和产气效率。

## 二、提高微生物的活性

沼气发酵过程中，微生物的活性就是转化有机物并生成沼气的能力，即将有机物转化成为甲烷、二氧化碳、硫化氢等的能力，可以用污泥比产甲烷活性、污泥负荷表示。污泥比产甲烷活性是指单位重量污泥在单位时间内产生的甲烷量。污泥负荷表示单位重量污泥在单位时间内所能承受的有机物量。提高厌氧微生物活性可以通过提高沼气发酵微生物自身活力和创造适宜的环境条件来实现。

**1. 高活性厌氧微生物的培育**

过去几十年，通过常规选育或生物工程的方法，许多发酵微生物的活性成倍提高，并且早已应用于工程实践中。如果能采用常规选育或生物工程的办法提高沼气发酵微生物的自身活性，沼气发酵效率将会得到极大的提高。由于沼气发酵系统是多菌种作用的混合培养系统，纯培养条件下获得的高活性菌株在投放到自然的沼气发酵系统中，有可能不能适应混合培养环境而丧失其优势。因此，通过常规选育或生物工程的方法培育高活性厌氧微生物的难度很大，进展缓慢。

**2. 创造适宜的环境条件**

（1）合适的常量元素比例

参与沼气发酵的微生物不仅要从料液中吸收营养物质以取得能源，而且还要利用这些营养物质合成新的细胞。微生物细胞的主要化学元素为碳、氢、氧、氮、硫、磷等，微生物细胞组成中，碳约占50%，氧约10%，氢约11%，氮约2%，磷和硫大约1%。其中，碳、氢、氧、硫容易从料液中获得。在讨论沼气发酵微生物的营养物质时，一般都重点考察氮和磷的配比。碳是细胞物质的主要骨架元素，所以氮和磷的配比多以这个骨架元素作为基础，来确定合适的碳、氮、磷比值。

氮和磷的需求量包括两个方面：合成细胞物质的需求量$N_1$和$P_1$，维持溶液中必要浓度的需求量$N_2$和$P_2$。

据测定，微生物细胞干物质的组成约为$C_5H_7O_2N$，由此推算，$C/N_1=30:7$。但是，进行沼气发酵时，原料中被利用的化学物质仅有20%左右用于合成细胞物质，80%用于取得能源。合成细胞物质的化学物质必须含氮，取得能源的化学物质不一定含氮。如此推算，适宜$C/N_1$为16:1。料液中必须维持的含氮量，一般通过试验来确定。

沼气发酵适合的C/N比值范围，有人认为13：1～16：1最好，也有试验认为6：1～30：1仍然合适，一般认为C/N为20：1～30：1比较合适。

微生物细胞生长需要磷，通常认为C/P比值为120，或N/P比值为5时能满足微生物的生长。

若以C/N=25为准，推算的营养比约为C：N：P=125：5：1，加以碳与COD的化学计量关系推算，则为COD：N：P=350：5：1，这里的COD指易降解有机物。

一般而言，含氮量过低，合成菌体所需的氮量就不足，微生物生长代谢会受到抑制，同时因消化液的缓冲能力降低而易使pH下降，因为铵态氮是消化液中重要的缓冲成分；反之，含氮量过高，容易引起铵态氮过高，抑制产甲烷菌的活性，也有可能使pH升得过高（8以上），降低消化液中二氧化碳的浓度，不利于甲烷菌的生长及甲烷的合成。因此，对于含氮量很少的废液，可适当添加氮肥、含氮量高的粪便、氨基酸类废弃物及剩余活性污泥等。酒精蒸槽废液添加粪便的试验结果表明，当添加量适中时，可成倍提高消化效率。磷不足时，可适当投加磷肥。

微生物生长需要的C/S比大约为600，对大多数沼气发酵原料而言，硫不是限制元素。但是，高硫酸盐含量的原料对系统的代谢能力有重要影响，因为硫酸盐还原菌会与产甲烷菌竞争产甲烷前体物质—乙酸，硫酸盐还原菌在较高氧化还原电位下生长代谢，竞争力更强。另外，硫酸盐在厌氧条件下转化为硫化物，溶解性硫化物在浓度100～150 mg/L时，会抑制产甲烷菌活性。

（2）满足需要的微量元素

沼气发酵微生物需要一定量的微量元素，镍、钴、铅、铁、硒和镉等是一些产甲烷菌所必需的物质，锌、铜和锰是发酵性细菌必需的物质。虽然微生物需要的金属元素非常少，但是，微量的金属元素缺乏可能导致微生物活力下降。在不同原料联合发酵沼气工程中，微量元素一般是足够的，特别是在原料中有粪便的情况下。在单一原料沼气工程中，容易出现微量元素缺乏。在许多生产规模的沼气工程中，已有多例因严重的微量元素缺乏而导致的负荷持续下降及效率降低的情况发生。特别是产甲烷菌需要较高浓度的铁、镍和钴，这些元素可能在某些原料中浓度过低，例如，玉米、土豆加工、造纸废水等，此时就应当向这类废水中添加缺乏的元素。铁离子对沼气发酵有明显的促进作用，投加硫酸亚铁和三氯化铁均可。例如，某甜菜糖蜜废水经投加2 g/L和4 g/L的七水硫酸亚铁后，容积负荷率提高了约33%～67%；单位容积的产气量增加了约33%～58%，挥发性固体的去除率略有增加；COD去除率略有增加（投量为2 g/L），或略有减少（投量为4 g/L，因过量亚铁离子增加了COD值）；由于有硫化亚铁沉淀物形成，毒性大的硫化氢含量明显降低。对镍的试验表明，投加二价镍离子能对沼气发酵起促进作用。例如，在以乙酸为基质的消化系统中投加10 mg/L的二价镍，可使乙酸盐的利用率由原来的2～4.6 g/（gVSS·d）提高到10 g/（gVSS·d）。添加微量元素时应注意，一些沼气发酵微生物需要的微量元素在高浓度时会产生抑制作用，因此，无论在什么情况下，添加微量元素时应遵循“满足需要但尽量少”的原则。

（3）减少有毒物质的抑制

在沼气发酵过程中，一些原料中含有有毒、有害物质，经常造成产气效率下降甚至运行失败。特别是处理工业有机原料时，更需注意有毒、有害物质对沼气发酵微生物的毒性影响。最常见的抑制性物质为氨氮、硫化物、盐类、重金属、氰化物以及某些人工合成物质。

①氨：含氮有机物分解时，有机氮转化为氨氮。已有资料表明，底物中高浓度氨/氮会抑制甲烷产生。以前认为，在pH高于7.4、氨氮浓度达到1 500～3000 mg/L时，就会产生抑制作用；氨氮浓度大于3000 mg/L时，在所有pH条件下都有抑制作用。也有研究表明，氨氮的抑制浓度阈值高达6000 mg/L。如果有一个长期的适应时间，微生物能适应高浓度氨。抑制主要来自非离子氨，其抑制作用与浓度、温度和pH有关。在一系列关于氨抑制现象的研究文献中，游离氨的抑制浓度分别有50 mg/L，80 mg/L，150 mg/L，345 mg/L。在经历了长时间的驯化后，Hansen等更是将这一浓度扩大到1100 mg/L。高温发酵比中温发酵对高氨氮浓度更敏感，因此，含氮高的原料不宜采用高温发酵。

②硫化物：硫本身是组成菌体细胞的一种常量元素，在细胞合成中是必不可少的。若原料中含有适量的硫，还可促进菌体的生长，但如果过量则会对沼气发酵产生强烈的抑制作用。在酸性发酵阶段，硫化物在300 mg/L以内，不会有影响。而在甲烷发酵阶段，硫化物自80 mg/L起，就有抑制影响；150～200 mg/L时抑制十分明显。硫的其他形式化合物对沼气发酵也有抑制作用，若二氧化硫＞40 mg/L，则可使沼气发酵微生物数量大量减少，产气量下降。硫酸根离子在5000 mg/L以上，将对沼气发酵产生明显的抑制。投加某些金属如铁去除二价硫离子，将使硫化物的抑制作用有所缓解。通过吹脱消化液中硫化氢，可以减轻硫化物的抑制作用。

③盐类：餐厨垃圾以及食品工业废水，例如，泡菜加工废水、肠衣加工废水等常含有高浓度盐。在浓度非常高时，盐可引起中毒。一价离子（如钠离子、钾离子）比二价离子（如钙离子、镁离子）盐的毒性小。但

是，弱碱性条件下，以碳酸氢盐形式存在的二价离子溶解度很小，因此，实际影响较小。对钠离子毒性的研究比较多，其半抑制浓度（50%IC）为4000～10000 mg/L，且毒性可逆。产甲烷菌对钠离子的驯化适应还没有可靠的报道。氯离子是基本无毒的离子，允许浓度22000 mg/L，硫酸根的允许浓度以硫计为1000 mg/L。

④重金属：在工业废水和畜禽粪便污水类发酵原料中，常含有重金属。微量的重金属对沼气发酵微生物的生长可能起到刺激作用。当其过量时，却有抑制微生物生长的可能性。一般认为，重金属离子可与菌体细胞结合，引起细胞蛋白质变性并产生沉淀。不同的研究者得出的重金属抑制浓度不同。有研究认为，产生不利影响的最低浓度，铜为40 mg/L，镉为20 mg/L，锌为150 mg/L，镲为10 mg/L，铅为340 mg/L，铬为20 mg/L。也有研究认为，在pH为8的条件下，引起20%抑制的重金属浓度为：铜为U3 mg/L，镉为157 mg/L，锌为116 mg/L，镍为73 mg/L。在沼气发酵过程中，重金属离子的毒性阈限浓度报道不一，主要受研究条件与控制参数的影响。另外，当重金属与硫化物在反应器中并存时，它们之间可以进行反应生成不溶性的金属硫化物沉淀，当试验中存在这种条件时，就可使沼气发酵反应器承受的重金属浓度大大提高。此外，毒物的浓度并不等于毒物负荷。在毒物浓度相同的情况下，如果反应器中微生物量多，单位微生物量所承受的毒物负荷就少。在同样的毒物浓度下，污泥浓度高的反应器受到抑制的程度要小，同时复苏也快。所以，在保持生物量较高浓度的新型沼气发酵装置，可以承受更高浓度的重金属离子。

⑤氰化物：割化物对沼气发酵的抑制作用取决于其浓度和接触时间，若浓度小于10 mg/L，接触时间为1 h，抑制作用不明显；浓度若增高到100 mg/L，气体产量就会明显降低。

⑥有机氯：有些有机氯毒性很强，如二氯甲烷、三氯甲烷和四氯甲烷等，浓度在1 mg/kg左右则具有较强的抑制作用，因而以三氯甲烷为溶剂黏接的沼气发酵装置，常引起产甲烷菌的中毒而使发酵失败。

在某些工业废水中，往往含有多种有毒、有害物质。每种物质含量可能不高，但是，当它们同时存在时，有可能产生强烈的毒性协同作用。所以，在工艺试验研究或生产性运转中，要特别注意有毒物质的协同作用问题。

含有大量抑制物质的发酵原料，进入沼气发酵装置之前，必须进行预处理，以解除其毒性。

（4）适宜的pH环境

pH是沼气发酵重要的影响因素。微生物对pH的波动十分敏感，即使在其生长pH范围内，pH的突然改变也会引起微生物活力明显下降，微生物对pH改变的适应比对温度改变的适应过程要慢得多。超过pH范围时，会引起更严重的后果，低于pH下限并持续过久时，会导致产甲烷菌活力丧失殆尽而产乙酸菌大量繁殖，引起反应系统的“酸化”。严重酸化发生后，反应系统难以恢复至原有状态。沼气发酵过程中，发酵性细菌与产酸菌对pH有较大范围的适应性，大多数可以在pH5.0～8.5范围内良好生长，一些产酸菌在pH＜5.0时仍可生长。产甲烷菌对pH变化更敏感，适宜的生长pH为6.5～7.8。

沼气发酵的适宜pH范围是指反应器内料液的pH，而不是进料的pH，因为原料进入反应器内，生物化学过程和稀释作用可以迅速改变进料的pH。对pH改变最大的影响因素是酸的形成，特别是乙酸的形成。因此含有大量易降解碳水化合物（如糖、淀粉等）的原料进入反应器后，pH会迅速降低。但是，已经酸化的原料进入反应器后，pH将上升。对于含大量蛋白质或氨基酸的原料，由于氨的形成，pH会略有上升。因此，对不同特性的原料，可选择不同的进料pH，进料pH可能高于或低于反应器内所要求的pH。

pH对产甲烷菌的影响与挥发性脂肪酸的浓度有关，这是因为乙酸以及其他挥发性脂肪酸在非离解状态下是有毒的。pH越低，游离酸所占比重越大，因而在同一种挥发性脂肪酸浓度下，它们的毒性越大。pH的波动对厌氧污泥的产甲烷活性也会产生影响，其影响程度取决于：①波动持续的时间；②波动的幅度，一般pH越低，影响越大；③挥发性脂肪酸的浓度；④挥发性脂肪酸的组成。一般应将挥发性脂肪酸（以乙酸计）控制在30～300 mg/L内，最高不宜超过1000 mg/L。

（5）合适的温度

温度是影响微生物生命活动的重要因素，对厌氧微生物及沼气发酵过程的影响尤为明显。各种微生物都在一定的温度范围生长，根据微生物生长的温度范围，习惯上将微生物分为三类。

①嗜冷微生物，生长温度5~20℃。

②嗜温微生物，生长温度20～42℃。

③嗜热微生物，生长温度42～75℃。

相应地，沼气发酵也分为常温、中温（35℃）和高温（55℃）三类。随自然温度变化而变化的发酵方式称为常温发酵。发酵温度范围与上述微生物生长温度范围相对应。也就是说，在这三个温度区间运行的沼气发酵反应器内生长着不同类型的微生物。例如，只有嗜热微生物才能在高温沼气发酵反应器内生长。

在每一个温度区间，随温度上升，微生物生长速率逐渐上升并达到最大值，相应的温度称为微生物的最适生长温度，超过此温度后，微生物生长速率迅速下降。在每个区间的上限，微生物的死亡速率已开始超过微生物的增殖速率。

温度高出微生物生长温度的上限，将导致微生物死亡，如果温度过高或持续时间足够长，当温度恢复到正常温度后，细胞（或污泥）的活性也不能恢复。当温度下降并低于温度范围的下限，从整体上讲，微生物不会死亡，只是逐渐停止或减弱其代谢活动，菌体处于休眠状态，其生命力可维持相当长时间，当温度上升至其原来生长温度时，细胞（或污泥）活性能很快恢复。因此温度超过上限会引起严重问题，温度下降一般引起细胞活力下降，如果相应地降低反应器负荷或停止进料，则不会发生严重问题，一旦温度恢复正常，反应器运行即可很快恢复正常。

迄今为止，大多数沼气发酵系统在中温范围运行，在此范围内，温度每升高10℃，沼气发酵反应速率约增加一倍。当温度低于最优温度，每下降1℃，沼气发酵速率下降11%。

目前，中温发酵最常见温度为30～40℃，其最佳发酵温度为35～40℃。高温发酵工艺多在50～60℃运行。高温发酵的反应速率比中温发酵高25%～50%，沼气产率也高，但沼气中甲烷所占百分比却较中温低，并且易受操作条件和环境变化的影响，容易引起挥发酸积累。当处理含病原菌和寄生虫卵的料液时，采用高温发酵可取得理想的卫生效果。但是，采用高温消化需要消耗较多的能量，当处理量很大时，往往不宜采用。常温沼气发酵工艺由于污泥活性明显低于中温和高温，其反应器负荷也相应较低。对于某些温度较低的废水，提高废水发酵温度需要消耗太多的能源，在没有经济的加热能源时，常温发酵工艺也是可供选择的方案。具体采用什么发酵温度，需要根据原料温度、当地气温、加热热源、净能产出等因素综合比较确定。

在最适范围内，温度的微小波动（如1～3℃）对沼气发酵过程不会有明显影响，如果温度下降幅度过大，污泥的活性显著降低，相应地，反应器的负荷也应当降低，以防止由于负荷过高引起的反应器酸积累等问题。

（6）适宜的氧化还原电位

无氧环境是严格厌氧的产甲烷菌繁殖的最基本条件之一。在沼气发酵全过程中，不产甲烷阶段可在兼氧条件下完成，氧化还原电位为+100～－100 mV。甲烷发酵阶段最适的氧化还原电位为－150～400 mV。氧化还原电位还受到pH的影响，pH低，氧化还原电位高；pH高，氧化还原电位低。因此，在初始富集产甲烷菌阶段，应尽可能保持介质pH接近中性，并应保持反应装置的密封性。

## 三、加强微生物与底物的传质效果

在沼气发酵反应器中，生物化学反应依靠传质才能进行，而传质的产生必须通过基质与微生物之间的实际接触。在沼气发酵系统中，只有实现基质与微生物之间充分而又有效的接触，才能最大限度地发挥反应器的处理效能。基质与微生物之间的接触，可以通过几种途径实现。反应器的构造不同，实现接触的方式也不一样。归纳起来，大致有三种接触方式，即搅拌接触、流动接触、气泡搅动接触。对于溶解性发酵原料、连续进料沼气发酵系统，为了强化接触传质可采取有效的布水、合理利用沼气的扰动、料液回流等措施。对于高固体发酵原料、分批进料沼气发酵系统，机械搅拌是最有效的手段。搅拌混合不仅能加强微生物与底物的传质效果，均匀分布进料底物，稀释抑制物质浓度，而且还能防止分层、沉淀以及浮渣形成，破除温度分布梯度。

综观几十年来沼气工程的发展，各种高效沼气发酵工艺都是通过工程措施保持反应器内的厌氧微生物数量或提高微生物与底物的传质效果来提高装置的效率。

# 第四节 沼气工程发酵工艺

## 一、完全混合式厌氧反应器

### 1. 基本原理

完全混合式厌氧反应器于20世纪50年代发展起来，是在传统消化池内增设搅拌设备，加强微生物与底物的传质效果。另一技术措施是加热，提高发酵温度，进而提高微生物活性。搅拌和加热使发酵装置生化反应速率大大提高。发酵原料从底部定期或连续加入沼气发酵装置，发酵后的沼渣、沼液分别由底部和上部排出，所产的沼气则从顶部排出。一般采用发酵装置内设热交换盘管的方法间接加热。完全混合式厌氧反应器也称为高速厌氧消化池，容积负荷在中温条件为2～3 kg COD/（$m^3$·d），高温为5～6 kg COD/（$m^3$·d）。

由于先进、高效沼气发酵反应器的出现，完全混合式厌氧反应器在溶解性废水厌氧处理中的应用越来越少。但是在城市污水厂污泥、高悬浮物有机废水、难降解有机废水的沼气发酵中，仍然是主流工艺，适合处理总固体浓度2%～12%的发酵原料。在德国，90%的湿发酵沼气工程采用完全混合式厌氧反应器（CSTR），装置容积1000～4000$m^3$。在奥地利，采用完全混合式工艺的立式发酵罐占沼气工程84%左右，标准容积为500 $m^3$和2000 $m^3$。

完全混合式厌氧反应器具有完全混合的流态，无法分离水力停留时间和固体停留时间，即HRT=SRT0反应器内繁殖起来的微生物随溢流而排出，难以滞留微生物，因此，在反应器中的污泥浓度只有5 g MLSS/L左右。特别是在短水力停留时间和低浓度原料的情况下，会出现严重的污泥流失问题，所以完全混合式厌氧反应器必须要求较长水力停留时间来维持反应器的稳定运行，一般水力停留时间为15～30 d，反应器体积大，负荷较低。

### 2. 搅拌方式

完全混合式厌氧反应器的特点是在一个反应器内实现沼气发酵反应和液体与污泥分离。大多数间断进料，也有连续进料。为了使沼气发酵微生物和料液均匀接触，使所产的气泡及时逸出，必须定期搅拌装置内的料液，一般情况下，每2～4 h搅拌一次。在排放消化液时，通常停止搅拌，待沉淀分离后从上部排出上清液。完全混合式厌氧反应器的搅拌一般有以下三种方式。

（1）水力搅拌

水力搅拌是通过设在反应器外的水泵将料液从反应器中部抽出，再从底部或顶部泵入，进行循环搅拌，在一些反应器内设有射流器，由水泵压送的混合物经射流器喷射，在喉管处造成真空，吸进一部分池中的料液，形成较为强烈的搅拌。这种搅拌方法使用的设备简单、维修方便。但是容易引起短流，搅拌效果较差，一般仅用于小型沼气发酵装置或低固体物料的沼气发酵装置。为了使料液完全混合，需要较大的流量。

（2）沼气搅拌

沼气搅拌是将沼气从反应器内或贮气柜内抽出，通过鼓风机将沼气再压回反应器内，当其在反应器料液中释放时，由其升腾作用造成的抽吸卷带效果带动反应器内料液循环流动。沼气搅拌的主要优点是反应器内液位变化对搅拌功能的影响很小；反应器内无活动的设备零件，故障少；搅拌力大，作用范围广。由于以上优点，国外一些大型污水处理厂污泥消化广泛采用这种搅拌方式。农场沼气工程很少采用沼气搅拌，因为难以破除浮渣层。

（3）机械搅拌

通过反应器内设带桨叶的搅拌器进行搅拌，当电机带动桨叶旋转时，推动导流筒内料液垂直移动，并带动反应器内料液循环流动。机械搅拌的优点是作用半径大，搅拌效果好。缺点是搅拌轴通过装置罐顶时要有气密性设施。

在欧洲，90%的农场沼气工程采用机械搅拌。早期的潜水搅拌普遍采用快速推进式，目前主要采用低速搅拌。潜水搅拌器可以调整高度和角度，为了防止浮渣和沉淀，根据发酵装置大小和底物不同，安装不同数量的搅拌器，有的多达4个。发酵高固体原料，主要采用慢速桨叶式搅拌器，采用水平、垂直或倾斜轴，电动机安装在发酵罐外，方便检修。

①潜水搅拌器　适合所有湿发酵工艺、立式发酵罐，不适合高黏度物料的搅拌。潜水搅拌有两种，一种是带双片或三片叶轮的推进式高速潜水搅拌器，推进桨叶直径最高可达2 m。材料必须防腐蚀，可采用特殊钢材或铸铁。另一种是带两片大旋翼桨叶的低速潜水搅拌器，桨叶直径1.4～2.5 m，材料必须防腐蚀，可采用特殊钢材、带涂层铸铁、塑料或玻璃纤维增强环氧树脂。这些轴流搅拌器由无齿轮或带齿轮的电动机驱动，完全浸没于水中，外壳必

须防水压和防腐蚀，电机可以通过介质降温。搅拌时间取决于发酵原料，在大的发酵罐中安装2个或2个以上搅拌器。高速间歇运行的转速为500～1500 r/min，功率可达35 kW；慢速运行的转速为50～120 r/min，功率可达20 kW。间歇搅拌时间可由定时器或时控开关控制。安装时，穿过发酵罐顶的密封层的导管必须是气密的。电机外壳必须完全密封，不能进水。可采用变频器进行软启动和转速控制。

潜水搅拌器的优点：推进式高速潜水搅拌器产生湍流，发酵罐中搅拌混合良好，能破坏浮渣和沉积层，能移动，可在发酵罐内进行有选择的搅拌混合。大旋翼桨叶低速潜水搅拌器能很好实现发酵罐内混合搅拌，湍流产生较少，但是与推进式高速潜水搅拌器相比，单位功率产生的剪切作用更大。

潜水搅拌器的缺点：需要设置导轨，并在发酵罐内安装许多移动部件；维修时尽管不需要排空料液，但是需要打开发酵罐罐顶。间歇搅拌时可能出现浮渣和沉积层。推进式高速潜水搅拌器在底物浓度高时可能出现气蚀。大旋翼桨叶低速潜水搅拌器需要在启动前设定好搅拌方向。

②倾斜轴桨式搅拌器 电机可以置于搅拌器的一端，位于发酵罐外面，轴倾斜穿过罐顶板的密封装置，或穿过靠近顶端储气膜的罐侧壁。轴由发酵罐基础上的其他轴承支撑，并设置一个或多个小直径螺旋桨或大直径搅拌桨；适合湿发酵，只能用于立式发酵罐；材料必须防腐蚀，可采用带保护层的钢或特殊钢材。安装时，穿过罐体的轴承气封不能漏气。推流式的转速为中速到高速（100～300 r/min），功率可达35 kW；大桨叶式转速为慢速（10～50 r/min），功率范围2～30 kW。搅拌时间取决于发酵原料种类。间歇搅拌时间由定时器或时控开关控制，可采用变频器进行软启动和转速控制。

倾斜轴桨式搅拌器的优点：能在发酵罐内实现良好的混合；没有可移动部件；罐外驱动装置维护方便；连续搅拌可防止浮渣和沉积层形成。

倾斜轴桨式搅拌器的缺点：固定安装，存在混合不完全的风险；可能在发酵罐底部形成沉积层，间歇搅拌时可能形成浮渣层和沉积层；罐外电机、齿轮有噪声；罐内轴和轴承出现故障时，需要清空发酵罐。

③垂直桨式搅拌器：是一种可实现罐内料液轴向流动的机械混合装置。在丹麦、中国沼气工程中应用较多，通常连续运行。轴从顶部中央垂直伸入发酵罐直到底部，桨叶围绕轴旋转，电机置于罐外；材料必须防腐蚀，通常

使用特殊钢材。安装时，穿过罐体的轴承气封不能漏气；料液在接近中心处向下流动，在靠近罐壁处向上；适合湿发酵，只能用于大型立式发酵罐。转速根据发酵原料确定，一般控制在每分钟几转，可采用变频器进行转速控制。电机功率最高可达25 kW。3000 $m^3$发酵罐的功率一般为5.5 kW，通常会超过这个值。

垂直桨式搅拌器的优点：可实现发酵罐内良好混合；没有可移动部件；罐外驱动装置维护方便；薄的浮渣层被卷入发酵料液中，可防止出现连续的浮渣层和沉积层。

垂直桨式搅拌器的缺点：固定安装，存在混合不完全的风险；在接近发酵罐边缘处容易形成浮渣层和沉积层；轴承承受较大压力，维修费用较高。

**3．设计参数**

完全混合式厌氧反应器的容积负荷或容积产气率应通过实验或参照类似工程确定，容积负荷或容积产气率可根据温度影响系数确定。

德国立式发酵罐水力停留时间为42 d，第一级容积负荷7 kgVS/（$m^3$·d），第二级容积负荷4 kgVS/（$m^3$·d）。

国内完全混合式厌氧反应器大多采用立式圆柱形，有效高度为6～35 m，高与直径之比宜为0.8～1.0。罐顶采用圆锥壳，倾角取15°～25°，底部采用倒圆锥壳或削球形球壳，池底坡度8%，池顶中部设集气罩，高度与直径相同，常采用1.0～2.0 m。集气罩通过管道与储气柜直接连通，防止产生负压。罐内正常工作液位与圆柱部分墙顶之间的距离宜为0.3～0.5 m。为了防止罐内压力（正压、负压）超过设计压力以及罐顶遭到破坏，罐顶应装设正负压保护器或罐顶下沿设保护溢流管。

德国的完全混合立式发酵罐顶部常装有双膜贮气柜，采用发酵—储气一体化形式，罐体常用直径为12 m、14 m、16 m、18 m、20 m和24 m，罐体常用高度为6～8 m，常用径高比为2∶1～3∶1。

沼气发酵罐附设的管道包括进料管、出料管、排渣管、溢流管、集气管、取样管等。进料管一般布置在罐的底部，与地坪的距离应方便检修，不宜小于0.5 m，至少0.3 m，进料点与进料口的形式应有利于搅拌均匀、破碎沉渣或浮渣。小型罐（容积2500 $m^3$以下）一般设一根进料管，中型罐（容积5000 $m^3$左右）宜设两根进料管，大型罐（容积10000 $m^3$以上）应设两根以上进料管，进料管直径不宜小于100 mm。排渣管应布置在罐底中央或罐底分散数处，大型罐在罐底以上不同高度再设一两处排渣管阀门后应设置清扫口。排空管可与排渣管合并使用，也可单独设立。当采用水力循环搅拌时，或进行外置加热时，进料管与出料管、排渣管的位置应有利于混合。排渣管的管径不应小于150 mm。溢流管的溢流高度必须保证在罐内过压状态下工作。在非溢流工作状态或罐内液位下降时，溢流管仍能保持液封状态，避免发酵罐气室与大气接通。溢流管最小管径为150～200 mm。取样管一般设置在罐的上、中、下部位，长度至少应伸入料液内0.5 m，最小管径100 mm。集气管距液面不宜小于1 m，管径应经计算确定，且不宜小于100 mm。各种管道的布置取决于沼气发酵装置的池型及工艺设计。管道必须牢固地架在罐上，应尽量保持整齐、安装简单、管材应耐腐蚀，同时应做防腐处理。

为了保证沼气发酵装置的设计容积，设计中应考虑定期清扫沉砂的设备，临时将沉砂以上的沉渣抽送到沼渣、沼液储存设施中，借助高压水冲设备，冲洗罐底沉砂，用泵抽空，冲洗水压力应大于0.70 MPa。

沼气发酵装置顶中心人孔最小直径1.5 m，侧壁和罐底交界处设置0.6～1.0 m的人孔，必要时也可利用两处人孔清除沉砂。人孔盖应由铸铁或钢制成，用耐腐蚀螺栓固定。

沼气发酵装置还应设置安全放散、正负压保护和观察窗等附属设施及附件。

每立方米反应器有效池体积搅拌所需的功率：水力搅拌大约5 W，机械搅拌大约6.5 W，沼气搅拌为5～8 W。

## 二、厌氧接触

完全混合式厌氧反应器的最大问题在于难以滞留微生物，针对这个问题，Schroepfer等（1955）仿照好氧活性污泥法，在厌氧消化装置后增加一个污泥沉淀池，用于泥水分离，沉淀的污泥回流至厌氧消化装置，从而使厌氧消化装置滞留尽量多的微生物，实现了水力停留时间与固体停留时间的分离，可以在不增加水力停留时间的情况下，增加污泥固体停留时间，在一定程度上提高了装置的有机负荷率、容积产气率和有机污染物去除效率。

厌氧接触系统基于发酵反应与污泥沉淀两个单元过程的分离，大多数情况下，在厌氧消化装置与污泥沉淀单元之间还设置脱气单元。厌氧消化装置排出的混合液经过脱气后，首先在沉淀池中进行泥水分离，上清液由沉淀池上部排出。沉淀、浓缩的污泥大部分回流至厌氧消化装置，少部分作剩余污泥排出，用作其他沼气工程接种物或再进行处理。污泥回流可提高厌氧消化装置内的污泥浓度，固液分离可减少出水悬浮物浓度，改善出水水质和提高回流污泥的浓度。污泥回流比通常为进料的80%～100%。不同厌氧接触系统的主要区别在于沼气发酵单元的搅拌、脱气单元以及污泥沉淀池的差异。

搅拌主要采用机械搅拌和沼气搅拌，机械搅拌需要的功率较低，为2～5 W/$m^3$，适合污泥浓度较低的反应器（5～8 kgTS/$m^3$）。沼气搅拌需要的功率为5～10 W/$m^3$，沼气搅拌的混合效果比机械搅拌好，可以避免反应器底物沉渣沉积，特别适合污泥浓度高（25～30 kgTS/$m^3$）的反应器。反应器中允许的污泥浓度越低，需要的反应器容积越大，因此，采用机械搅拌通常比沼气搅拌的反应器体积大。也有的系统采用水力回流搅拌。

在厌氧接触系统设计中，重要问题是沉淀池的固液分离。一方面，从厌氧消化装置排出的混合液含有大量厌氧活性污泥，污泥的絮体吸附着微小的气泡，仅靠重力作用进行固液分离，很难取得令人满意的效果，有相当一部分污泥漂至水面，随水外流。另一方面，从厌氧消化装置排出的污泥仍具有产甲烷活性，在沉淀过程中仍能继续产气，已经沉淀的污泥随产生的气体也会上浮。污泥上浮使得出水BOD、COD和悬浮物浓度增大。目前主要采用的脱气单元有搅拌和真空脱气，脱气装置的真空度约为4900 Pa（500 mm水柱）。

脱气单元的水力停留时间一般采用10～20 min，如果脱气单元密闭，脱出的沼气引入沼气发酵装置。不同脱气单元类型有层叠式、穿流式和薄膜式。

污泥沉淀主要采用普通的辐流式沉淀池或斜板沉淀池，沉淀池安装刮泥机。斜板可以安装在沼气发酵装置后的沉淀池上，也可以组合在沼气发酵装置内。沉淀池根据表面负荷和固体负荷设计，表面负荷一般取0.2～0.5 $m^3$/（$m^2$·h），固体负荷取5 kgTS/（$m^2$·h）。沉降速率低的污泥，例如酵母废水、果胶废水处理，表面负荷取0.1～0.15 $m^3$/（$m^2$·h）。

上述泥水分离方法仍不能抑制厌氧微生物在沉淀池中继续产气，以下几种方法常用来提高泥水分离的效果。

①在沉淀池之前设热交换器，对混合液进行急剧冷却，使其温度从35 ℃下降到15 ℃，可以抑制产气，并有利于混合液固液分离。

②向混合液投加混凝剂（如石灰、硫酸亚铁），提高泥水分离效果。

③用超滤膜代替沉淀池，提高出水水质和泥水分离效果。

由于厌氧接触工艺具有以下优点，故在生产上被广泛采用。①适合处理悬浮物高的废水，悬浮物可达到50000 mg/L，COD不低于3000 mg/L。②通过污泥回流，增加了沼气发酵反应器内污泥浓度，其挥发性悬浮物一般为4～8 g/L，耐冲击能力较强。③容积负荷比完全混合式厌氧反应器高，其COD容积负荷一般为1～8 kgCOD/（$m^3$·d），HRT约在0.5～5 d，COD去除率为70%～80%；BOD5容积负荷一般为0.5～4.0 kgBOD5/（$m^3$·d），BOD5去除率为80%～90%。④固液分离可减少出水悬浮物浓度，出水水质较好。

厌氧接触主要缺点是增设沉淀池、污泥回流系统和真空脱气系统，流程较复杂。

## 三、厌氧滤池

厌氧滤池是20世纪60年代末由美国Young&McCarty（1969）在Coulter（1957）等研究的基础上发展并确立的第一个高速厌氧反应器。在此之前，厌氧反应器的容积负荷一般低于4～5 kgCOD/（$m^3$·d），厌氧滤池在处理溶解性废水时负荷可高达10～15 kgCOD/（$m^3$·d）。厌氧滤池的发展大大提高了厌氧反应器的处理速率，使反应器容积大大减少。厌氧滤池主要通过内部填充惰性填料附着、拦截微生物。部分厌氧微生物附着生长在填料上，形成厌氧生物膜；部分微生物被拦截在填料空隙，处于悬浮状态。反应器中的生物膜也不断进行新陈代谢，脱落的生物膜随出水带出，因此，厌氧滤池后一般需要设置沉淀分离装置。厌氧滤池作为高速厌氧反应器地位的确立，关键在于采用了生物固定化技术，使污泥在反应器内的停留时间SRT极大地延长。在保持同样处理效果时，SRT的提高可以大大缩短废水的HRT，从而减少反应器容积，或在相同反应器容积时增加处理的水量。采用生物固定化技术延长SRT，将SRT和HRT分离的研发思路推动了新一代高速厌氧反应器的发展。厌氧滤池的另一技术措施是在反应器底部设置布水装置，提高微生物与底物的传质效果。料液从底部通过布水装置均匀进入反应器，在生物膜与悬浮污泥的作用下，将料液中的有机物降解转化成沼气（甲烷与二氧化碳），沼气从反应器顶部排出。

影响厌氧生物滤池运行的重要因素是填料，其主要作用是提供微生物附着生长的表面和悬浮生长的空间，填料的形态、性质及其装填方式对厌氧滤池的处理效果及其运行有着重要的影响。装填方式有随机堆放和定向设置两种。典型的随机堆放填料有石头、拉西环、鲍尔环等，这些填料以前主要用于提高蒸鹤和吸收的传质效果。几种不常见的材料如烧结黏土、多孔玻璃球、珊瑚以及木屑也常用作填料。随机堆放填料能防止悬浮固体垂直穿过，可减少液相返混，主要用于低悬浮固体废水的处理。定向设置填料有沿着填料长度方向的垂直通道，允许悬浮固体通过，可用于高悬浮物含量废水的处理。理想的填料应具备下列条件：①高的比表面，以利于增加厌氧滤池中生物固体的总量；②粗糙的表面结构，利于微生物附着生长；③合适的形状、空隙度和颗粒直径，以截留并保持大量悬浮生长的微生物，并防止厌氧滤池被堵塞；④足够的机械强度，不易被破坏或流失；⑤化学和生物稳定性好，不易受料液中化学物质的侵失和微生物的分解破坏，也无有害物质溶出，使用寿命长；⑥质轻，使厌氧滤池的结构荷载较小；⑦价格低廉，以利于降低厌氧滤池的基建投资。

厌氧滤池最早使用的填料是石料（碎石或砾石），其后出现了其他各种类型的填料，如陶瓷、塑料、玻璃、炉渣、贝壳、珊瑚、海绵、网状泡沫塑料等。从材质上看有塑料、陶土、聚脂纤维等；从形状上看有块状、波纹管、板状等。

比表面积影响单位体积反应器附着微生物的量。如果附着在表面的微生物比截留在填料空隙内部的微生物多，比表面积就很重要。下流式厌氧滤池的性能取决于填料表面附着的微生物，因为悬浮微生物固体已经被洗出，污泥的滞留主要靠填料表面微生物附着。在上流式厌氧滤池中，截留悬浮生长的微生物比填料表面附着微生物在沼气发酵中起的作用更大，因此填料的比表面积不如填料的空隙重要。有的研究者提出最重要的填料特性是其表面的粗糙度、总的空隙率和空隙大小。

根据不同的进水方式，厌氧滤池可分为下流式、平流式与上流式，一般为上流式。在几种厌氧滤池系统中，出水回流有利于高浓度高悬浮物原料的处理。

目前，正在运行的大多数厌氧滤池都是上流式，平面呈圆形，直径6～26 m，高3～13 m。设计负荷0.5～12 kgCOD/（$m^3$·d），COD去除率60%～95%；填料层高度2～5 m；相邻进水孔口距离1～2 m，不得大于2 m；污泥排放口间距不大于3 m。

厌氧滤池的优点：①特别适合处理溶解性有机废水，和其他沼气发酵工艺相比，厌氧滤池更适合处理浓度较低的废水。②微生物固体停留时间长，一般超过100 d，厌氧污泥浓度可达10～20 gMLVSS/L。③耐冲击负荷能力强，因厌氧滤池中污泥浓度较高，生物固体停留时间长，即使进料有机物浓度突然剧烈变化，微生物也有相当的适应能力。④启动时间短，停止运行后再启动比较容易。⑤有机负荷高，一般为2～13 kgCOD/（$m^3$·d）。当水温为25～35℃时，使用块状填料，容积负荷可达3～6 kgCOD/（$m^3$·d），比普通消化池高两三倍；使用塑料填料，负荷可提高至5～10 kgCOD/（$m^3$·d）。一般情况下，COD去除率可达80%以上。一般认为在相同的温度条件下，厌氧滤池的负荷可高出厌氧接触工艺两三倍，同时会有较高的COD去除率。

厌氧滤池的缺点：①容易发生堵塞，特别是底部。厌氧滤池进料一端，由于废水浓度高，微生物增殖较快，因此污泥浓度较大。在上流式厌氧滤池底部最容易形成堵塞，有时截留的气泡也会造成局部堵塞。当废水浓度较高时，或填料黏度较小时均易于形成堵塞。浓度高的废水在反应器内沿高度方向有较大的浓度梯度，从而使污泥的增殖更加不均衡。此外，在一定的容积负荷下，浓度高的进水只有较小的上流速度，在此情况下，废水的上升呈“塞流”或“推流”状态，这种流动状态易于形成堵塞。同时，较低的上流速度不利于物质的扩散，例如，在高浓度进水时可能形成局部pH的降低和有毒产物的积累。为了防止堵塞及上述不利情况的发生，可考虑采用出水循环的办法。由于堵塞问题难以解决，所以厌氧滤池以处理可溶性的有机废水占主导地位。悬浮物的存在易于引起堵塞，一般进水悬浮物应控制在大约200 mg/L以下。②当采用块状填料时，进水中悬浮物含量一般不超过200 mg/L。③当厌氧滤池中污泥浓度过高时，易发生短流现象，减少水力停留时间，影响处理效果。④使用大量填料，增加成本。

厌氧滤池目前已用于化工、酿酒、饮料和食品加工等工业废水和城市生活污水的处理。它既适用于处理高浓度有机废水（进水COD高达24000 mg/L），也可以处理低浓度废水（进水BOD5为100～500 mg/L）。目前国外建成并投入运行的部分大型生产性厌氧生物滤池的停留时间在12～96h，COD、BOD去除率大都在70%～80%，采用的填料大多是鲍尔环、波纹管和交叉流管式，而且大多数采用回流措施，操作温度多在中温。

国内开展厌氧滤池的研究始于20世纪70年代末期。为了避免堵塞，在滤池底部和中部各保持一卵石薄层，成为部分填充填料的UASB～AF反应器（UBF）。此后国内的注意力大多集中于部分装填填料的UBF的研究，对厌氧滤池的研究甚少。目前，厌氧生物滤池主要用于生活污水净化沼气池。

## 四、升流式厌氧污泥床

厌氧处理技术最著名的进展之一就是20世纪70年代荷兰农业大学Lettinga及其合作者开发了UASB。反应器内培养形成具有良好沉淀和凝聚性能的颗粒污泥，称为污泥床。要处理的料液从反应器的底部通过布水装置穿过污泥床，污泥中的微生物分解料液中的有机物，将其转化成沼气。沼气以微小气泡形式不断放出，微小气泡在上升过程中，不断合并，逐渐形成较大的气泡，在沼气的搅动下，反应器上部的污泥处于悬浮状态，形成一个浓度较稀薄的污泥悬浮层。

UASB反应器高负荷运行必须具备四个重要的前提。

反应器内形成沉降性能良好的颗粒污泥

与其他厌氧处理工艺相比，UASB具有高容积负荷的关键在于，颗粒污泥的形成使UASB内可以保留高浓度的厌氧污泥，在反应器底部，固体浓度达到50～100g/L，在上部扩散区达到5～40g/L。絮状污泥沉降性能较差，当产气量较高、废水上流速度略高时，絮状污泥则容易洗出反应器。产气与水流的剪切力也易于使絮状污泥进一步分散，加剧了絮状污泥的洗出。颗粒污泥有极好的沉降性能，能在很高的产气量和高的上流速度下保留在厌氧反应器内。因此，污泥的颗粒化可以使UASB反应器允许有更高的有机物容积负荷和水力负荷。如果UASB反应器不能形成颗粒污泥，而主要为絮状污泥，则反应器负荷不可能很高，因负荷过高会引起絮状污泥大量流失。所以絮状污泥床容积负荷一般不超过5 kgCOD/（$m^3$·d）。

颗粒污泥直径在0.2～5.0 mm，成熟的颗粒污泥直径可达2～3 mm，密度为1.033～1.065 g/cm$^3$，具有优良污泥浓缩性，污泥体积指数SVI值小于20 mL/g。培养颗粒污泥需要几个月的时间，从其他工程接种种泥可以加速系统启动。以下因素影响颗粒污泥形成。

（1）原料特性与浓度：高碳水化合物或制糖废水容易形成颗粒污泥。启动时采用COD：N：P比为300：5：1，达到稳定时，采用的比例为600：5：1。培养颗粒污泥的进水COD质量浓度一般以1000～5000 mg/L为宜，高的进水浓度有利于底物向构成颗粒污泥的细菌细胞内传递，因而有利于颗粒污泥的形成和生长。但浓度不能过高，过高时细菌生长过快，形成的污泥结构松散、沉降性能差。过低会延长培养时间，甚至难以形成厌氧颗粒污泥。一般来说，糖类基质可诱导细胞产生更多的胞外聚合物，微生物分泌的胞外聚合物累积于细胞壁上，使菌体间可以相互黏合或附着于其他物质表面，并提供生物键（氢键、极性键等）促进细胞间凝聚，利于颗粒污泥的形成。而苯酚或氨氮等有毒有害物质对微生物的产甲烷活性、胞外聚合物的产生均有抑制。高悬浮固体影响颗粒污泥密度，并抑制颗粒污泥形成。

（2）水力负与污泥负荷：当水力负荷提高到一定值时，可冲走大部分的絮状污泥，使密度较大的污泥积累在反应器底部，形成颗粒污泥。当水力负荷大于0.25 m$^3$/（m$^3$·h）时可以把絮状污泥与颗粒污泥较好地分开。高的上升流速与短的水力停留时间有利于颗粒污泥形成。

（3）pH：pH应该在7.0附近。

（4）金属离子：研究发现二价金属离子能挤压污泥（尤其是颗粒污泥）形成扩散状的双层结构，使细胞间的范德华力增强，有利于污泥的聚集和颗粒化。

（5）温度：不同温度所形成的颗粒污泥中菌种类型有较大的差别，高温下形成的颗粒污泥含甲烷丝菌的量高；而中低温条件下形成的颗粒污泥含甲烷杆菌和甲烷八叠球菌的量较高。

（6）氮：高氢分压区，氨氮充足，以及低的半胱氨酸等条件利于高密度颗粒污泥形成。在高氢分压和充足氨氮条件下，颗粒化细菌可以产生其他氨基酸，分泌形成胞外多肽，会将微生物凝聚在一起，形成密实颗粒或絮状颗粒，但是这些氨基酸的合成受到半胱氨酸的限制。

高蛋白废水易于形成蓬松的絮状污泥。

（7）惰性载体：加入惰性物质，为微生物的附着提供核心和载体，目前已经用作微生物载体的惰性物质有：泡沫塑料、沸石、含氢无烟煤、吸水性聚合物、颗粒活性炭、粉末活性炭、膨润土+聚丙烯酰胺、砂粒、高炉粒状炉渣、烟囱灰，均在加速颗粒化过程中取得了很好的效果。

2.设计合理的三相分离器

尽可能有效地分离收集从污泥床/层中产生的沼气，使沉淀性能良好的污泥能保留在反应器内。固、液混合液进入沉淀区后，污水中的污泥发生絮凝，颗粒逐渐增大，并在重力作用下沉降，沉淀至斜壁上的污泥沿着斜壁滑回厌氧反应区内，使厌氧反应区积累起大量的污泥。分离出污泥后的处理水从沉淀区溢流，然后排出。在反应区内产生的沼气气泡上升，碰到反射板时折向反射板的四周，然后穿过水层进入气室，集中在气室的沼气，用管道导出。

3.中温或高温运行

温度是影响微生物生命活动的重要因素之一，对厌氧微生物及厌氧消化的影响尤为明显，高效的工艺还必须有适宜的温度条件支撑。基于过去几十年大量的中试结果以及工程经验，不同温度条件下UASB允许的容积负荷如表3-1所示。

表3-1　不同温度条件下单级UASB允许的容积负荷

| 温度/℃ | 含挥发性脂肪酸废水 | 不含挥发性脂肪酸废水 | 污水中悬浮物贡献的COD<5% | 污水中悬浮物贡献的COD为30%～40% |
|---|---|---|---|---|
| 15 | 2 ~ 4 | 1.5 ~ 3 | 2 ~ 3 | 1.5 ~ 2 |
| 20 | 4 ~ 6 | 2 ~ 4 | 4 ~ 6 | 2 ~ 3 |
| 25 | 6 ~ 12 | 4 ~ 8 | 6 ~ 10 | 3 ~ 6 |
| 30 | 10 ~ 18 | 8 ~ 12 | 10 ~ 15 | 6 ~ 9 |
| 35 | 15 ~ 24 | 12 ~ 18 | 15 ~ 20 | 9 ~ 14 |
| 40 | 20 ~ 32 | 15 ~ 24 | 20 ~ 27 | 14 ~ 18 |

*：生物量为颗粒污泥。

4.微生物与养料充分接触

由进水的均匀分布和高速产气所形成的良好的自然搅拌作用，使微生物与养料充分接触，并且有利于颗粒污泥形成。

UASB设计容积负荷可参考表3-1。《升流式污泥床厌氧反应器污水处理工程技术规范》（HJ 2013-2012）推荐的UASB主要设计参数如下。

进水COD浓度宜大于1500 mg/L，pH宜为6.0～8.0，COD：氨氮：磷的比例宜为100～500：5：1，BOD5/COD比值宜大于0.3，悬浮物浓度宜小于1500 mg/L，氨氮浓度宜小于2000 mg/L，硫酸盐浓度宜小于1000 mg/L。

处理中、高浓度复杂废水的UASB反应器设计负荷可参照表3-2。

表3-2 不同条件下絮状污泥和颗粒污泥UASB的容积负荷

| 废水COD浓度/（mg/L） | 35℃下的容积负荷/[kgCOD/（$m^3$·d）] | |
|---|---|---|
| | 颗粒污泥 | 絮状污泥 |
| 2000～6000 | 4～6 | 3～5 |
| 6000～9000 | 5～8 | 4～6 |
| >9000 | 6～10 | 5～8 |

UASB反应器宜设置两个系列，具备可灵活调节的运行方式，且便于污泥的培养和启动。反应器最大单体容积应小于3000 $m^3$，有效水深应在6～8 m。

反应器内废水上升流速宜小于0.8 m/h。

UASB应采用多点布水装置，进水管负荷可参考表3-3。

表3-3 进水管负荷

| 典型污泥 | 每个进水服务面积/$m^2$ | 负荷 [kgCOD/（$m^3$·d）] |
|---|---|---|
| 颗粒污泥 | 0.5～2 | 2～4 |
| | >2 | >4 |
| 絮状污泥 | 1～2 | <1～2 |
| | 2～5 | >2 |

布水装置宜采用一管多孔、一管一孔式布水或枝状布水，布水装置进水点距反应器池底宜保持150～250 mm距离。一管多孔式布水孔口流速应大于2 m/s，穿孔管直径应大于100 mm。枝状布水支管出水孔口向下距离池底宜为200 mm，出水管孔径应在15～25 mm，出水孔处宜设45°斜向下导流板，出水孔应正对池底。

三相分离器斜板与水平面的夹角宜为55°～60°；沉淀区表面负荷宜为0.8 $m^3$/（$m^2$·h），沉淀区总水深应大于1.0 m，沉淀区的污水停留时间以1.0～1.5 h为宜。

水流通过气室空隙的平均流速应保持在2 m/h以下。三相分离器集气罩缝隙部分的面积宜占反应器截面积的10%～20%，三相分离器反射板与缝隙之间的遮盖宜为100～200 mm。

出水收集装置应设在UASB反应器顶部，断面为矩形的反应器宜采用几组平行出水堰出水，断面为圆形的反应器宜采用放射状或多边形堰出水。集水槽上应加设三角堰，堰上水头应大于25 mm，水位应在三角堰齿1/2处。出水堰负荷宜小于1～7 L/（s·m）。

排泥点宜设在反应器底部以及污泥区中上部，中上部排泥点宜设在三相分离器下0.5～1.5 m处。排泥管直径应≥150 mm。底部排泥管可兼作放空管。

UASB反应器的沼气产率为0.40～0.50 $Nm^3$/kgCOD去除。

UASB的优点：①UASB内污泥浓度高，平均污泥浓度为20～40 gVSS/L。②有机负荷高，水力停留时间短，中温发酵，容积负荷一般为10 kgCOD/$m^3$左右。③一般不设沉淀池，不需污泥回流设备，反应器的上部设置有气、液、固分离系统，液相所携带的污泥可自动返回到设备内。④无混合搅拌设备，靠发酵过程中产生沼气的上升运动以及上升水流，使污泥床上部的污泥处于悬浮状态，对下面的污泥层也有一定程度的搅拌。⑤污泥床内不设填料，节约造价并可避免因填料发生的堵塞问题。

UASB的缺点：①进水中悬浮物不宜太高，一般控制在1000 mg/L以下，不宜超过1500 mg/L。悬浮物浓度过高会磨损已形成的颗粒污泥，对污泥颗粒化不利。料液中的惰性物质虽能使污泥密度增加对沉淀有利，但它沉于污泥床底部，会减少反应区的有效容积和引起堵塞。②污泥床内有短流现象，影响处理能力。③对水质和负荷突然变化比较敏感，耐冲击能力稍差。

## 五、厌氧颗粒污泥膨胀床

UASB的混合主要依赖于进水和产生沼气的扰动。但是，在低温条件下，无法采用较高水力负荷和有机负荷，只能采用低负荷，进水和沼气带来的污泥床内混合强度太小，以致无法抵消短流效应。在这种情况下，UASB的负荷和产气率受到限制。为了获得高的产气效果，可采用高径比更大的反应器或采用出水回流以获得更大的上升流速，使颗粒污泥与污水充分混合，减少反应器内的死角，同时减少颗粒污泥床中絮状污泥量，对于这一问题的研究引出了第三代厌氧反应器的开发和应用。

EGSB反应器实际上是改进的UASB反应器。与UASB反应器相比，它们最大的区别在于反应器内液体上开流速不同。在UASB反应器中，水力上升流速一般小于1 m/h，污泥床更像一个静止床，EGSB反应器通过出水循环，其水力上升流速一般可达到5～10 m/h，使颗粒污泥床运行在膨胀状态，所以整个颗粒污泥床是膨胀的。

在污泥床中，悬浮固体会挤占活性微生物的有效空间，从而造成污泥床中活性污泥成分降低。高的水力上升流速能将进水中的惰性悬浮固体自下而上带出污泥床，避免了惰性悬浮物在污泥床中过分沉积。因此，EGSB允许含有较多悬浮物的污水进入反应器，可简化原料液的预处理过程。

高的水力上升流速还允许大流量（相对于原水而言）出水回流，以稀释和调节水质。特别是对有毒污水，回流水对原污水的稀释可减轻化学物质对微生物的毒害作用。

EGSB反应器独有的特征使其可以设计成较大高径比，可高达20或更高。因此对于相同容积的反应器而言，EGSB反应器的占地面积大为减少。除反应器主体外，EGSB反应器的主要组成部分有进水分配系统、气—液—固三相分离器以及出水循环部分，其结构图如图3-11所示。进水分配系统的主要作用是将进水均匀地分配到整个反应器的底部，并产生一个均匀的上升流速。与UASB反应器相比，EGSB反应器由于高径比更大，其所需要的配水面积会较小；同时采用了出水循环，其配水孔口的流速会更大，因此系统更容易保证配水均匀。

三相分离器仍然是EGSB反应器最关键的部分，主要作用是将出水、沼气、污泥三相进行有效分离，最大限度地将颗粒污泥保持在反应器中，三相分离器使反应器内有较多的颗粒污泥。与UASB反应器相比，EGSB反应器内的液体上升流速要大得多，因此必须对三相分离器进行特殊改进。改进可以有以下几种方法：①增加一个可以旋转的叶片，在三相分离器底部产生一股向下水流，有利于污泥的回流；②采用筛鼓或细格栅，可以截留细小颗粒污泥；③在反应器内设置搅拌器，使气泡与颗粒污泥分离；④在出水堰处设置挡板，以截留颗粒污泥，防止流出。出水循环部分也是EGSB反应器不同于UASB反应器之处，主要目的是提高反应器内液体的上升流速，使颗粒污泥床充分膨胀，污水中底物与微生物充分接触，提高传质效果，避免反应器产生死角和短流。

EGSB的特点：①液体上升流速大，使颗粒污泥处于悬浮状态，从而保持了进水与颗粒污泥的充分接触，有效解决了UASB容易短流、堵塞等问题。②具有较高的COD负荷率，EGSB承受的负荷比UASB高的多，一般为15～20 kgCOD/（$m^3$·d），最高可达30 kgCOD/（$m^3$·d），尤其在低温下处理低浓度有机废水时也能达到8～15 kgCOD/（$m^3$·d）的负荷。③颗粒状污泥粒径较大，沉降性能良好，抗水力冲击。④不需填充介质（填料）。⑤可处理悬浮物含量高的污水。⑥可处理有毒污水。⑦较高的高径比，空间紧凑，占地面积小。

## 六、内循环厌氧反应器

内循环厌氧反应器于20世纪80年代中期由荷兰PAQUES公司研发成功，并逐步推入国际废水处理工程市场，可用于淀粉、啤酒、柠檬酸、食品加工等废水的厌氧消化。

IC厌氧反应器是基于污泥颗粒化和UASB反应器三相分离器概念而开发的新型厌氧处理工艺。IC厌氧反应器呈细高型，高径比一般为4～8，内有上下两个UASB反应室，下部为高负荷区，上部为低负荷区。前处理区（第一反应区）是一个膨胀的颗粒污泥床，由于进水向上的流动、气体的搅动以及内循环作用，污泥床呈膨胀和悬浮状态。在前处理区，COD负荷和转化率都很高，大部分COD在此处被转化为沼气，然后，由一级沉降分离器收集。沼气产生的上升力使泥水向上流动，通过上升管，进入顶部气体收集室，沼气排出，水和污泥经过泥水下降管直接滑落到反应室底部，这就形成内部循环流。一级分离器分离后的混合液进入后处理区（第二反应区），后处理区消化前处理区未完全消化的少量有机物，沼气产量不大。同时由于前处理区产生的沼气是沿着上升管外逸，并未进入后处理区，故后处理区产气负荷较低。此外，循环是发生在前处理区，对后处理区影响甚微，后处理区的水力负荷仅取决于进水时的水力负荷，故后处理区的水力负荷较低，较低的水力负荷和较低的产气负荷有利于污泥的沉降和滞留。

IC厌氧反应器由四个不同工艺单元结合而成：混合区、膨胀床部分、精处理区和回流系统。

混合区：在反应器的底部进入的污水与颗粒污泥和内部气体循环所带回的回流液有效地混合，可以对进水起到有效的稀释和均化作用。

膨胀床部分：由高浓度颗粒污泥膨胀庆构成。进水的上升流速、回流和产生的沼气造成污泥床的膨胀或流化。废水和污泥之间有效混合提高了传质效果，可获得高的有机负荷和转化效率。

精处理区：由于低的污泥负荷率，相对长的水力停留时间和推流的流态特性，产生了有效后处理。由于沼气产生的扰动在精处理区较低，因此污泥容易沉淀。虽然与UASB反应器相比，反应器总的负荷率较高，但因为内部循流体不经过这一区域，因此在精处理区的上升流速也较低，这两点为固体停留提供了最佳的条件。

回流系统：内部的回流是利用气提作用，因为在上层和下层的气室间存在着压力差。回流的比例是由产气量（进水COD浓度）所确定的，因此可自动调节。IC厌氧反应器也可配置附加的回流系统，产生的沼气可以由空压机在反应器的底部注入系统内，从而在膨胀床部分产生附加扰动。气体的供应也会增加内部水/污泥循环。内部的循环也同时产生污泥回流，使得系统的启动过程加快，并且可在进水有毒性的情况下采用IC厌氧反应器。

该技术已在啤酒、淀粉等工业废水处理中成功应用，水力停留时间仅需要几小时，效率是常规厌氧处理工艺的几倍。

IC厌氧反应器与UASB反应器相比具有以下优点。

有机负荷高。内循环提高了第一反应区的液相上升流速，强化了废水中有机物和颗粒污泥间的传质，使IC厌氧反应器的有机负荷远远高于普通UASB反应器。

抗冲击负荷能力强，运行稳定性好。内循环的形成使得IC厌氧反应器第一反应区的实际水量远大于进水水量，例如，在处理与啤酒废水浓度相当的废水时，循环流量可达进水流量的两三倍。处理土豆加工废水时，循环流量可达10～20倍。循环水稀释了进水，提高了反应器的抗冲击负荷能力和酸碱调节能力，加之有第二反应区继续处理，通常运行很稳定。

容积负荷高，基建投资省。在处理相同废水时，IC厌氧反应器的容积负荷是普通UASB的4倍左右，故其所需的容积仅为UASB的1/4～1/3，缩小了反应器体积，节省了基建投资。处理土豆加工废水，容积负荷为35～50 kgCOD/（$m^3$·d），处理啤酒废水时，容积负荷为15～30 kgCOD/（$m^3$·d）。

节约能源。IC厌氧反应器的内循环是在沼气的提升作用下实现的，不需外加动力，节省了回流的能源。

具有缓冲pH的能力。第一反应区出水回流，可利用COD转化的碱度。

经过了“粗”“精”处理，出水稳定。

IC厌氧反应器多采用高径比为4～8的瘦高型塔式结构，反应器高16～25 m，所以占地面积少，尤其适合土地紧张地区废水厌氧处理。

《EGSB反应器废水处理工程技术规范》（HJ 2023—2012）将IC厌氧反应器也归为EGSB反应器，推荐的主要设计参数如下。

进水COD浓度宜大于1 000 mg/L，pH宜为6.0～8.0，COD：N：P的比例宜为（100～500）：5：1，进水中悬浮物含量宜小于2 000 mg/L，氨氮浓度宜小于2 000 mg/L，硫酸盐浓度应小于1 000 mg/L，COD/SOF比值应大于10，严格控制进水中重金属、景化物、酚类等物质的浓度。

EGSB反应器的容积负荷宜为10～30kgCOD/（$m^3$·d），沼气产率一般为0.45～0.50 $Nm^3$/kgCOD去除。

EGSB反应器个数不宜少于2个，并应按并联设计，具备可灵活调节的运行方式，且便于污泥培养和启动。

EGSB反应器宜为圆柱状塔形，有效水深宜为15～20 m，高径比宜为3～8，反应器内废水的上升流速宜为3～7 m/h。

EGSB反应器的布水宜采用一管多孔式布水和多管布水方式。一管多孔式布水孔口流速应大于2 m/s，穿孔管直径应大于100 mm，配水管中心距反应器池底宜保持150～200 mm的距离。多管布水每个进水口负责的布水面积宜为2～4 m。

EGSB反应器可采用单级三相分离器，也可采用双级三相分离器。设置双级三相分离器时，下级三相分离器宜设置在反应器中部，覆盖面积宜为50%～70%，上级三相分离器宜设置在反应器上部。反应器顶部宜设置气液分离器，气液分离器与三相分离器通过集气管相通。

三相分离器宜采用整体式或组合式。整体式三相分离器斜板倾角范围为55°～60°；分离式三相分离器反射板与缝隙之间的遮盖宜为100～200 mm，层与层之间的间距范围宜为100～200 mm。

出水收集装置应设在反应器顶部，圆柱形EGSB宜采用放射状的多槽或多边形槽出水。集水槽上应加设三角堰，堰上水头应大于25 mm，水位宜在三角堰齿1/2处。出水堰负荷宜小于1.7 L/（s·m）。

EGSB反应器有外循环和内循环两种循环方式。外循环是对顶层溢流堰出水进行加压，与进水混合的一种循环方式。内循环是从反应器中上部抽水进行加压，与进水混合的一种循环方式。外循环和内循环均由水泵加压实现，回流比根据上升流速确定。外循环出水宜设旁通管接入混合加热池，内循环、外循环进水点宜设置在原水进水管道上，与原水混合后一起进入反应器。

EGSB反应器的污泥产率为0.05～0.10 kgVSS/kgCOD。宜采用重力多点排泥，排泥点宜设在污泥区的底部。排泥管直径应≥150 mm，底部排泥管可兼作放空管。

## 七、厌氧序批式反应器

ASBR也称厌氧序批式活性污泥法，是20世纪90年代由美国Iowa州立大学Dague等将好氧序批式活性污泥法用于厌氧生物处理过程而开发的一种序批、间歇运行的废水厌氧处理工艺，ASBR工艺能克服污泥流失的问题，并且还能在反应器内培养出沉降性能好、活性高的颗粒污泥，具有较高的污泥停留时间和较低的HRT，增加了污泥浓度，提高了厌氧反应器的处理负荷和产气效率，减少了反应器容积。

一个完整的运行操作周期按次序分为进水期、反应期、沉降期和排水期4个阶段。①进水阶段：废水进入反应器直到刻度线或设定容积为止，进水水量由预期的水力停留时间、有机负荷、期待的污泥沉降性能确定，进水时间由进水流量与流速确定。②反应阶段：废水中有机物被微生物代谢转化生成沼气，反应阶段需要搅拌。③沉淀阶段：停止搅拌，使污泥处于理想沉淀状态，进行泥水分离，沉淀阶段需要的时间随污泥沉降性能不同而变化，一般需要10～30 min，沉降时间不能过长，否则因继续产气会造成沉降污泥重新悬浮。④排水阶段：在有效的泥水分离之后进行，上清液被排出，出水总量与进水量相等，排水阶段需要的时间由进水量与出水流速控制。排水结束后，反应器进入下一个循环。

ASBR搅拌方式可分为机械搅拌、液循环搅拌和气循环搅拌。搅拌模式又可分为持续搅拌和间歇搅拌。气循环搅拌是最常见的搅拌形式。Angenent等的研究发现，过强的搅拌会剪碎污泥絮体，从而导致较差的沉淀效果。而Sung等、Zhang等推荐采用2～5 min/h的搅拌强度。

ASBR的高径比（H/D）也会影响反应器中污泥的絮凝、颗粒化和沉降性能，从而影响整个反应器的性能。Sung和Dague采用4个不同高径比的反应器进行研究高径比，分别为5.6、1.83、0.93、0.61，结果发现细长的反应器有利于颗粒污泥的形成，而粗短的反应器则有利于保持较高的污泥浓度。

进水方式直接影响了ASBR的F/M（食料与微生物的比例）。当F/M值较高时，反应推动力大，但容易产生挥发酸的积累。当F/M值较低时，污泥絮凝较好，且沉降迅速，使得出水悬浮物较低。采用较短的进水时间有利于获得较高的代谢推动力，采用较长的进水时间有利于消除挥发酸积累的问题。

由于ASBR的构造特征，一般认为ASBR适合处理悬浮物含量高的废水，对畜禽养殖和食品加工废水有很大的吸引力。ASBR工艺能够处理屠宰废水、养猪场废水、垃圾渗滤液等高悬浮物废水或以有机酸为主的废水（酒类废水等），同时也能够处理低浓度的生活污水。

反应器中污泥的性能影响反应器泥水分离的效果，固液分离能延长污泥停留时间，从而使厌氧反应器保留高浓度的厌氧污泥，使得厌氧反应器有更高的容积负荷和稳定的COD去除率。在有颗粒污泥的系统中，负荷率为15 kgCOD/（$m^3$·d）时，溶解性COD去除率达90%；而在絮状污泥系统中，在4 kgCOD/（$m^3$·d）的负荷率下，溶解性COD去除率仅达到70%。同时，还发现ASBR形成颗粒污泥大约要300d的时间。投加阳离子絮凝剂的ASBR中污泥颗粒化效果最好，与未采用任何辅助方法的ASBR相比，颗粒化时间能缩短75%，启动后一个月内即出现颗粒污泥，2个月左右负荷率即达到6 g/（L·d）。投加颗粒活性炭能缩短污泥颗粒化时间约1.5～2个月，而投加粉状活性炭能缩短颗粒化时间1个月。

ASBR具有以下优点。

①构造简单，投资省。ASBR反应器无需厌氧滤池所需的高成本滤料和UASB等工艺中复杂的三相分离器，免去了除硫脱气的工序。反应器内部静态沉淀，无需另设澄清设备。尽管ASBR运行上类似于厌氧接触工艺，但ASBR的泥水分离在反应器内部进行，不需另设沉淀池，不需要污泥和出

水回流及配水系统，仅需搅拌设备和滗水器。因此ASBR反应器具有工艺简单、造价较低的特点，并能适应间歇无规律排放废水的处理。

②污泥沉降性能好，泥水分离效率高。ASBR反应器能够在沉淀期获得较低的F/M值和最小的产气量，且沉淀阶段属于理想的静止沉淀，出水时反应器内部沼气的分压使沉淀污泥不易上浮，沉降性能良好，具有高效率的生物絮凝和固液分离效果，能够保证良好的出水水质。

③耐冲击负荷、适应性强。与好氧序批式活性污泥法反应器相同，序批间歇的进水方式使ASBR反应器在反应阶段其底物和微生物浓度的变化是连续的，推动力大，在时间上呈现出理想的推流状态，而在空间上则属于完全混合式，不会产生断流和短流，并且有较高的污泥浓度，耐冲击负荷，能够有效控制出水水质。

④运行操作灵活，处理效果稳定。在运行操作过程中，可根据废水水量和水质的变化，通过调整一个运行周期中各工序的运行时间及HRT、SRT来满足出水水质的要求，运行操作灵活，处理效果稳定。

⑤可形成颗粒污泥。一般连续流厌氧反应器主要形成以丝状产甲烷杆菌为主体的B型厌氧颗粒污泥，而ASBR则易形成以甲烷八叠球菌为主体的A型颗粒污泥。由于多数厌氧连续流反应器中形成了以甲烷丝菌为主体的B型颗粒污泥，为了保持产酸菌和产甲烷菌间的平衡，需“牺牲”甲烷八叠球菌对底物利用速率高的功能。所以在甲烷化反应器中不能生成和保持以甲烷八叠球菌占主导地位的A型颗粒污泥，是限制提高反应器产甲烷速率的内因。ASBR间歇进水时相当于把整个周期的进水量集中在一个短暂的进水期，其操作特点决定了进水后反应器内的挥发酸浓度很快达到最高值，从而能维持较高的挥发性脂肪酸特别是乙酸浓度，这正是甲烷八叠球菌成为产甲烷优势菌群的动力学基本条件。这种挥发性脂肪酸浓度高低交替的环境为最大比利用速率较高的甲烷八叠球菌提供了大量增殖的机会。A型颗粒污泥密度小，易在高强度的水力和气力分级作用下被洗出。ASBR采用间歇进、出水方式，由于在反应阶段不排水、无水力分级作用，所以反应器内已形成的A型颗粒污泥不会随排水流失。另外，沉淀时间和排水口高度可以根据需要灵活设定，能有效保证启动初期所需的污泥量。

⑥碱度的需求量少。废水进入ASBR反应器后立即与保留在反应器内的

高pH料液混合，可使低碱度进水得到良好的稀释，削弱了推流式反应器进口处对碱度的需要。ASBR反应器的间歇操作方式使运行过程中底物浓度、降解速率、代谢产物和环境因素等都随时间而变化，pH波动的幅度也较大，使得ASBR反应器中的颗粒污泥有更好的生物多样性，各种菌群随反应时间交替作用，具有适应酸碱度波动的特性。甲烷八叠球菌可在高乙酸浓度下生长，耐乙酸能力比甲烷丝菌强得多，因此甲烷八叠球菌能够适应更低的pH环境。由于ASBR反应器中形成了以甲烷八叠球菌为主体的A型颗粒污泥，与连续流反应器相比，其在处理相同废水时所需碱度补充量要少得多。

ASBR作为一种高效厌氧处理新工艺，目前对它的研究还处在起步阶段，很少见到工业应用的报道。另外，ASBR还存在如下一些问题，限制了该技术的推广应用。

①由于反应器密闭（与空气隔绝），间歇进、出水易引发反应器内压力波动。

②序批式间歇操作可引发反应器内挥发性有机酸的积累。

③颗粒污泥形成慢，加长了系统的启动时间。Sung和Dague利用污泥颗粒沉速的差异强行洗出絮状污泥，运行了1年以上的反应器内形成的颗粒污泥粒径也仅有0.5～1.0mm，相对于UASB、两相发酵等高效反应器仍有较大差距，后者在半年甚至更短的时间所形成的颗粒污泥平均粒径高达2～4mm。

④负荷率低。压力波动不但使得系统复杂，而且也是引发污泥解体的直接原因之一，挥发性有机酸的积累使得ASBR所能承受（或处理）的负荷大幅度减小。

## 八、厌氧复合反应器

1984年，加拿大的Guiot在厌氧滤池和UASB的基础上开发出了上流式污泥床-过滤器复合式厌氧反应器，即UBF（upflow blanket fiter）。

UBF是将UASB与厌氧滤池相结合的复合反应器。一般是将厌氧滤池置于污泥床上部，取消三相分离器，减少填料的厚度，在池底布水系统与填料层之间留出一定空间，以便悬浮状态的絮状污泥和颗粒污泥在其中生长、积累，在此混合液中悬浮固体浓度可达每升数克。

UBF系统的突出优点是反应器内水流方向与产气上升方向相一致，一方面减少堵塞的机会，另一方面加强了对污泥床层的搅拌作用，有利于微生物同进水基质的充分接触，也有助于形成颗粒污泥。反应器上部空间所架设的填料，其表面附着生长微生物膜，其空隙截留悬浮微生物，不仅利用原有的无效容积增加生物总量，防止生物膜的突然洗出，而且对COD有20%左右的去除率。更重要的是由于填料的存在，夹带污泥的气泡在上升过程中与之发生碰撞，加速了污泥与气泡的分离，从而降低了污泥的流失。由于二者的联合作用，使得UBF反应器的体积可以最大限度地利用，反应器积累微生物的能力大为增强，反应器的有机负荷更高，因而UBF具有启动速度快、处理效率高、运行稳定等显著特点。

标准UBF反应器的高径（宽）比为6，且填料填充在反应器上部的1/3体积处。UBF反应器所用的填料可根据废水生物反应特性及水力学特征进行选择，常用填料有聚氨酯泡沫填料、弹性填料、聚丙烯填料、半软性纤维填料、陶瓷环、聚乙烯拉西环、塑料环、活性炭、焦炭、浮石、砾石等，其中应用最多的是聚氨酯泡沫填料，因为聚氨酯泡沫的比表面积大（2400 $m^2/m^3$）、空隙度高（97%），具有网状结构，微生物能在其上密实而迅速地增殖，是厌氧优势菌落的良好基质。

UBF具有以下特点。

①对于不易（甚至不能）驯化出颗粒污泥的污水，例如pH低、含盐量高、有生物毒性、波动冲击范围较大、组成或种类变化频繁的废水，UBF更具竞争优势。

②与厌氧滤池相比，减少了填料层厚度，降低了堵塞的可能性。

③与UASB相比，增加了填料层，反应器积累微生物的能力增强，在启动运行期间，可有效截留污泥，降低污泥流失，启动速度快。

④运行稳定，对容积负荷、温度、pH的冲击有较好的承受能力。

## 九、厌氧挡板反应器

ABR（anaerobic baff ide reactor）是Bachman和McCarty等人于1982年前后提出的一种新型高效厌氧反应器。

反应器在垂直于水流方向设置多块竖向挡板，挡板将反应器分隔成串联的上向流室和下向流室。上向流室较宽，便于污泥聚集，下向流室较窄。通往上向流室的挡板下部边缘处加50°的导流板，便于将污水送至上向流室的中心，使泥水混合。每个反应室都是一个相对独立的上流式污泥床系统，其中的污泥以颗粒化形式或以絮状形式存在。废水进入反应器后沿导流板上下折流前进，依次流过每个反应室内的污泥床层，废水中的底物与微生物充分接触而得以降解去除，并产生沼气。借助于废水流动和沼气上升的作用，反应室中的污泥上下运动，但是由于导流板的阻挡和污泥自身的沉降性能，污泥在水平方向的流速极其缓慢，从而大量的厌氧污泥被截留在反应室中。虽然ABR在构造上可以视为多个UASB的简单串联，但是在工艺上与单个UASB有着显著不同，ABR更接近于推流式工艺。

国外将ABR用于处理高、中、低不同浓度的有机废水，取得了较好的处理效果，在实际废水处理工程中应用不多见，已经在印染废水和小规模城市污水处理中得到应用。国内则是将ABR与生物滤池结合，用于生活污水净化，称为生活污水净化沼气池，也用于中、低浓度畜禽养殖废水处理工程。ABR往往建于地下，自流式进出水。

ABR具有以下优点。

①结构简单，折流板的阻挡和污泥自身沉降，能截留大量污泥，不需三相分离器和填料。没有移动部分，不需要搅拌设备，在容积不变的条件下增大了废水的流程。

②水力条件好，有效容积高。

③沿反应器的水流向将产酸过程和产甲烷过程分离，反应器以两相系统方式运行，能实现相分离。

④抗冲击负荷能力强，推流式特性确保系统对水力和有机冲击负荷具有很高的稳定性，对有毒物质和抑制性化合物具有更好的缓冲适应能力。

⑤减少了堵塞和污泥床膨胀，由于ABR反应器特有的挡板构造，大大减小了堵塞和污泥床膨胀等现象发生的可能性，可长时间稳定运行。

⑥低投资、低运行费用，同UASB和厌氧滤池相比，ABR法不需要昂贵的进水系统，也不需要设计复杂的三相分离器。因此，ABR法的投资少，运行费用较低。

ABR具有以下缺点。

①ABR反应器第一格室要承受的负荷远大于平均负荷，造成局部负荷过载。

②较难保证入流均匀。

③往往建于地下，除渣困难。

## 第五节 沼气发酵装置启动与运行

### 一、沼气发酵装置调试启动

#### 1. 准备工作

沼气发酵装置在启动之前应做好以下准备工作。

（1）沼气发酵装置及有关设施的底部沉砂应完全清除。在施工过程中，难免有杂物遗留在装置内，启动前必须对沼气发酵装置进行彻底清理，为了保持料液、气管或其他设施畅通，也应对其设施设备逐项检查、清理。

（2）沼气发酵装置、管道、阀门及有关设备应试水试压合格。如果不进行试水试压，发酵装置投入污泥和原料，产生沼气以后才发现漏水漏气，这时再进行修补就非常危险，容易发生爆炸、窒息等重大安全事故，造成人员伤亡。如果产生沼气后发现漏水漏气，必须按照相关规程排除料液及残余气体，并经过检验，符合安全要求后才能进行修补。但是，这种情况会增加工程造价和造成工程延期完成。因此，启动调试之前，必须按照要求进行试水试压。只有试水、试压合格的沼气发酵装置、管道、阀门及有关设备才能投入使用。

（3）对各种水泵、电机、加热装置、搅拌装置、气体收集系统以及其他附属设备等应进行单机调试和联动试运行。运行前的试车是非常重要的工作，否则在投产后再发现先天性缺陷，补救工作难以进行。

（4）对与沼气发酵装置运行有关的各种仪表应分别进行校正。例如，校正测温仪、pH计、液位计、各种压力表、沼气流量计以及沼气成分分析仪等，使所有仪表处于正常或初始工作状态。

（5）应使水泵、阀门及相关设备处于正常状态，水路、气路畅通。在进行沼气发酵装置的任何一项工艺操作前，都应有操作人员在现场检查该项工艺运转的基本条件是否具备，用手试动闸阀的启闭情况，不得由印象或想象来决定。另外，还需检查进料泵吸水管、出水管及输气管路闸阀是否开启，否则将造成进料泵的空转、泵体受损，或因沼气发酵装置、管路沼气压力超过设计压力引起危险。料液在泵壳内往往会产生沼气，因此，许多水泵在开机前应放气。

准备工作完成后即可对沼气发酵装置进行调试启动。沼气发酵装置调试启动是指发酵装置接种厌氧活性污泥、投料、污泥驯化培养，使发酵装置中厌氧活性污泥的数量和活性逐步增加，直至运行效能达到设计要求的全过程。沼气发酵装置调试启动一般需要较长时间，如果能获得大量厌氧活性污泥作为接种物，可以缩短启动时间。

**2. 接种物**

以畜禽粪便为原料的沼气发酵装置，可利用原料本身进行污泥培养，因为畜禽粪便含有较多的厌氧微生物。以工业废水或其他有机废弃物为原料的沼气发酵装置，接种污泥可采用处理同类原料沼气发酵装置中的厌氧污泥、城市污水处理厂的消化污泥、人粪、牛粪、猪粪、酒糟、农村沼气池污泥、初沉污泥、下水道污泥、污水沟污泥以及富含微生物的河泥等。由于城市污水处理厂的脱水消化污泥数量大、运输方便，所以大多数沼气工程采用这种污泥接种。上流式厌氧污泥床反应器宜采用颗粒污泥接种，可以大大缩短启动时间。

为了避免堵塞输送污泥的水泵，固态厌氧接种污泥在进入沼气发酵装置前应加水溶化，经滤网滤去大块杂质后方可用泵抽入沼气发酵装置。

沼气发酵属于厌氧生物处理，装置启动所需时间比好氧生物处理长。厌氧微生物的生长率比好氧微生物低得多，因此，沼气发酵装置启动时应投加足够数量的接种污泥，最好一次加足。为了加快投产期，对厌氧生物膜法的发酵装置，接种量最少为容积的10%，接种量为30%～50%时，可大大缩短启动时间。对厌氧活性污泥法的发酵装置，处理能力主要取决于发酵装置内污泥浓度和活性，一般接种污泥量为装置容积的30%左右（或接种后混合液污泥浓度为5～10kgVSS/$m^3$），接种污泥活性越高，启动越快。接种污泥的填充量不应超过消化装置的60%。

**3. 启动方法**

沼气发酵装置的启动方法可采用分批培养法，也可采用连续培养法。

分批培养法是将接种污泥与首批进料投入沼气发酵装置，停止进料几天，在料液处于静态下，使污泥暂时聚集和生长，或者附着于填料表面，至大部分原料被分解去除时，即产气高峰过后，料液pH在7.0以上，或产气中甲烷含量在55%以上时，再进行连续或半连续进料。连续培养法是试车后保留一定量清水于沼气发酵装置内，投加污泥后，即开始连续少量进料或半连续少量进料运行。

刚启动时，污泥浓度低，不耐冲击负荷，因此负荷不能太高。一般控制反应器负荷在0.5～1.5 kgCOD/（$m^3$・d）［或污泥负荷0.05～0.10 kgCOD/（kgVSS・d）］。对于颗粒污泥床反应器，低浓度料液有利于反应器的启动，COD浓度以4000～5000 mg/L为宜，高浓度料液最好稀释后再进料。

当料液中可降解的COD去除率达到80%时，方可逐步提高负荷。如果发酵装置内还有相当一部分挥发性有机酸没有转化成甲烷，此时增加负荷，容易引起挥发性有机酸积累，导致沼气发酵装置酸化。增加负荷可以通过增大进料量或降低稀释倍数进行，每次负荷可增加30%左右。

对于上流式厌氧污泥床，为了促进污泥颗粒化，上升流速宜控制为0.25～1.0 m/h。研究表明：上升流速为0.4～1.0 m/h时，可以将絮状污泥和分散的细小污泥由发酵装置洗出，促进污泥颗粒化。但是，上升流速太高容易造成污泥流失。可以利用换热管在沼气发酵装置内加温，或者在调配池加热，每日升温2℃，最高不超过4℃。达到设计运行温度的±2℃时，结束升温。

沼气发酵装置启动时，应采取措施将沼气发酵装置、输气管路及储气柜中的空气置换出去。沼气中甲烷是一种易燃易爆气体。当空气中甲烷含量在5%～15%（体积百分比）范围内时，遇明火或700℃以上的热源即发生爆炸。在沼气发酵装置气相、输气管路及储气柜中，随着污泥的培养，甲烷从无到有，从低含量到高含量，中间必然经过5%～15%这一区域，此时遇明火或700 ℃以上的热源即可能发生爆炸，造成安全事故。因此，应将沼气发酵装置、输气管路及储气柜中的空气置换出去。置换方法可采用氮气置换或专业人员通过沼气置换。

启动完成后，安全水封加水至设计高度以维持沼气发酵装置设计压力，并保证不漏气。

## 二、沼气发酵装置运行

**1. 进料**

沼气发酵装置进料应按相对稳定的量和周期进行，并不断总结，获得最佳的进料量和进料周期。进料可以连续进料，也可以间隙进料，主要根据所采用的沼气发酵工艺以及料液的水质、水量确定。应避免一次性将全天的料液投入沼气发酵装置中。多管或多口进料的反应器，应尽量保持进料均匀，发现某一进料管或进料口堵塞时，应及时采取措施疏通。

**2. 发酵温度调控**

沼气发酵装置宜维持相对稳定的消化温度。运行中控制发酵料液温度的恒定比控制发酵料液在最佳温度范围更重要，因为中温沼气发酵微生物在30～35 ℃，高温沼气发酵微生物在50～60 ℃的温度范围都能适应，但对温度的变化敏感性极强，适应性很差，特别是高温产甲烷菌，温度增减1℃，就可能破坏整个发酵过程，所以严格控制沼气发酵装置料液温度是运行管理的一项重要内容。

**3. 搅拌**

沼气发酵装置的搅拌宜间隙进行，在出料前30 min，应停止搅拌。采用沼气搅拌的，在产气量不足时，应辅以机械搅拌或水力搅拌等其他方式搅拌。搅拌的目的是使料液与污泥迅速混合均匀，增加传质效果，使pH、温度、浓度等在装置内分布均匀，提高生化反应速率。在排出上清液前宜停止搅拌一段时间，使泥水分离。连续搅拌的沼气发酵装置内，污泥不能得到有效沉淀，排出的上清液不可避免带走污泥，所以，搅拌宜间歇进行。搅拌次数和时间根据装置容积大小及搅拌装置功率而定。沼气发酵装置的搅拌不得与排泥同时进行。沼气发酵装置搅拌时，若排泥闸阀开启，污泥将大量从管道流失，沼气不能及时补充，使池内产生负压，易吸入空气，破坏产甲烷菌的生长环境，不利于消化。同时，对钢结构的池体也会由于负压而造成顶部变形。另外，搅拌时排泥，排出的是泥水混合液，污泥浓度低，排泥效果差。

**4. 排料**

沼气发酵装置溢流排料管必须保持畅通，并应保持溢流管水封和罐顶保护水封的液位高度。进料时，沼气发酵装置液面上升，料液可以从溢流管排出，以免装置内气体受压而破坏装置结构。当气体压力超过规定值时，也可以冲开溢流管水封而逸出，因此，应保持溢流管畅通。当水封的水位低于设计高度时，池内沼气大量泄漏，将造成事故，所以还应保持溢流管水封液位高度。同时，为防止冬季水封结冰，应采取必要的防冻措施。

对于溢流堰出料的反应器，发现出水堰口浮渣阻挡时，应及时清理疏通。

**5. 排泥**

沼气发酵装置内的污泥层应维持在溢流出水口下0.5～1.5 m处，污泥过多时，应进行排泥，污泥过少时，可以从沉淀池进行回流。如果沼气发酵装置污泥过少，在进料量不变的情况下，污泥负荷增加，会导致发酵效果变差。当污泥过多时，不仅无助于提高沼气发酵效率，相反会因为污泥沉积使有效容积缩小而降低效率；或者因易于堵塞而影响正常运行；或者因短路使污泥与原料混合情况变差，出水中夹带大量污泥。因此，适时、适量地排泥，既可保证水力运行的畅通，又可使污泥有沉降空间。

排泥是排出低活性的污泥而保留高活性污泥。一般在污泥床的下层形成浓污泥，而上层是稀的絮状污泥。剩余活性污泥应该从污泥床的上部排出。由于无活性的沉渣和少量泥砂沉淀于沼气发酵装置底部，长期堆积占据厌氧消化装置空间，所以也应该从底部排泥。污泥排放可采取定时排泥，一般每周排泥一两次。

启动阶段，沼气发酵装置内污泥量不足时，排出的污泥经沉砂后可回流至消化装置内。

**6. 调控指标**

通过监测进出料COD、产气量、pH、脂肪酸等几项工艺运行参数，可推测发酵装置内微生物生长代谢情况，从而可将运行工况调整到最佳状态。因此，宜对温度、产气量、COD、pH、挥发酸、总碱度和沼气成分等指标进行监测，掌握沼气发酵装置运行工况，并根据监测数据及时调整或采取相应措施。

如果出水COD浓度明显上升，COD去除率明显下降，悬浮固体沉降性能下降，说明沼气发酵状况恶化。

如果沼气产量降低，可能是温度或负荷的突然变化使产甲烷菌受到抑制，影响它的代谢作用以及对有机物的降解过程，使产气量降低。

发酵料液pH应在6.5～7.8。负荷过高，装置内产生大量的挥发酸，导致pH低于正常值，从而抑制产甲烷菌的活性，使沼气发酵不完全。挥发酸与总碱度的比值低于0.5，保持在0.2左右时，说明所提供的缓冲作用足够，发酵过程在稳定地进行。正常情况下挥发酸（以乙酸计）的含量应保持在1000 mg/L以下，总碱度（以重碳酸盐计）应大于2000 mg/L。

沼气甲烷含量一般在50%～80%。测定二氧化碳与甲烷的含量是掌握消化过程反常现象的最快方法，特别是可反映出反应器内是否存在有毒物质、抑制物质、重金属和某些阳离子，如硫化物、氨氮等。当甲烷含量明显下降，挥发酸超过正常值，即预示24 h后将发生故障，应立即降低有机负荷。

**7. 酸化及其控制**

如果发酵液中易降解有机物浓度过高，产酸菌会大量繁殖，快速产酸。而产甲烷菌由于繁殖缓慢，来不及消耗产生的酸，结果造成有机酸的积累，使发酵液酸化。酸化主要表现在以下三点。

（1）发酵液挥发酸浓度升高，pH下降。在正常的沼气发酵过程中，乙酸在挥发性脂肪酸中占95%左右，丁酸和戊酸很少，如果丁酸、戊酸含量上升，预示发酵装置超负荷运行。

（2）沼气产量明显减少，沼气中二氧化碳含量升高，甲烷含量下降。

（3）出水COD浓度升高，污泥沉降性能下降。

一旦出现酸化，应停止进料，加强搅拌，待pH恢复正常水平后（6.8以上），再以较低负荷开始进料。如果发现pH已降至5.5以下，单靠停止进料难以奏效时，需要排出部分发酵液，再加入污泥，起到稀释、补充缓冲性物质及活性厌氧污泥的作用；或者是加碱，提高发酵液pH，进而提高产甲烷菌活性。

# 第四章　沼气净化与提纯

沼气是一种混合气体，其主要成分包括甲烷和二氧化碳，以及其他少量杂质。由于腐蚀和机械磨损，杂质会影响沼气利用设备。因此，根据沼气用途，需要通过净化和提纯两个步骤以减少杂质浓度。净化是去除沼气中微量的有害组分，提纯是去除沼气中的二氧化碳，以提高燃气的适用性和热值。

## 第一节　沼气特性与质量要求

沼气作为生物质能源的一种，具有清洁、高效、安全和可再生四大特征。沼气经净化提纯后即为生物甲烷，净化提纯技术的选择，主要取决于原始沼气成分和对目标产品的质量要求。

### 一、沼气成分

沼气成分与沼气发酵的原料和操作方式有关，典型的沼气成分如表4-1所示。沼气中最常见的杂质有硫化氢、氨气、氧气和氮气等。

表4-1　沼气中杂质的影响

| 成分 | 单位 | 沼气 |
|---|---|---|
| 甲烷 | Mol-% | 50 ~ 80 |
| 二氧化碳 | Mol-% | 15 ~ 50 |
| 氮气 | Mol-% | 0 ~ 5 |
| 氧气 | Mol-% | 0 ~ 1 |
| 硫化氢 | Mol-% | 100 ~ 10 000 |
| 氨气 | Mol-% | 0 ~ 100 |
| 总氯 | Mol-% | 0 ~ 100 |
| 总氟 | Mol-% | 0 ~ 100 |

沼气中二氧化碳浓度可达15%～50%，其他杂质浓度尽管比较低，但会对沼气利用带来负面影响，各种杂质的影响如表4-2所示。

表4-2 不同温度条件下单级UASB允许的容积负荷

| 杂质 | 可能的影响 |
| --- | --- |
| $CO_2$ | 降低沼气热值 |
| 水 | 与$H_2S$、NH3和$CO_2$反应，引起压缩机、气体储罐和发动机的腐蚀，在管道中积累；高压情况下冷凝或结冰 |
| $H_2S$ | 引起压缩机、气体储罐和发动机的腐蚀，沼气中$H_2S$可达中毒浓度，燃烧产生$SO_2$和$SO_3$，溶于水后引起腐蚀，污染环境 |
| $O_2$ | 沼气中$O_2$过高容易爆炸 |
| $N_2$ | 降低沼气热值 |
| $NH_3$ | 溶于水后具有腐蚀作用 |
| $Cl^-$和$F^-$ | 腐蚀内燃机 |
| 硅氧烷 | 燃烧过程中形成$SiO_2$和微晶石英，在火花塞、阀和气缸盖上沉积，造成表面磨损 |
| 卤代烃类化合物 | 燃烧后引起发动机腐蚀 |
| 粉尘颗粒 | 在压缩机和气体储罐中沉积并堵塞 |

### 1. 二氧化碳

二氧化碳是沼气中仅次于甲烷的主要成分。不同类型的底物在发酵产沼气过程中都会产生二氧化碳。底物转化生成沼气是一个复杂的过程，涉及多个阶段和不同类型的微生物菌群，二氧化碳可形成于不同的阶段。在产甲烷阶段，二氧化碳作为电子受体，也可被转化成甲烷。二氧化碳会降低沼气热值，如果需要提高沼气热值（如用作车用燃气或并入天然气管网），必须分离去除二氧化碳。沼气作为其他用途，例如，沼气发电或集中供气，沼气含有二氧化碳不会有大的问题，但是，二氧化碳溶于冷凝水形成碳酸，对管道和设备有一定的腐蚀。

### 2. 水

在沼气发酵过程中，由于蒸发作用，沼气中存在一定量的水分。未经处理的沼气通常含有饱和水蒸气，其绝对含量与温度有关。沼气中的水分会引起后续利用的一系列问题。例如，水和二氧化碳等混合后形成碳酸溶液腐蚀管道。另外，水会降低沼气热值，进而影响沼气利用。根据燃烧阶段的温度和压力，冷凝水会造成热交换器和排气部件堵塞。

### 3. 硫化氢

沼气中的硫主要以硫化氢的形式存在，也可能含有少量的硫醇等其他硫化物。硫化氢的浓度受发酵原料和发酵工艺的影响很大，蛋白质或硫酸盐含量高的原料产生的沼气中，硫化氢的含量较高。沼气利用过程中硫化氢和水形成氢硫酸会引起比较严重的腐蚀。硫化氢燃烧后生成二氧化硫，不仅对大气环境造成污染，影响人体健康，而且二氧化硫与燃烧产物中的水蒸气结合形成亚硫酸，还会对燃烧设备低温部位的金属表面产生腐蚀。

**4. 氧气和氮气**

沼气在厌氧条件下产生，氧气和氮气一般不存在于沼气中，但是如果空气从外部进入到系统中，就可能发现氧气和氮气的存在。如果沼气中存在氧气，会慢慢被消耗掉。氮气存在则表明沼气发酵过程存在反硝化作用，或者反应器出现渗漏。在填埋场沼气中更容易发现氮气和极少量的氧气，因为抽取填埋场沼气时，填埋场形成负压，容易导致空气进入填埋场。氧气和沼气中的甲烷会形成易燃易爆的混合气体，因此必须谨慎控制氧气含量。

**5. 氨**

氨是沼气中常见的杂质气体，氨来源于养殖废水、屠宰废水以及奶制品废水的蛋白质水解过程，沼气发酵过程氨氮过高会抑制产甲烷过程。

**6. 挥发性有机物**

沼气所含挥发性有机物主要有烷烃、硅氧烷和卤代烃等，挥发性有机物的类型及其浓度取决于沼气发酵的底物。

硅氧烷是用于生产阻燃剂、洗发水和防臭剂的原料，如果硅氧烷作为底物进入反应器，由于蒸发效应，沼气中会含有少量硅氧烷。反应器中的温度决定其蒸发量，低相对分子质量的硅氧烷比其他物质的蒸发程度更高。在垃圾填埋气中也发现有硅氧烷。硅氧烷在燃烧过程中，产生的二氧化硅会损坏发动机，并且二氧化硅具有不溶性，易沉积于燃烧设备中。

卤代烃是一类含氯、溴或氟的碳氢化合物。在填埋场中，卤代烃由于含卤材料的挥发而出现在沼气中。卤代烃燃烧形成的酸会引起酸化和腐蚀。

**7. 颗粒物**

颗粒物作为水凝结的核，常出现在沼气中。由于其摩擦性能，颗粒物易造成设备的磨损。

## 二、不同沼气利用方式的质量要求

沼气净化程度主要根据沼气的用途来确定。沼气可用于热能、热电联产或者作为车用燃料，净化和提纯沼气后也可并入天燃气管网。不同用途的沼气有相应的质量要求。设备对气体成分有一定的阀值要求，要知道哪些气体成分会影响设备，以及如何调节设备以适应气体成分含量。通常来说，气体越纯，设备维护成本越低。因此，沼气净化和设备维护成本这两方面需要平衡。由于不同杂质之间会相互影响，因此，评价沼气质量时，不能仅看单个杂质，而需要综合比较。例如，二氧化碳和硫化氢溶于水后形成酸，进而引起腐蚀。

**1. 沼气用于热能和电能生产的质量要求**

沼气用于锅炉燃料生产热能。硫化氢、颗粒物和硅氧烷常导致锅炉出现故障。对于锅炉冷却系统，烟道气被冷却，沼气中的水冷凝下来，硫化氢和水会形成氢硫酸，然后导致腐蚀。颗粒物和硅氧烷也会导致故障，造成锅炉局部管道阻塞。

工业锅炉可以用原始沼气作为燃料。对于小型锅炉，硫化氢溶于冷凝水易引起腐蚀，颗粒物和硅氧烷也会导致故障。而大型锅炉由于其元件尺寸较大，颗粒物和硅氧烷引起的问题则相对较少。当锅炉适应某一成分的沼气时，应该保持其相对稳定。如果锅炉烟道配备有氧气和一氧化碳传感器，沼气组分范围可以扩大。

对于微型燃气轮机，沼气首先被压缩，必须干燥沼气以避免沼气中的冷凝水。一些微型燃气轮机对硫化氢的耐受浓度高达$1000\times10^{-6}$，但对颗粒物和硅氧烷耐受性很低。微型燃气轮机对燃气质量要求涉及水含量，应经常与设备生产商进行沟通和协调。燃气涡轮机能适应不同的沼气组分，但应尽量调节到最佳参数。沼气燃气轮机生产商会指定沼气中硫化氢和颗粒物的最大耐受浓度。

作为热电联产的发电机能适应不同沼气组分，但是作为其他方面的应用，硫化氢和硅氧烷会引起故障。

沼气可用于制造燃料电池，不同类型的燃料电池利用的燃料不同，并且对燃气中的杂质有不同的要求。高温燃料电池，如熔融碳酸盐燃料电池（MCFCs）能使用沼气中的甲烷作为燃料。但是，低温燃料电池，如质子交换膜燃料电池（PEM），沼气必须被催化重整为氢气才能作为燃料使用。沼气制造燃料电池时，对燃料电池有毒性的物质（如硫化氢、卤代烃、氨、硅氧烷等）必须去除。

**2. 沼气用于车用燃料和注入天然气管网的质量要求**

沼气用于车用燃料时，净化和提纯沼气更有利于提高沼气的能量等级。沼气中的水会引起故障。例如，当压力下降时，水会凝结并堵塞系统。二氧化碳、硫化氢等溶于水后具有腐蚀性。沼气用于车用燃料有不同的标准，瑞士针对车用沼气燃料有特别明确的规范标准，严格规定了甲烷、硫化氢和水的含量。美国、瑞士、德国先后出台了相应的标准。联合国欧洲经济委员会也涉及相关标准。相对成熟完善的是欧洲标准委员会制定的标准。

目前，国内还没有针对沼气来源的管网天然气和车用压缩天然气制定相关标准，主要参考气田、油田来源天然气的标准：《天然气》和《车用压缩天然气》。《天然气》适用于经预处理后通过管道输送的天然气，其中一类与二类天然气主要用作民用燃料；三类天然气主要作为工业原料或燃料；另外，在满足国家有关安全卫生等标准的前提下，对上述三个类别以外的天然气，供需双方可用合同或协议来确定其具体技术要求。沼气用作车用燃料可参考《车用压缩天然气》标准。

## 第二节 沼气净化技术

沼气净化技术主要是去除沼气中的水、硫化氢、氧气、氮气和其他微量杂质。

### 一、沼气脱水

**1. 脱水方法**

为保护沼气利用设备不受严重腐蚀和损坏，并达到下游净化设备的要求，必须去除沼气中的水蒸气。沼气中包含的水和蒸气量取决于温度。沼气发酵罐中沼气的相对湿度达到100%时，意味着沼气中水蒸气达到饱和。沼气脱水技术主要有冷凝法、吸附法、吸收法等。

（1）冷凝法

冷凝法是去除沼气中水蒸气最简单的方法，任何流量的沼气都能使用该法。冷凝法的原理是将沼气冷却到水蒸气露点温度以下，进行水的分离。通常在输送沼气管路的最低点设置凝水器，将管路中的冷凝水排除。除水蒸气外，其他杂质（如水溶气体、气溶胶）也会在冷凝中被去除。凝水器需要定期排水，因此操作必须方便，同时凝水器必须安装于防冻区域。研究发现，该法可达到3～5℃的露点，在初始水蒸气含量3.1％（体积比）、30℃环境压力条件下，水蒸气含量可降至0.15％（体积比）。冷却之前压缩沼气可进一步提高效率。这种方法具有较好的脱水效果，但是并不能完全满足并入天然气管网的要求，可通过下游的吸附净化技术（变压吸附、脱硫吸附）弥补。

（2）吸附法

吸附工艺能达到更好的脱水效果，常用吸附材料有二氧化硅、氧化铝、氧化镁、活性炭或沸石等。该方法可以达到－90℃的露点。吸附装置安装在固定床上，可在正常压力或600～1000 kPa的压力下运行，适用于中小沼气工程的沼气脱水。通过增加温度或降低压力可对吸附材料进行再生。通常是两台装置并列运行，一台用于吸收，另一台用于再生。由于干燥效果好，该方法适用于所有的沼气利用方式。

（3）吸收法

吸收工艺是将吸收剂与沼气逆向注入吸收塔，将水蒸气从原始沼气中去除的过程，常用的吸收剂有乙二醇、二甘醇、三甘醇或可吸湿盐类等。使用乙二醇作为吸收剂时，可将吸收剂加热到200℃，使其中杂质挥发而实现醇的再生。文献资料显示，乙二醇脱水可达到－100℃的露点。从经济性看，该方法适用于较高流量（500 $m^3/h$）的沼气脱水，因此吸收法可以作为沼气提纯并网的预处理方法。

**2. 常用的脱水装置**

（1）气水分离器

为了使沼气中的气液两相达到分离，通常需要设置沼气气水分离器。气水分离器是在装置内安装水平及竖直滤网，且宜装入填料，滤网或填料可选用不锈钢丝网、紫铜丝网、聚乙烯丝网、聚四氟乙烯丝网或陶瓷拉西环等。当沼气以一定的压力从装置下部以切线方式进入后，沼气在离心力作用下进行旋转，然后依次经过竖直滤网及平置滤网，沼气中的水蒸气与沼气得以分离，水蒸气冷凝后在气水分离器内形成水滴，沿内壁向下流动，积存于装置底部并定期排除。

设计沼气气水分离器时，应遵循以下设计原则：进入分离器的沼气量应按平均日产气量计算，气水分离器内的沼气压力应大于2000 Pa，分离器的压力损失应小于100 Pa。沼气工程技术规范一供气设计推荐的气水分离器设计参数为：气水分离器空塔流速宜为0.21～0.23m/s。沼气进El管应设置在气水分离器筒体的切线方向，气水分离器下部应设有积液包和排污管。气水分离器的入口管内流速宜为15m/s，出口管内流速宜为10m/s。气水分离器见图4-1。

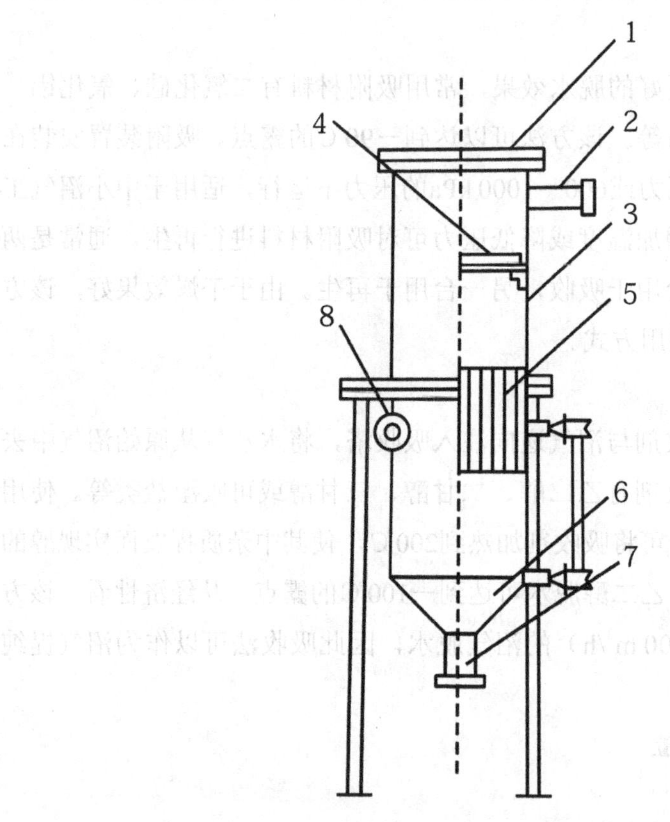


图4-1 气水分离器

1．堵板；2．出气管；3．筒体；4．平置滤网

5．竖置滤网；6．封头；7．排水管；8.进气管

（2）沼气凝水器

沼气管道的最低点必须设置沼气凝水器，定期或自动排放管道中的冷凝水。沼气凝水器直径宜为进气管的3～5倍，高度宜为直径的1.5～2.0倍。凝水器按排水方式，可分为人工手动排水和自动排水两种。如图4-2所示。

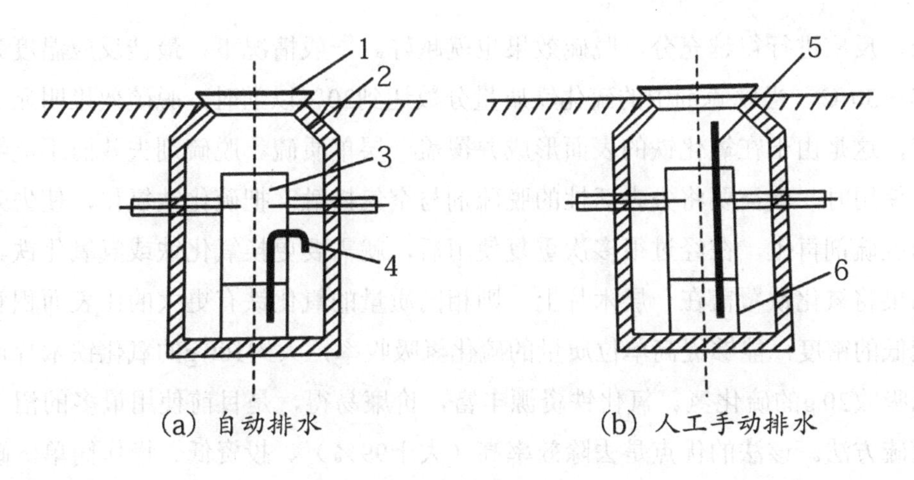


图4-2　沼气凝水器

1．井盖；2．集水井；3．凝水器；4．自动排水管；5．排水管；6．排水阀

## 二、沼气脱硫

由于硫化氢具有腐蚀性和毒性，脱除硫化氢非常重要。硫化氢的去除有原位脱硫法和异位脱硫法。原位脱硫在沼气发酵罐内脱硫，使硫化氢的脱除与发酵过程同步进行，此法可节省脱硫装置的投资，但出口沼气中硫化氢浓度仍偏高。异位脱硫即脱除已产生沼气中的硫化氢。工程上主要采用异位脱硫，主要包括化学脱硫、物理脱硫和生物脱硫。

### 1．脱硫方法

（1）化学脱硫

化学脱硫主要分为干法脱硫和湿法脱硫两大类。

干法脱硫按原理和方法可分为化学吸附法、化学吸收法和催化加氢法三种。化学吸附法即采用脱硫剂吸附气体中的硫化物从而达到脱硫的目的，活性炭和分子筛吸附即属于此类。化学吸收法即采用脱硫剂与气体中的硫化氢反应将硫化物脱除的过程，其脱硫剂有氧化铁、氧化锌、氧化锰等。催化加氢法即采用钴钼、镍钼等催化剂，使有机硫转化为$H_2S$然后将其脱除。干法脱硫中最早使用的是氧化铁和活性炭法，而近代工业上也常用干法脱硫作为脱除有机硫和精细脱硫的手段。

氧化铁脱硫法是常用的干法脱硫，沼气中的硫化氢在固体氧化铁的表面进行化学反应而得以去除，沼气在脱硫器内的流速越小，接触时间越长，反应进行得越充分，脱硫效果也就越好。一般情况下，最佳反应温度为25～50 ℃。当脱硫剂中的硫化铁质量分数达到30%以上时，脱硫效果明显变差，这是由于在氧化铁的表面形成并覆盖一层单质硫。脱硫剂失效而不能继续使用时，就需要将失去活性的脱硫剂与空气接触，把硫化铁氧化，使失效的脱硫剂再生。在经过很多次重复使用后，就需要更换氧化铁或氢氧化铁。如果将氧化铁覆盖在一层木片上，则相同质量的氧化铁有更大的比表面积和较低的密度，能够提高单位质量的硫化氢吸收率，大约100 g的氧化铁木片可以吸收20 g的硫化氢。氧化铁资源丰富，价廉易得，是目前使用最多的沼气脱硫方法。该法的优点是去除效率高（大于99%）、投资低、操作简单。缺点是对水敏感，脱硫成本较高，再生放热，有燃烧风险，反应表面随再生次数而减少，释放的粉尘有毒。

湿法脱硫按溶液的吸收与再生性质又可分为氧化法、吸收法。氧化法是借助溶液中载氧体的催化作用，将吸收的硫化氢转化为硫磺，使溶液获得再生。氧化法主要有氨水法、砷碱法、蒽醌二磺酸钠法等。吸收法以弱碱性溶液为吸收剂，与硫化氢进行化学反应形成化合物，当富液温度升高、压力降低时，该化合物就分解，放出硫化氢。这类方法有烷基醇胺法、碱性溶液法等。尽管湿法脱硫精度差，需大大降低气体温度，但可以处理较高硫化氢含量的原始沼气，运行费用低，适合大规模生产，在工业上广泛使用。

碳酸钠吸收法是常用的湿法脱硫，由于碳酸钠溶液在吸收酸性气体时，pH不会很快发生变化，保证了系统的操作稳定性。此外，碳酸钠溶液吸收硫化氢比吸收二氧化碳快，可以部分地选择吸收硫化氢。该法通常用于脱除气体中大量二氧化碳，也可以用来脱除含二氧化碳和硫化氢的天然气及沼气中的酸性气体。该方法的主要优点是设备简单、运行经济。主要缺点是一部分碳酸钠变成了重碳酸钠而使吸收效率降低，另一部分变成硫酸盐而被消耗。

（2）物理脱硫

物理脱硫法常用有机溶剂作为吸收剂，其吸收完全为物理过程，当富液降低压力时，硫化氢就完全放出。这类方法有聚乙二醇二甲醚法、冷甲醇法等。

（3）生物脱硫

生物脱硫包括有氧生物脱硫和无氧生物脱硫。

有氧生物脱硫法是向沼气发酵反应器或单独的脱硫塔注入空气，硫化氢与氧通过微生物作用生成单质硫或硫酸盐，反应式如下：

$$2H_2S+O_2 \longrightarrow H_2O+2S$$

$$2H_2S+3O_2 \longrightarrow 2H_2SO_2$$

如果直接向沼气发酵反应器上部通入空气，脱硫反应在反应器上部和壁面泡沫层发生，这种脱硫称为罐内生物脱硫，脱硫反应由存在于沼气发酵反应器中的硫杆菌催化氧化，通常在沼气发酵反应器顶部安装一些机械结构有利于菌种繁殖。由于产物呈酸性，易腐蚀，而且反应依赖稳定泡沫层，因此最好在一个独立的反应器中进行。

向单独的脱硫塔注入空气的脱硫称为罐外生物脱硫，沼气通过具有大比表面载体的填充柱，经过微生物作用，沼气得到净化，生成的单质硫或硫酸盐仍然存在于过滤装置的液相之中。罐外生物脱硫反应器在某种程度上类似于洗涤器，由多孔填料构成，微生物生长在填料上，需要配备污水槽、泵和罗茨鼓风机。污水槽盛装含有碱和营养物质喷淋液，沼液是比较理想的喷淋液。定时地向填料喷液，喷淋液具有洗出酸性产物并为微生物提供营养的功能。一般反应器负荷为10 $m^3$沼气/（h·$m^3$）填料，工艺温度为35 ℃，空气加入量为沼气量的2%～5%，在足够空气条件下，能获得较高的脱硫效率。污水槽中喷淋液pH需要维持在6.0以上。清洗时，用空气、水混合脉冲进行，并且要间歇进行。在停止喷淋时，应避免单质硫的沉积。图4-3是有氧生物脱硫装置图。

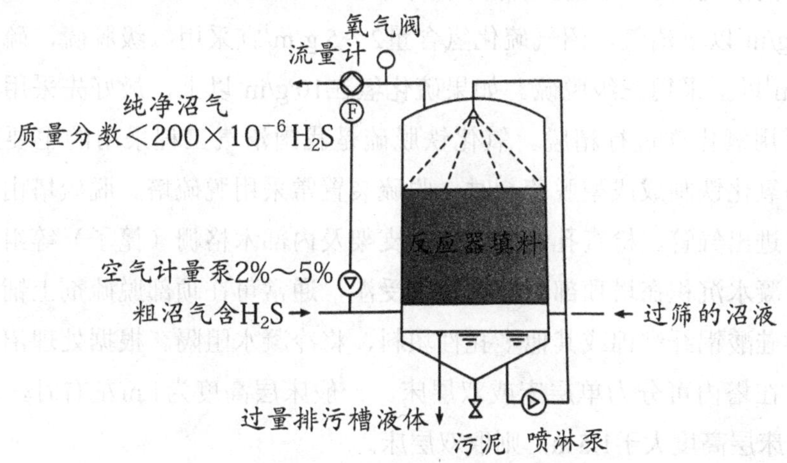


图4-3　有氧生物脱硫装置示意图

控制最佳的温度、反应时间和氧气含量，能够将硫化氢含量减少95%以上，最终质量分数低于$50\times10^{-6}$。有氧生物脱硫技术的缺点是氧气过多会抑制厌氧反应，另外甲烷和氧气会形成爆炸混合物。由于氮气和甲烷很难分离，所以如果提纯沼气，需要实时监控氧气和氮气含量。

无氧生物脱硫是农业部沼气科学研究所开发的新型生物脱硫工艺，该工艺以沼液好氧后处理过程的硝酸盐和亚硝酸盐为电子受体，以沼气中硫化氢为电子供体而实现同步脱氮脱硫，主要反应如下：

$$5S^{2-}+2NO_3^{-}+12H^{+}\longrightarrow 5S^{0}+N_2+6H_2O$$

$$5S^{0}+6NO_3^{-}+2H_2O\longrightarrow 5S^{-2}{}_{4}+3N_2+4H^{+}$$

$$5S^{2-}+8NO_3^{-}+8H^{+}\longrightarrow 5S^{2-}{}_{4}+4N_2+4H_2O$$

在进水$NO_x$-N（$NO_2^-$-N，$NO_3^-$之和）浓度270～350 mg/L、沼气中硫化氢含量1273～1697 mg/m$^3$、水力停留时间0.985～3.72 d、空塔停留时间3.94～15.76 min的条件下，$NO_2^-$-N去除率96.4%～99.9%，出水$NO_x$-N浓度0.114～110.6 mg/L，硫化氢去除率96.4%～99.0%，出气硫化氢浓度100 mg/m。左右。该工艺具有以下优点：废水中的氮气与沼气中的硫同时脱除；沼气脱氮不需要外加碳源；沼气脱硫不需要加氧，也不需要脱硫剂；产生很少的生物污泥；运行费用低。

**2. 脱硫装置**

沼气中硫化氢可采用多级装置脱除，应根据当前沼气工程的实际情况、硫化氢的浓度范围以及脱硫程度采用合适的脱硫级数。一级脱硫适合硫化氢含量2 g/m$^3$以下沼气，沼气硫化氢含量2～5 g/m$^3$宜采用二级脱硫，硫化氢含量5 g/m$^3$以上采用三级脱硫。如果硫化氢在10 g/m$^3$以上，最好先采用湿法粗脱，再用氧化铁进行精脱。氧化铁脱硫是我国沼气工程采用的主要脱硫方法，由氧化铁制成成型脱硫剂时，脱硫装置常采用脱硫塔。脱硫塔由塔体、封头、进出气管、检查孔、排污孔、支架及内部木格栅（篦子）等组成。为防止冷凝水沉积在塔顶部而使脱硫剂受湿，通常可在顶部脱硫剂上铺一定厚度的碎硅酸铝纤维棉或其他多孔性填料，将冷凝水阻隔。根据处理沼气量的不同，在塔内可分为单层床或双层床。一般床层高度为1 m左右时，取单层床；若床层高度大于1.5 m，则取双层床。

从减少沼气的压力损失，便于更换脱硫剂的角度考虑，可将脱硫塔设计成以下三种型式，见图4-4。

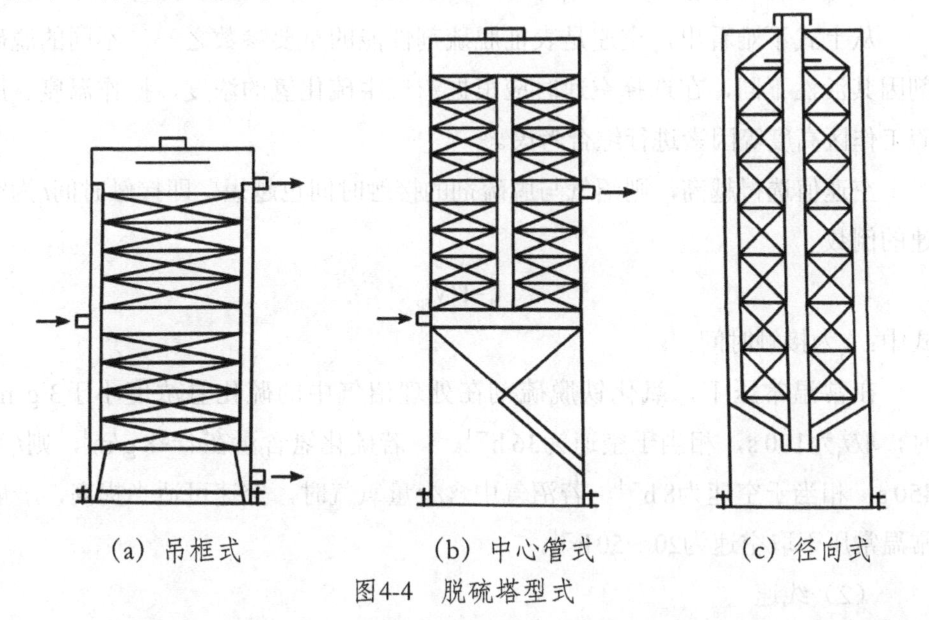


图4-4 脱硫塔型式

一是两分式吊框脱硫塔，沼气可从塔体中部进入，两头排出或是相反，其目的是增大流通面，减小线速度，从而降低阻力。吊框式脱硫塔可在塔外更换脱硫剂，该种型式适合于小气量、小直径的场合。各吊框之间的密封是设计塔结构的关键，否则将发生串气，降低脱硫剂的利用率和脱硫效率。二是中心管式脱硫塔，沼气从塔的下部进入，从中部引出。当更换脱硫剂时，打开底部放料阀，一层一层卸下。中心管既是导气管又是卸料管，该塔具有减小气速、降低阻力的功能。三是分层式径向型脱硫塔，该塔可装粉状脱硫剂，沼气从塔底进入内筒，沿径向穿过脱硫剂床层，然后顺着外筒与塔壁的环隙，从下部引出。该塔特点是流通截面大、压降低，气体变速通过床层。更换脱硫剂时，可用专门的抽真空卸料装置，也可抽动内筒从塔底将脱硫剂卸下。径向结构一般适合于直径大于3m的场合。内筒、外筒的布孔及防止分层短路，是该脱硫塔设计的关键。

脱硫装置设计主要考虑以下参数。

（1）空速

空速是指单位体积脱硫剂每小时能处理沼气量的大小，单位为$h^{-1}$。其表达式为

$$V_{SP}=V_m/V_t$$

式中：$V_{sp}$为沼气空速，$h^{-1}$；$V_m$为沼气小时流量，$m^3/h$；$V_t$为脱硫剂体积，$m^3$。

从上式不难看出，空速是表征脱硫剂性能的重要参数之一。不同的脱硫剂因其活性不同，在选择空速时应根据沼气中硫化氢的浓度、操作温度、脱硫工作区高度等因素进行综合考虑。

空速值选得越高，则沼气与脱硫剂的接触时间也越短，即接触时间$t_j$为空速的倒数

$$t_j=1/V_{sp}$$

式中：$t_j$为接触时间，s。

在常温常压下，氧化铁脱硫剂在处理沼气中的硫化氢浓度小于3 $g/m^3$时，取$t_j$为100 s，相当于空速为36 $h^{-1}$。；若硫化氢含量在4～8 $g/m^3$，则$t_j$为450 s，相当于空速为8 $h^{-1}$。若沼气中含少量氧气时，空速可适当提高，一般常温常压下取空速为20～50 $h^{-1}$。

（2）线速

线速是指沼气通过脱硫剂床层时的速率，其值为床高与接触时间之比。

$$U_S=H_{ch}/t_j$$

式中，$U_S$为线速度，mm/s；$H_{ch}$为床高，mm；$t_j$为接触时间，s。

沼气通过脱硫塔的线速，是设计该装置尺寸的一个关键性参数。线速取得太低，沼气呈现滞留状态。随着线速的增加，气流进入湍流区，能在更大程度上减少气膜厚度，从而增加了脱硫剂的活性。当用TTL型脱硫剂（以炼钢赤泥为原料的常温氧化铁脱硫剂）时，线速可选在10～40 mm/s。

（3）床层高度

分层装填有利于克服由于偏流或局部短路而引起的早泄现象，改善并提高脱硫效果。床层高度超过1.5 m以上时，可采用双层。

（4）塔径比

氧化铁脱硫是一个化学吸附过程，在吸附的各个时期，脱硫床层可分为备用区、工作区和饱和区。工作区是指床层内执行脱硫功能的部位。工作区的高低与脱硫剂的活性、空速有关。根据TTL型脱硫剂的试验结果，在空速为50 $h^{-1}$以下，硫化氢的浓度为1～3 $g/m^3$时，脱硫剂床层高度为塔径的3～4倍。

（5）脱硫剂的更换时间

脱硫剂的更换时间与脱硫剂的技术性能，即工作硫容及填料量成正比，与沼气中硫化氢浓度及日处理气量成反比。对于中小型沼气工程，既要考虑脱硫设备的大小及所占场地，又要考虑到频繁更换脱硫剂给运行上带来的不便，一般取脱硫剂的更换期为6个月较为适宜。

（6）脱硫装置的结构、材质

脱硫塔一般采用A3或A3F钢板焊接制造。塔内表面应涂两道防锈漆或环氧树脂；外表面涂一两道防锈漆。封头密封采用石棉橡胶或氯丁橡胶。温度监视采用WNG-12型直角式金属保护管玻璃温度计，其位置设在距床层底部100 mm处。液位显示在脱硫塔下部低于进气口的位置，用有机玻璃显示液位，作用在于防止冷凝水积聚在底部而影响脱硫剂正常工作。观察镜可设在床层上部50 mm处，采用有机玻璃以便观察床层变化，掌握脱硫剂的再生时间。

## 三、除氧气、氮气

通过活性炭、分子筛或者膜可以去除氧气和氮气。在一些脱硫过程或沼气提纯过程中，氧气和氮气也会部分去除。然而，从沼气中分离氧气和氮气还是比较困难，若沼气利用对氧气和氮气有较高要求（如沼气并入天然气管网或者用于车用燃气）时，应尽量避免氧气、氮气混入沼气。

## 四、去除其他微量气体

沼气中的微量气体有氨、硅氧烷和苯类气体。由于氨易溶于水，沼气中的氨通常在沼气脱水阶段被去除。硅氧烷可通过有机溶剂、强酸或者强碱吸收，也可通过硅胶或活性炭吸附，以及在低温条件下去除。一些颗粒物在沼气脱水过程中通过过滤器或旋风分离器去除。卤化烃类颗粒物既能通过活性炭吸附去除，也能通过沼气提纯技术去除。

# 第三节 沼气提纯技术

沼气提纯主要目的是去除二氧化碳获得高纯度甲烷。沼气提纯技术多源于天然气、合成氨变换气的脱碳技术。由于沼气的处理量远小于天然气或合成氨变换气，在脱碳技术选择上应更注重小型化、节能化。目前，沼气提纯技术大致可分为四类，即吸附、吸收、膜分离、低温提纯。应用广泛的沼气提纯技术主要包括六种：变压吸附、水洗、有机溶剂物理吸收、有机溶剂化学吸收、高压膜分离和低温提纯。表4-3列出了六种提纯技术的关键参数。

表4-3 沼气提纯技术的关键参数

| | 变压吸附 | 水洗 | 有机溶剂物理吸收 | 有机溶剂化学吸收 | 膜分离 | 低温提纯 |
|---|---|---|---|---|---|---|
| 耗电量/（$kWh/m^3BG$） | 0.16～0.35 | 0.20～0.30 | 0.23～0.33 | 0.06～0.17 | 0.18～0.35 | 0.18～0.25 |
| 耗热量/（$kWh/m^3BG$） | 0 | 0 | 0.10～0.15 | 0.4～0.8 | 0 | 0 |
| 反应器温度/℃ | ～ | ～ | 40～80 | 106～160 | ～ | ～ |
| 操作压力/$10^5Pa$ | 1～10 | 4～10 | 4～8 | 0.05～4 | 7～20 | 10～25 |
| 甲烷损失% | 1.5～10 | 0.5～2 | 1～4 | 约0.1 | 1～15 | 0.1～2.0 |
| 甲烷回收率% | 90～98.5 | 98～99.5 | 96～99 | 约99.9 | 85～99 | 98～99.9 |
| 废气处理要求（甲烷损失>1%） | 是 | 是 | 是 | 否 | 是 | 是 |
| 精脱硫要求 | 是 | 否 | 否 | 是（取决于制造商） | 推荐 | 是 |
| 用水要求 | 否 | 是 | 否 | 是 | 否 | 否 |
| 用化学试剂要求 | 否 | 否 | 是 | 是 | 否 | 否 |

注：BG指沼气。

下面分别进行介绍。

## 一、变压吸附

变压吸附是利用吸附剂对不同气体组分的吸附量、吸附速度、吸附力等方面的差异，以及吸附剂的吸附容量随压力的变化而变化的特性，在加压时完成混合气体的吸附分离，在降压条件下完成吸附剂的再生，从而实现气体分离。组分的吸附量受压力及温度的影响，压力升高时吸附量增加，压力降低时吸附量减少；当温度升高时吸附量减小，温度降低时吸附量增加。常用吸附材料有活性炭、沸石和分子筛。变压吸附作为商业应用开始于19世纪60年代。

除了二氧化碳，其他气体分子（如硫化氢、氨气、水）也能被吸附。实际工程中，硫化氢和水蒸气应在沼气进入吸附塔之前去除。部分氮气和氧气也能同二氧化碳一同被吸附。从大型提纯站提供的数据来看，大约50%的氮气会随废气排出。变压吸附可获得生物甲烷的纯度大于96%。

沼气提纯站一般将4～6个吸附塔并联，完成吸附（吸附水蒸气和二氧化碳）、减压、脱附（即通过大量原料气体或产品气体解吸）、增压这四个环节。变压吸附的操作压力范围是$1\times10^5$～$1\times10^6$ Pa，大多数变压吸附系统将沼气加压到$4\times10^5$～$7\times10^5$ Pa，压力损失大约$1\times10^5$ Pa。沼气经过脱硫脱水后，通入装有分子筛的填料吸附塔。操作温度范围5～35 ℃。大部分二氧化碳会吸附于分子筛表面，而大部分甲烷则通过分子筛，仅有少量甲烷被吸附。产品气离开填料吸附塔后，吸附填料通过泄压释放完成解吸。通过增加原料气或产品气的冲洗解吸循环次数，以及循环上游压缩机产生的废气，可进一步提高甲烷浓度，相应也会增加提纯成本。根据制造商和工厂操作员提供的数据，实际运行负荷为额定负荷的40%～100%。图4-5表示一个四塔变压吸附过程。

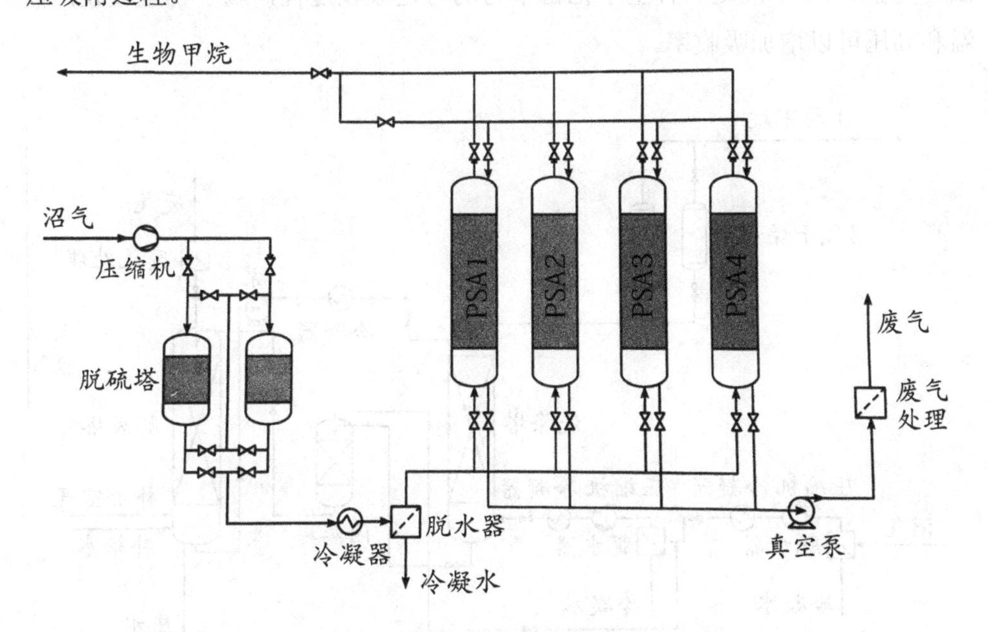


图4-5 变压吸附工艺流程图

19世纪80年代中期，变压吸附的电耗为0.35 kWh/m³原始沼气，到2012年，电耗降低到0.16～0.18 kWh/m³原始沼气。有沼气提纯站报道，在绝对压力为$3\times10^5$ Pa时，甲烷含量为65%的沼气需要耗电0.17 kWh/m³，而甲烷含量为55%的沼气需要耗电0.18 kWh/m³。另一家沼气提纯站报道，在相同条件下，耗电量为0.19～0.23 kWh/m³。在操作绝对压力为$5.4\times10^5$ Pa时，提纯后的沼气中甲烷含量达96%～97%，处理能力为1000 m³/h。

在以前的系统中，甲烷回收率一般为94%（甲烷损失率为6%）。而在新的系统中，甲烷回收率一般为97.5%～98.5%（甲烷损失率为1.5%～2.5%）。一方面，更有效地利用了废气；另一方面，可获得更高的甲烷浓度。通过获得废气中17%～18%的甲烷，提纯后的沼气甲烷浓度高达99%以上。

由于废气中含有相当数量的甲烷，必须对其进行氧化处理。废气中硫含量不大，因此大型工程中常采用催化氧化和无焰氧化作为废气处理技术。如果废气中甲烷浓度足够低，也可以采用蓄热式热氧化。

## 二、水洗

水洗是利用甲烷和二氧化碳在水中的不同溶解度对沼气进行分离的方法，见图4-6。水洗是一种基于范德华力的可逆吸收过程，属于物理吸收，低温和高压可以增加吸收率。

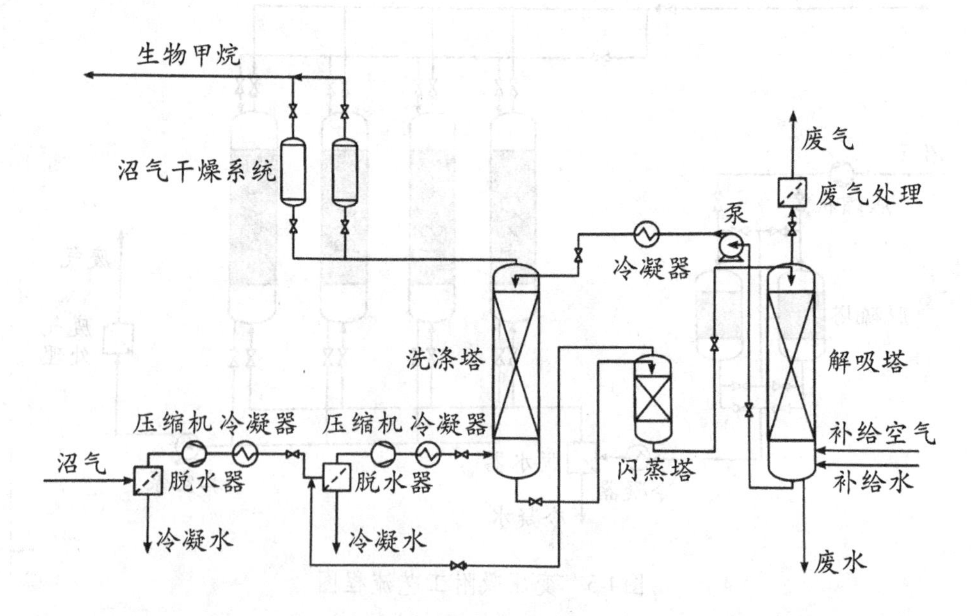


图11　水洗工艺流程图

在水洗过程中，首先需要将沼气加压到$4\times10^5$～$8\times10^5$ Pa，然后送入洗涤塔，在洗涤塔内沼气自下而上与水流逆向接触，二氧化碳和硫化氢溶于水中，从而与甲烷分离，甲烷从洗涤塔的上端排出，进一步干燥后得到生物甲烷。在加压条件下，一部分甲烷也溶入了水中，所以从洗涤塔底部排出的水需要进入闪蒸塔，通过降压将溶解在水中的甲烷和部分二氧化碳从水中释放出来，这部分混合气体重新与原料气混合再次参与洗涤分离。从闪蒸塔排出的水进入解吸塔，利用空气、蒸气或惰性气体进行再生。当沼气中硫化氢含量高时，不宜采用空气吹脱法对水进行再生，因为空气吹脱会产生单质硫污染和堵塞管道。这种情况下，可以采用蒸气或者惰性气体进行吹脱再生，或者对沼气进行脱硫预处理。此外，空气吹脱产生的另一个问题是增加了生物甲烷气中氧气和氮气的浓度。在水资源比较廉价的地方，可以一直采用新鲜水而无需对水进行再生处理，这样既简化了系统，又提高了提纯效率。水洗法效率较高，不用复杂的操作管理，单个洗涤塔可以将甲烷浓度提纯到95%，同时，甲烷的损失率也可以控制在比较低的水平，而且由于采用水作吸收剂，所以也是一种相对廉价的提纯方法，在不需要对水进行再生处理时，水洗法的经济性更加突出。

加压水洗法的主要问题是微生物会在洗涤塔内的填料表面生长形成生物膜，从而造成填料堵塞，因此，需要安装自动冲洗装置，或者通过加氯杀菌的方式解决。虽然水洗过程可以同时脱除硫化氢，但是为了避免其对脱碳阶段压缩设备的腐蚀，应在脱二氧化碳之前将其脱除。此外，由于提纯后的沼气处于水分饱和状态，所以需要进行干燥处理。

根据生产商提供的信息，实际运行负荷为额定负荷的40%～100%。

水洗法的电力需求为0.20～0.30 $kWh/m^3$原始沼气。在$5\times10^5$ Pa压力下（绝对压力），目前技术供应商提供的参数值是0.22 $kWh/m^3$（大型提纯站）和0.25 $kWh/m^3$（小型提纯站）。而工厂操作员记录的平均电力需求为0.26 $kWh/m^3$。

根据提纯站的规模不同，对水的需求约为1～3 $m^3/d$，即每天提纯1$m^3$原始沼气对应耗水2.1～3.3 L。另外，有技术供应商报告的耗水量小于1～2 $m^3/d$。

甲烷回收率为98.0%～99.5%（甲烷损失0.5%～2%）。一个技术供应商提供的甲烷损失参数值为1%，甚至降低到0.5%。工厂操作员实际记录甲烷回收率范围在98.8%～99.4%。

由于解吸塔中空气稀释，废气中甲烷浓度远低于1%，但废气中仍含有甲烷。因此要求废气必须经过处理排放。由于废气通常包括硫和低浓度的甲烷，在大规模水洗中，蓄热式热氧化技术通常用于废气处理。

## 三、有机溶剂物理吸收

有机溶剂物理吸收纯粹是物理吸收过程（图4-7）。有机溶剂物理吸收法与水洗法的工艺流程相似，主要的不同之处在于吸收剂采用的是有机溶剂，二氧化碳和硫化氢在有机溶剂中的溶解性比在水中的溶解性更强，因此，提纯等量沼气所采用的液相循环量更小、电耗小、纯化成本更低。典型的物理吸收剂有碳酸丙烯酯、聚乙二醇二甲醚、低温甲醇和N-甲基吡咯烷酮等。另外，还有一种常用的物理吸收剂为Selexol®，主要成分为二甲基聚乙烯乙二醇，水和卤化灶（主要来自填埋场沼气）也可以用Selexol吸收去除。一般使用水蒸气或者惰性气体吹脱Selexol®进行再生。

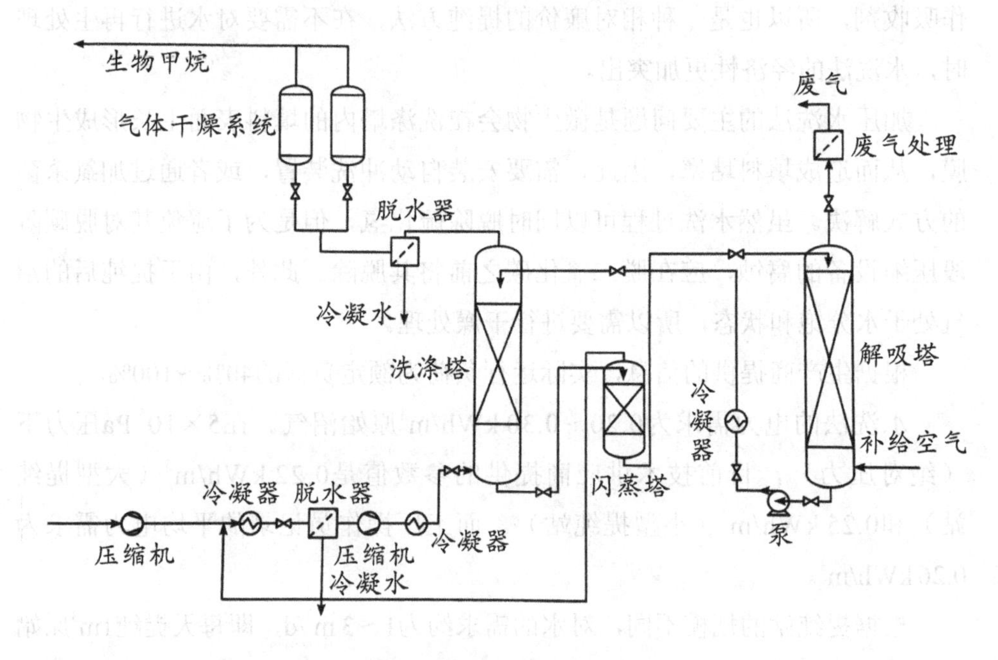


图4-7　有机溶剂物理吸收工艺流程图

有机溶剂物理吸收法的特点是在洗涤塔中可以同时吸收二氧化碳、硫化氢和水蒸气，另外氨气也能够被吸收，但应避免形成不利的中间产物。在原始沼气中不存在二氧化硫，其来源是因硫化氢燃烧生成。提纯后的沼气中甲烷浓度范围为93%～98%。

原始沼气进入吸收塔之前，被加压到$4\times10^5$～$8\times10^5$Pa。在目前的工程应用中，操作压力一般为$6\times10^5$～$7\times10^5$Pa。加压气体时产生的冷凝水需要从系统中排出。在洗涤塔中的操作温度为10～20℃。有机溶剂排出塔与水排出塔在设计和操作方面有所不同。对于水吸收塔而言，一般不需要精脱硫。有机溶剂吸收需要通过吸附进行精细脱硫和干燥。经过脱水脱硫，产物气体从塔顶部排出。为减少甲烷损失，通常采用两个闪蒸塔。解吸在解吸塔中可以通过加热（40～80℃）汽提实现，也可以通过热解偶联实现（如换热器、冷却压缩、废气处理），无需任何外部热源。实际运行负荷为额定负荷的50%～100%。

电耗为0.23～0.33kWh/$m^3$原始沼气。在新建提纯站，预期电耗为0.23～0.27kWh/$m^3$原始沼气。热量需求为0.10～0.15kWh/$m^3$原始沼气，可以通过提高装置的热回收率来减少热量需求。

由于废气含1%～4%的甲烷（甲烷回收率96%～99%），必须进行废气净化。因为废气中通常含有硫化氢，典型的废气处理技术是蓄热式热氧化，这是大型提纯站的废气处理通用方法。

## 四、有机溶剂化学吸收

有机溶剂化学吸收通常被称为胺洗，是利用胺溶液将二氧化碳和甲烷分离的方法。不同链烷醇胺溶液可用于化学吸收过程的二氧化碳分离，不同的设备制造商使用不同的乙醇胺—水混合物作为吸收剂。常用的胺溶液有乙醇胺、二乙醇胺、甲基二乙醇胺。自从20世纪70年代开始，胺溶液化学吸收就用于酸性气体中二氧化碳和硫化氢的分离。图4-8是有机溶剂化学吸收工艺流程图。

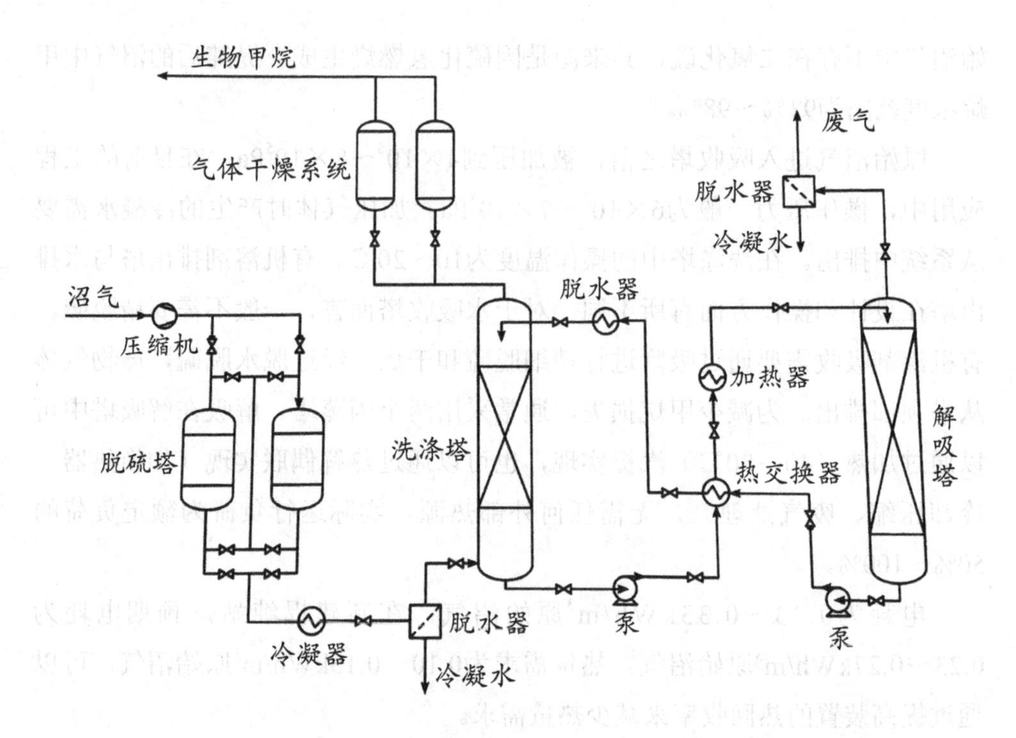


图4-8 有机溶剂化学吸收工艺流程图

除了二氧化碳，硫化氢也可以在胺洗过程被吸收。但是，在大多数实际应用中，在进入吸收塔前会有一个精脱硫步骤，以减少再生过程的能量需求。获得的产品气体中，甲烷浓度达99%以上。由于氮气不能被吸收，原始沼气中的氮气会降低产物气体的品质，但是其他提纯方法也存在这样的问题。此外，应当避免氧气的进入，因为氧气可能造成不良反应，并使胺降解。

由于二氧化碳被吸收后与胺溶液发生了化学反应，因此，吸收过程可以在较低的压力条件下进行，一般情况下只需要在沼气已有压力的基础上稍微提高压力即可。胺溶液的再生过程比较困难，需要160 ℃的温度条件，因此，运行过程需要消耗大量的热量，存在运行能耗高的弊端。此外，由于存在蒸发损失，运行过程需要经常补充胺溶液。如果沼气含有高浓度的硫化氢，需要提前进行脱硫处理，否则会导致化学吸收剂中毒。

胺洗的电耗0.06～0.17 kWh/$m^3$原始沼气。有一个厂商提供的电耗指标为0.09 kWh/$m^3$（原始沼气中甲烷浓度为65%）和0.11 kWh/$m^3$（原始沼气中甲烷浓度为55%），两个电耗参数对应的产物气体压力为$5\times10^3$～$1.5\times10^4$Pa，解吸温度135～145 ℃。另一家厂商报告的电耗为0.17 kWh/$m^3$，对应的产物气体压力为$2.5\times10^5$ Pa，解吸温度120～130 ℃。解吸过程热量需求0.4～0.8 kWh/$m^3$原始沼气。

甲烷回收率大约是99.9%，相对于其他提纯方法，胺洗系统中甲烷损失非常低，废气通常不需要进一步处理。

## 五、膜分离

膜分离也被称为气体渗透，主要利用气体通过高分子膜的透过率不同而进行气体分离。在膜系统中，三种不同的流体分别为：进入气体（原始沼气）、渗透气体（富含二氧化碳气体）和滞留气体（富含甲烷气体）。在渗透膜两侧的不同分压称为系统的驱动力。增加进入侧压力和降低渗透侧压力可以获得高的通过率。高分子膜材料包括醋酸纤维和芳族聚酰亚胺，对二氧化碳、水蒸气、氨气、硫化氢具有高透过率，而对甲烷较低。对于氮气，特别是氧气，透过率显著降低。影响膜分离提纯系统经济运行的重要参数是膜材料对两种气体（二氧化碳、甲烷）的选择性。对于聚酰亚胺/聚芳酰胺膜、二氧化碳/甲烷选择范围是20和25。在过去，二氧化碳/甲烷选择性一般大于20，目前一般大于50，有的甚至大于70。图4-9是膜分离工艺流程图。

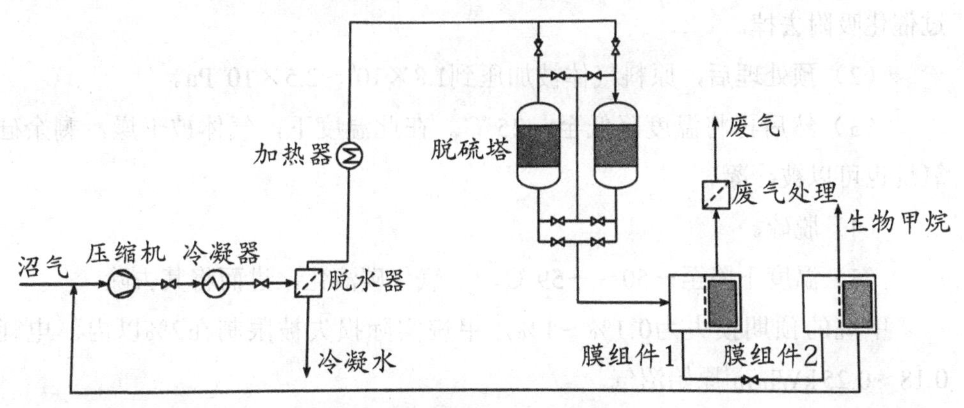


图4-9　膜分离工艺流程图

为了延长膜的使用寿命并获得最佳分离效率，原始沼气应干燥和精脱硫，在气体进入膜之前，还需分离粉尘和气溶胶。沼气被加压到$7\times10^5$～$2\times10^6$ Pa（20世纪80、90年代的系统压力大于$2\times10^6$ Pa），加压之前或之后进行精脱硫，然后进入膜组件。在系统中的压力损失约为

$1\times10^5$ Pa。内部的膜组件中，二氧化碳通过膜，而大部分甲烷不允许通过。在大多数实际工程应用中，至少是两级的膜分离系统。透过的气体中仍含部分甲烷，因此，废气应进行再循环（如第二级膜分离）或附加一级膜分离。

由于采用的操作压力、循环流量和膜材质不同，电耗为0.18～0.35 kWh/$m^3$原始沼气。在新的系统中，电耗显著低于0.35 kWh/$m^3$原始沼气。一家膜供应商规定，电耗小于0.2 kWh/$m^3$原始沼气（操作压力$1\times10^6$～$2\times10^6$ Pa）。也有厂商标识的电耗为0.29～0.35 kWh/$m^3$原始沼气，主要取决于原料气组成及甲烷回收率（提纯后生物甲烷为97%）。在德国一家大型提纯站，沼气提纯电耗为0.20 kWh/$m^3$原始沼气。

有文献报道，膜分离的甲烷回收率为85%～99%（甲烷1%～15%的损失）。以前，经济的甲烷回收率的范围是95%～96%，可以提高纯度，但会增加再循环率以及电量。因为废气中包含较多的甲烷，废气必须进行氧化处理。

## 六、低温提纯

低温分离法是利用制冷系统将混合气体降温，由于二氧化碳的凝固点比甲烷要高，先被冷凝下来，从而得以分离。低温分离一般步骤如下。

（1）首先将温度下降至6 ℃，在此温度下，部分硫化氢和硅氧烷可以通过催化吸附去掉。

（2）预处理后，原料气体被加压到$1.8\times10^6$～$2.5\times10^6$ Pa。

（3）然后再将温度降低至－25 ℃。在此温度下，气体被干燥，剩余硅氧烷也可以被冷凝。

（4）脱硫。

（5）温度下降至－50～－59 ℃，二氧化碳液化，进而将其去除。

甲烷的预期损失为0.1%～1%，甲烷实际损失被限制在2%以内。电耗0.18～0.25 kWh/$m^3$原始沼气。

甲烷的存在会影响二氧化碳的升华温度，为了使二氧化碳凝结成液体或干冰需要更高的压力或更低的温度。荷兰GastreatmentServiceB.V.公司开发的GPP沼气提纯系统，利用该系统可将沼气中二氧化碳冷凝为液体而将其从沼气中分离出去。二氧化碳被冷凝成液体后可以被用作温室气肥或进一步转化为干冰。低温分离法可以得到纯度极高的二氧化碳和甲烷，但是将沼气冷却到－80℃以下，需要消耗大量的能量；同时，分离设备也很复杂，导致提纯费用比较高。

## 七、沼气提纯技术的经济效益

在瑞典，加压水洗法用得最多；在德国，变压吸附法更为广泛；而在荷兰，加压水洗法、变压吸附法和膜分离技术应用都比较普遍。

沼气提纯成本与原料气甲烷含量以及成品气甲烷含量有关。甲烷含量高的原始沼气提纯成本更低。这主要由于能量输出的增加，而总成本与高能级有关。可以通过提高效率（降低单位输出能耗），使用高热值的原始沼气降低实际能耗，从而降低成本。

沼气提纯站的经济效益还与其他因素有关，如可操作性和额定负荷。沼气提纯站的额定运行负荷不仅取决于提纯站自身的高度稳定性，而且与原始沼气流量和后续单元（如充电站和加气站）的可靠性有关。

停机时间短，设备运行良好，在额定负荷和足够原料气的条件下设备能正常连续运行，是一个沼气提纯站高效可用的标准。快速响应时间非常必要，因此由技术供应商提供良好网络服务至关重要。此外，还可以采用远程监控，当操作被中断时，技术人员可以直接发现故障，根据故障类型立即采取必要的补救措施，避免了时间延误，不需要服务技术人员长途跋涉到达现场解决问题。

上述几种二氧化碳/甲烷分离方法已经在其他行业应用了几十年，是目前最先进的沼气提纯方法。近几年发展趋势是降低能消、提高回收率和减少甲烷排放，主要有以下措施：降低成品气体压力以减少电耗，降低解吸过程的温度水平（胺洗），开发具有较高选择性的二氧化碳/甲烷膜，推进液化生物甲烷技术和联合处理技术（如膜和低温分离）等。

# 第五章 沼气利用

随着沼气发酵原料的拓展、工艺技术水平和工程建设质量的不断提高，沼气工程数量和沼气产量不断增加，加上传统化石能源的紧缺以及人们环保意识的增强，沼气的利用领域不断扩大，利用方式也越来越多样化，从传统的农户烧水、煮饭、取暖、照明发展到现在的集中供气、发电、注入天然气管网、车用燃料、燃料电池、工业原料等多种利用方式。

## 第一节 集中供气

沼气工程集中供气系统一般由储气设施、沼气管网、调压设施、监控系统等组成。储气设施、压力级制、调压设施以及沼气干管的布置，应综合考虑气源、用气量以及用户分布、地形地貌、管材设备供应条件、施工和运行等因素，符合当地总体规划，做到远期与近期相结合，择优选取技术可行、经济合理、安全可靠的方案。

### 一、用气量

居民生活和商业用气量指标应根据当地居民生活和商业用气量统计分析确定，也可参考类似地区的居民生活和商业用气量确定。没有相关资料时，居民生活用沼气量可按每户每天1.0～1.5 m$^3$计算，未预见气量按总气量5%～8%考虑。

### 二、供气压力

供气系统只有具备了一定的压力才能进行输送和使用，通常沼气工程储气柜提供的压力为3～5 kPa（即0.003～0.005 MPa），在半径500 m范围内，输气管道尺寸选择合适的情况下，不需要增压就能满足大部分用气设备的进口端压力要求。如果长距离传输和有大量用气设备同时使用的情况下，则需要通过增压和调压，以保证用气设备的进口端压力，达到用户正常使用的要求。供气管道中的压力分级和供气系统总压降根据NY/T 1220.2—2006《沼气工程技术规范》和GB 50028—2006《城镇燃气设计规范》规定。本部分内容介绍的沼气集中供气，供气系统压力不大于0.4 MPa（表压）。

## 三、供气管网

供气管网包括供气干管和支管，供气干管的布置最好能形成环状供气管网，不至于部分用户出问题导致整条管线停气，同时避免了末端用户气量不足和气压低的问题。

### 1. 管道材料

沼气管道根据敷设情况，可以采用聚乙烯燃气管、钢管或钢骨架聚乙烯塑料复合管，但所选用的管材必须要符合相关标准的规定，聚乙烯燃气管应符合现行的国家标准《燃气用埋地聚乙烯管材》（GB 15558.1）和《燃气用埋地聚乙烯管件》（GB 15558.2）的规定。钢管采用焊接钢管、镀锌钢管或无缝钢管时，应分别符合现行的国家标准《低压流体输送用焊接钢管》（GB/T 3091）、《输送流体用无缝钢管》（GB/T 8163）的规定。钢骨架聚乙烯塑料复合管应符合国家现行标准《燃气用钢骨架聚乙烯塑料复合管》（CJ/T 125）和《燃气用钢骨架聚乙烯塑料复合管件》（CJ/T 126）的规定。

钢质沼气管道必须进行外防腐，其防腐设计应符合国家现行标准《钢质管道及储罐腐蚀控制工程设计规程》SY0007的规定。地下沼气管道防腐设计，必须考虑土壤电阻率。对中压输气干管宜沿沼气管道途经地段选点测定其土壤电阻率，根据土壤的腐蚀性、管道的重要程度及所经地段的地质、环境条件确定其防腐等级。

地下沼气管道的外防腐涂层的种类，根据工程的具体情况，可选用石油沥青、聚乙烯防腐胶带、环氧煤沥青、聚乙烯防腐层、氯磺化聚乙烯、环氧粉末喷涂等。采用涂层保护埋地敷设的钢质沼气干管宜同时采用阴极保护。

### 2. 管道安全装置

沼气属于易燃易爆物质，沼气管道的安全性必须得到可靠的保证，在沼气管网应设置防止管道超压的安全保护装置和沼气浓度报警装置，同时沼气管道和设备的防雷、防静电措施必须可靠。

放空管作为管道超压的安全保护设备，应能迅速放空管段内的气体，放空阀直径应与放空管直径相等，输气干管放空竖管要设置在不致发生火灾和危害居民健康的地方，并且有稳管加固措施，放空竖管底部弯管和相连接的水平放空引出管必须埋地，弯管前的水平埋设直管段必须进行锚固。竖管顶端不能装设弯管，其高度应比附近建（构）筑物高出2 m以上，且总高度不应小于10 m。放空气体应经放空竖管排入大气，并要符合环境保护和安全防火的要求。

紧急切断阀也是安全保护装置之一，分手动和自动两种形式，通常安装在供气管网的入口管、干管或总管上，手动切断阀安装在紧急自动切断阀前端，紧急自动切断阀是自动关闭、现场人工开启型，当管道有超压和泄露时关闭。

沼气浓度检测报警器通常设置在下列易产生沼气聚集的场所，报警器的位置与燃具或阀门的水平距离不得大于8 m，安装高度应距顶棚0.3 m以内，且不得设在燃具上方。报警器系统应与备用电源并与排风扇、紧急自动切断阀等设备连锁：

①建筑物内专用的封闭式沼气调压、计量间。

②地下室、半地下室和地上密闭的用气房间。

③沼气管道竖井。

④地下室、半地下室引入管穿墙处。

⑤有沼气管道的管道层。

在进出建筑物的沼气管道的进出口处，室外的屋面管、立管、放散管、引入管和沼气设备等处均应有防雷、防静电接地设施。防雷接地设施的设计应符合现行国家标准《建筑物防雷设计规范》（GB 50057）的规定。防静电接地设施的设计应符合国家现行标准《化工企业静电接地设计规程》（HGJ 28）的规定。

## 四、气压调节

沼气供气气压调节是为了保证沼气用具正常使用而采取的必要措施。在沼气工程中，常用的气压调节设备有调压箱和调压器。调压箱和调压器的选择主要根据的技术参数有：气体流量、进口压力、出口压力、工作温度、稳压精度。

在一般情况下，当自然条件和周围环境许可时，调压装置宜设置在露天环境下，但要设置围墙、护栏或车挡。当受到地上条件限制时，可设置在地下单独的建筑物内或地下单独的箱内，但要符合国家标准《输气管道工程设计规范》（GB 50251）的要求。无采暖的调压装置的环境温度应能保证调压装置的活动部件正常工作，无防冻措施的调压装置的环境温度应大于0 ℃。

**1. 调压箱**

燃气调压箱是燃气输配系统的重要组成部分，其功能是将燃气管网内的燃气压力降至适合用户燃具所使用的压力，满足居民小区、公共用户、直燃设备、燃气锅炉、工业炉窑等用气需求。因其结构紧凑、占地面积小、节省投资、安装使用方便等优势得到广泛的推广应用。箱内的基本配置有进口阀门、出口阀门、过滤器、调压器及相应的测量仪表，也可加装波纹补偿器、超压放散阀、超压切断阀等附属安全设备。同时，根据使用情况和用户要求，可以组装成单路、双路或多路的燃气调压箱。

单路调压箱内配有一路调压系统及旁通管路，由于在对其调压器进行维护、检修时必须停气，所以单路调压箱一般用于用气量较小、可间断供气的用户。

双路调压箱内配有两路调压系统及旁通管路，一路系统运行，则另一路系统作为安全保障。这样，在不影响用户用气的情况下就可对调压系统进行维护、检修等工作。因此，双路调压箱一般用于用气量较大又不能停气的用户。如在两路调压系统上都配装了超压切断阀，通过对切断压力的不同设定，即可实现自动切换功能。

调压箱的箱体根据气质情况，可以制作成普通型或保温（采暖）型。对于干燥、不含水的气质（如天然气等），可选用普通型箱体。对于含水及受温度变化影响较大的气质（如沼气、人工煤气、液化石油气等），则必须选用保温型箱体以保证调压系统的正常供气。

调压箱的安装应符合以下要求：

（1）调压箱的箱底距地坪的高度宜为1.0～1.2 m，可安装在用气建筑物的外墙壁上或悬挂于专用的支架上；当安装在用气建筑物的外墙上时，调压器进出口管径不宜大于DN50。

（2）调压箱到建筑物的门、窗或其他通向室内的孔槽的水平净距不应小于1.5m；调压箱不应安装在建筑物的窗下和阳台下的墙上；不应安装在室内通风机进风口墙上。

（3）安装调压箱的墙体应为永久性的实体墙，其建筑物耐火等级不应低于二级。

（4）调压箱的沼气进、出口管道之间应设旁通管，用户调压箱（悬挂式）可不设旁通管。

**2. 调压器**

燃气调压器是通过自动改变流经调节阀的燃气流量而使出口燃气保持规定压力的设备，通常分为直接作用式和间接作用式两种。

直接作用式调压器由测量元件（薄膜）、传动部件（阀杆）和调节机构（阀门）组成，当出口后的用气量增加或进口压力降低时，出口压力就下降，这时由导压管反映的压力使作用在薄膜下侧的力小于膜上重块（或弹簧）的力，薄膜下降，阀瓣也随着阀杆下移，使阀门开大，燃气流量增加，出口压力恢复到原来给定的数值。反之，当出口后的用气量减少或进口压力升高时，阀门关小，流量降低，仍使出口压力得到恢复。出口压力值可通过调节重块的重量或弹簧力设定。

间接作用式调压器由主调压器、指挥器和排气阀组成。当出口压力低于给定值时，指挥器的薄膜就下降，使指挥器阀门开启，经节流后的燃气补充到主调压器的膜下空间，使主调压器阀门开大，流量增加，出口压力恢复到给定值。反之，当出口压力超过给定值时，指挥器薄膜上升，使阀门关闭，同时，由于作用在排气阀薄膜下侧的力使排气阀开启，一部分燃气排入大气，使主调压器薄膜下侧的力减小，阀门关小，出口压力也即恢复到给定值。

调压器的安装应符合以下要求：

（1）在调压器入口或出口处，应设防止沼气出口压力过高的安全保护装置，当调压器本身带有安全保护装置时可不设。

（2）调压器的安全保护装置宜选用人工复位型，安全保护（放散或切断）装置必须设定启动压力值，启动压力不应超过出口工作压力上限的50%，且应使与低压管道直接相连的沼气用具处于安全工作压力以内。

## 五、供气管道系统安装

### 1. 室外沼气管道安装

室外沼气管道安装涉及的影响因素很多，如地形的影响、居民区的影响、道路的影响等，敷设方式通常是埋地或架空，管道安装完成后不易检查维护，所以必须保证管道安装的安全性、使用的可靠性。

对于埋地沼气管道，由于沼气管道的气体压力较低且含有水蒸气，如果地下沼气管道的地基发生不均匀沉降会导致管道积水，管路不通。所以，地下沼气管道的地基宜为原土层，凡可能引起管道不均匀沉降的地段，其基础应进行处理，沼气管道要埋设在土壤冰冻线以下，并且管道要有一定的坡度，一般不小于0.003，坡向凝水器。对于地下沼气管道埋设，为了保护管道不被损坏，对不同的埋设区域都有最小覆土厚度（路面至管顶）的要求，当不能满足这些要求时，应采取行之有效的安全防护措施，例如，增加套管。

环境沼气管道应符合以下要求：

①埋设在车行道下时，不得小于0.9 m。

②埋设在非机动车车道（含人行道）下时，不得小于0.6 m。

③埋设在机动车不可能到达的地方时，不得小于0.3 m。

④埋设在水田下时，不得小于0.8 m。

为了避免地下管道敷设影响建（构）筑物基础的稳固性，以及建筑物的沉降损坏沼气管道，引发安全事故，地下沼气管道的敷设不得从建筑物和大型构筑物（不包括架空的建筑物和大型构筑物）的下面穿越。

由于沼气渗透性较强，一旦泄露容易引发安全事故，所以沼气管道不得在堆积易燃、易爆材料和具有腐蚀性液体的场地下面穿越，并不宜与其他管道或电缆同沟敷设，当需要同沟敷设时，必须采取防护措施。地下沼气管道穿过排水管（沟）、热力管沟、联合地沟、隧道及其他各种用途沟槽内时，应将沼气管道敷设于套管内。套管伸出构筑物外壁不应小于沼气管道与该构筑物的水平净距，套管两端应采用柔性的防腐、防水材料密封。沼气管道穿越铁路、高速公路、电车轨道和城镇主要干道时应符合下列要求。

沼气管道宜垂直穿越铁路、高速公路、电车轨道和城镇主要干道。

穿越铁路和高速公路的沼气管道，应加套管。套管埋设的深度：铁路轨底至套管顶不应小于1.20 m，并应符合铁路管理部门的要求；套管宜采用钢管或钢筋混凝土管；套管内径比沼气管道外径大100 mm以上；套管两端与沼气管的间隙应采用柔性的防腐、防水材料密封，其一端应装设检漏管；套管端部距路堤坡脚外距离不应小于2.0 m。当沼气管道采用定向钻穿越并取得铁路或高速公路部门同意时，可不加套管。

沼气管道穿越电车轨道和城镇主要干道时宜敷设在套管或地沟内。套管或地沟应符合：套管内径应比沼气管道外径大100 mm以上，套管或地沟两端应密封，在重要地段的套管或地沟端部宜安装检漏管；套管端部距电车道边轨不应小于2.0 m；距道路边缘不应小于1.0 m。

沼气管道通过河流时，可采用管桥跨越的形式或利用道路桥梁跨越河流。当沼气管道随桥梁敷设或采用管桥跨越河流时，必须采取安全防护措施。敷设于桥梁上的沼气管道应采用加厚的无缝钢管或焊接钢管，尽量减少焊缝，对焊缝进行100%无损探伤。跨越通航河流的沼气管道底标高，应符合通航净空的要求，管架外侧应设置护桩。在确定管道位置时，与随桥敷设的其他管道的间距应符合现行国家标准《工业企业煤气安全规程》（GB 6222）支架敷管的有关规定。管道应设置必要的补偿和减震措施。对管道应做较高等级的防腐保护。对于采用阴极保护的埋地钢管与随桥管道之间应设置绝缘装置。跨越河流的沼气管道的支座（架）应采用不燃烧材料制作。穿越或跨越重要河流的沼气管道，在河流两岸均应设置阀门。

对于室外架空的沼气管道，可沿耐火等级不低于二级的住宅或公共建筑的外墙或支柱敷设。在避雷保护范围以外的屋面上的沼气管道和高层建筑沿外墙架设的沼气管道，采用焊接钢管或无缝钢管时其管壁厚均不得小于4 mm。沿建筑物外墙敷设的沼气管道距住宅或公共建筑物门、窗洞口的净距：中压管道不应小于0.5 m，低压管道不应小于0.3 m。沼气管道距生产厂房建筑物门、窗洞口的净距不限。

**2. 室内沼气管道安装**

室内沼气管道首选钢管，也可选用铝塑复合管和连接用软管。沼气管道进入室内直到户内的计量装置（沼气流量表）前必须采用钢管。引入室内的沼气管道最小公称直径不应小于20 mm，沼气引入管阀门宜设在建筑物内，对重要用户还应在室外另设阀门。

低压沼气管道和中压沼气管道的压力小于或等于0.4 MPa时，通常选用热镀锌钢管（热浸镀锌），中压沼气管道沼气也可选用无缝钢管。选用热镀锌钢管时，低压采用普通管，中压应采用加厚管。选用无缝钢管时，其壁厚不得小于3 mm，用于引入管时不得小于3.5 mm。钢管公称直径大于DN100时，通常采用焊接的连接方式，不宜选用螺纹连接。螺纹连接密封采用聚四氟乙烯生料带、尼龙密封绳等。管道公称压力0.01≤PN≤0.2MPa时，管件可选用可锻铸铁螺纹管件；管道公称压力0.01≤PN≤0.2MPa时，管件选用钢或铜合金螺纹管件。

采用铝塑复合管时，环境温度不应高于60 ℃，工作压力应小于10 kPa，在户内的计量装置（沼气表）后安装。铝塑复合管管材质量应符合现行国家标准《铝塑复合压力管第1部分：铝管搭接焊式铝塑管》（GB/T 18997.1）或《铝塑复合压力管第2部分：铝管对接焊式铝塑管》（GB/T 18997.2）的规定。管道采用卡套式管件或承插式管件机械连接，卡套式管件应符合国家现行标准《卡套式管接头》（GB/T 3733-3765）和《铝塑复合管用卡压式管件》（CJ/T 190）的规定，承插式管件应符合国家现行标准《承插式管接头》（CJ/T 110）的规定。安装时必须对铝塑复合管材进行防机械损伤、防紫外伤害及防热保护。

沼气软管质量应符合国家现行标准《家用煤气软管》（HG 2486）或《燃气用具连接用不锈钢波纹软管》（CJ/T 197）的规定。软管不得穿墙、天花板、地面、窗和门，主要用于连接沼气用具或移动式用具，其长度不应超过2 m，并不得有接口，最高允许工作压力不应小于设计压力的4倍。软管与管道、燃具的连接处应采用压紧螺帽（锁母）或管卡（喉箍）固定。在软管的上游与硬管的连接处应设阀门。

室内沼气管道的安装，宜沿房屋外墙地面上穿墙入室，在室外露明管段的上端弯曲处加不小于DN20清扫用三通和丝堵，并做防腐处理。沼气管道穿过承重墙、地板或楼板时必须加钢套管，套管内沼气管道不得有接头，套管与承重墙、地板或楼板之间的间隙应填实，套管与沼气管道之间的间隙应采用柔性防腐、防水材料密封。沿墙、柱、楼板和加热设备构件上明设的沼气管道应采用管支架、管卡或吊卡固定，管支架、管卡、吊卡等固定件的安装不应妨碍管道的自由膨胀和收缩。

沼气管道也可埋地穿过建筑物外墙或基础引入室内，当管道穿过墙或基础进入建筑物后应在短距离内伸出室内地面，不得在室内地面下水平敷设。沼气管道穿过建筑物基础、墙或管沟时，要设置在套管中，并应考虑沉降的影响，必要时应采取补偿措施。套管与基础、墙或管沟等之间的间隙应填实，其厚度应为被穿过结构的整个厚度。套管与沼气引入管之间的间隙应采用柔性防腐、防水材料密封。建筑物设计沉降量大于50 mm时，要对沼气引入管采取补偿措施：加大引入管穿墙处的预留洞尺寸；引入管穿墙前水平或垂直弯曲两次以上；引入管穿墙前设置金属柔性管或波纹补偿器。

室内沼气管道不得敷设在卧室、卫生间、易燃或易爆品的仓库、有腐蚀性介质的房间、配电间、变电室、不使用沼气的空调机房、通风机房、计算机房、电缆沟、暖气沟、烟道、进风道、垃圾道等地方，宜设在厨房、走廊、与厨房相连的封闭阳台内（寒冷地区输送沼气时阳台应封闭）等便于检修的非居住房间内。当确有困难时，可从楼梯间引入，但应采用金属管道，且引入的管阀门宜设在室外。

室内沼气管道包括水平干管、立管和水平支管都宜明设，当建筑设计有特殊美观要求时可敷设在能安全操作、通风良好和检修方便的吊顶内。当吊顶内设有可能产生明火的电气设备或空调回风管时，宜设在与吊顶底部水平的独立密封U形管槽内，管槽底宜采用可卸式活动百叶或带孔板。

室内沼气水平干管不宜穿过建筑物的沉降缝，不得暗埋在地下土层或地面混凝土层内。水平干管安装还要考虑工作环境温度下的极限变形，当自然补偿不能满足要求时，应设置补偿器，补偿器采用Ⅱ形或波纹管形，不得采用填料型。

室内沼气立管穿过通风不良的吊顶时应设在套管内。立管设在便于安装和检修的管道竖井内时，可与空气、惰性气体、上下水、热力管道等设在一个公用竖井内，但不得与电线、电气设备或氧气管、进风管、回风管、排气管、排烟管、垃圾道等共用一个竖井。竖井内的沼气立管应尽量不设或少设阀门等附件，沼气管道应涂黄色防腐识别漆，管道的最高压力不得大于0.2 MPa。

对于公共建筑，通常有建筑美观的要求，其沼气管道安装一般都比较隐蔽，当沼气管道敷设在地下室、半地下室、设备层和地上密闭房间（包括地上无窗或窗仅用作采光的密闭房间）时，净高不宜小于2.2 m，当沼气管道与其他管道平行敷设时，应敷设在其他管道的外侧，地下室内沼气管道末端应设放散管，并应引出地上，放散管的出口位置应保证吹扫放散时的安全和卫生要求。

公共建筑的沼气立管应有承受自重和热伸缩推力的固定支架和活动支架。当沼气立管设在便于安装和检修的管道竖井内时，在竖井内应每隔两三层做相当于楼板耐火极限的不燃烧体进行防火分隔，且应采取保证平时竖井内自然通风和火灾时防止产生“烟囱”作用的措施，每隔四五层设一个沼气浓度检测报警器，上、下两个报警器的高度差不应大于20 m。

沼气支管敷设在起居室（厅）、走道内时不宜有接头。当穿过卫生间、阁楼或壁柜时，应采用焊接连接（金属软管不得有接头），并应设在钢套管内。如果室内沼气支管需要暗封，暗封的沼气支管应设在不受外力冲击和暖气烘烤的部位，暗封部位应可拆卸，检修方便，并应通风良好。如果室内沼气支管需要暗埋，暗埋部分不宜有接头，且要有防腐蚀措施，暗埋的管道须与其他金属管道或部件绝缘，暗埋的柔性管道采用钢盖板保护，暗埋管道必须在气密性试验合格后覆盖，覆盖层厚度不小于10 mm。

公共建筑室内沼气支管暗封在墙上的管槽内时，管槽应设检修门和通风口，暗封在管沟内时，管沟应设盖板并填充干沙，当暗封沼气管道的管沟和其他管沟相交时，管沟之间应密封，沼气管道应加套管。公共建筑室内沼气支管不得暗封在可能渗入腐蚀性介质的管沟内。

室内沼气管道的下列部位应设置阀门：沼气引入管；沼气表前；沼气用具前；测压计前；放散管起点。室内沼气管道阀门宜采用球阀。

## 六、居民生活用气

居民生活用沼气涉及的设备包括燃气表、沼气灶、沼气热水器。这些设备都是使用低压沼气，设备进气端的沼气压力要控制在0.75 $P_n$～1.5 $P_n$的范围内（$P_n$为燃具的额定压力）。我国对居民生活用燃具的选用和安装，都有相应的规定，居民生活用燃具的选用应符合现行国家标准《燃气燃烧器具安全技术条件》（GB 16914）的规定。

**1. 用气设备及安装**

由于沼气和天然气、液化石油气等在成分上有所差异，除燃气表可以通用以外，燃烧设备不能通用，但这些设备的安装要符合国家现行标准《家用燃气燃烧器具安装及验收规程》（CJJ 12）的规定。几种用气设备具体要求如下。

（1）燃气表

家用燃气表通常为膜式结构。膜式燃气表属于一种容积式机械仪表，膜片运动的推动力依靠燃气表进出口处的气体压力差。在压力差的作用下，膜片产生不断的交替运动，从而把充满计量室内的燃气不断地分隔成单个的计量体积（循环体积）排向出口，再通过机械传动机构与计数器相连，实行对单个计量体积的计数和单个计量体积量的运算传递，从而可测得（计量）流通的燃气总量。

燃气表能达到标准规定的技术指标要求的最大流量叫燃气表的容量。制造厂商根据用户各种要求按标准生产不同容量规格的燃气表。一般来说，不可能生产出一种规格燃气表而能适应各种使用要求。例如，J1-6C型燃气表其公称流量为1.6 $m^3/h$，最大额定流量为2.5 $m^3/h$。这样的燃气表就不可能满足一个大企业、饭店的使用要求。燃气表在超容量、超出允许条件情况下使用，就不能保证实现其功能。容量的选取应根据最大耗气量来决定，正常使用的燃气表容量的选择应该在燃气表额定流量的20%～70%范围内。计算最大容量时不仅要看到当前，还要考虑到今后燃气用途的发展，例如，不仅要满足当前燃气灶、热水器耗气量的要求，还要考虑到燃气烤箱、燃气壁挂炉等使用的可能性。

燃气表应安装在不燃或难燃结构室内通风良好和便于查表、检修的地方。严禁安装在以下地方：卧室、浴室、更衣室及厕所内；有电源、电器开关及其他电器设备的管道井内，或有可能滞留泄露沼气的隐蔽场所；环境温度高于45 ℃的地方；经常潮湿的地方；堆放易燃、易腐蚀或有放射性物质等危险的地方。

燃气表应垂直安装，不得有明显倾斜现象。燃气表高位安装时，表底距地面不小于1.4 m；燃气表低位安装时，表底距地面不得小于0.1 m；燃气表装于燃气灶具上方时，燃气表与燃气灶具水平净距不得小于0.3 m。

（2）沼气灶

沼气灶是指以沼气为燃料进行直火加热的厨房用具，按燃烧器头数可分为单头（单眼）灶、双头（双眼）灶、多头（多眼）灶；按点火及控制方式可分为压电陶瓷沼气灶、电脉冲电子打火沼气灶、带熄火保护装置沼气灶等。

沼气灶使用时会产生明火，一旦燃气泄漏，可能会引起火灾、爆炸等安全事故，部分沼气灶产品使用了交流电，还可能产生电击事故，因此对沼气灶的安全性能要求很高。在安全上，沼气灶的选用要考虑以下几个方面。

1）气密性。沼气灶一旦出现泄漏，会引起爆炸、火灾等事故，造成人身伤亡和财产损失。因此国家标准对泄漏量的要求十分严格，规定从沼气入口到阀门，漏气量不大于0.07 L/h，自动控制阀门的漏气量不大于0.55 L/h，同时从沼气入口到燃烧器火孔无燃气泄漏。

2）烟气中一氧化碳的浓度。沼气燃烧会产生一氧化碳和二氧化碳等废气，其中一氧化碳具有剧毒，且中毒不易被察觉。沼气灶的燃烧废气多数直接排放在厨房中，不能即时排至室外。烟气中一氧化碳浓度过高，会造成潜在危险，国家标准规定干烟中一氧化碳体积百分比不大于0.05%。

3）熄火保护装置。沼气灶可能会出现因溢汤、风吹等造成的意外熄火情况，如果没有控制措施，沼气会大量泄漏，其后果十分严重。为防止泄漏，沼气灶必须加装熄火保护装置，熄火保护装置一般有热电式和离子感应两种控制方式。

4）电气安全性能。部分沼气灶具因功能多元化和控制的智能化使用了交流电，而沼气灶多用在湿热的厨房环境，因此对此类灶除了在燃气方面的安全要求外，还有对其电气安全性能的严格要求，要有防触电保护措施、可靠的接地措施、较大的绝缘电阻、较小的泄漏电流和足够耐电压强度，以保证此类灶的使用安全。

沼气灶的选择，除了安全方面的考虑，还要考虑其热工性能指标。①热负荷即加热功率，该项目是燃气灶最主要的热工性能指标之一。热负荷的高低由产品结构和燃气燃烧系统决定。一般灶的热负荷在3～5 kW，国家标准规定双眼或多眼灶有一个主火，主火折算热负荷：红外线型不小于3 kW，其他类型不小于3.5 kW，同时规定实测折算热负荷与标称值的偏差不超过10%。②热效率是指沼气灶热能利用的效率，是衡量沼气灶热工性能最重要的指标，嵌入式灶热效率的总体水平比台式灶低，嵌入式灶热效率不低于50%，台式灶热效率不低于55%。

沼气灶应安装在有自然通风和自然采光的厨房内。利用卧室的套间（厅）或利用与卧室连接的走廊作厨房时，厨房应设门并与卧室隔开。安装沼气灶的房间净高不宜低于2.2 m。沼气灶与墙面的净距不小于10 cm。当墙面为可燃或易燃材料时，应加防火隔热板。沼气灶的灶面边缘距木质家具的净距不得小于20 cm，当达不到时，应加防火隔热板。放置沼气灶的灶台应采用不燃烧材料，当采用易燃材料时，应加防火隔热板。

（3）沼气热水器

沼气热水器与普通的燃气热水器在结构上基本相同，工作原理是冷水进入热水器，流经水气联动阀体，在流动水的一定压力差值作用下，推动水气联动阀门，并同时推动直流电源微动开关将电源接通并启动脉冲点火器，与此同时打开沼气输气电磁阀门，通过脉冲点火器自动再次点火，直到点火成功进入正常工作状态为止，此过程约连续维持5～10 s。

当热水器在工作过程或点火过程出现缺水或水压不足、缺电、缺沼气、热水温度过高、意外吹熄火等故障现象时，脉冲点火器将通过检测感应针反馈的信号，自动切断电源，沼气输气电磁阀门在无电供给的情况下立刻恢复原来的常闭状态，也就是切断沼气通路，防止沼气继续流出，且不能自动重新开启，除非人为地排除以上故障后再重新启动沼气热水器，方能正常工作。

沼气热水器应安装在通风良好的非居住房间、过道或阳台内，在可燃或易燃烧的墙壁上安装热水器时，要采取有效的防火隔热措施。热水器的排气筒宜采用金属管道连接。

**2. 用气设备排烟**

沼气燃烧所产生的烟气必须排到室外。设有直排式燃具的室内容积热负荷指标超过207 W/m³时，必须设置有效的排气装置将烟气排至室外。

**3. 用气设备的电气系统**

用气设备的电气系统和建筑物电线、包括地线之间的电气连接要符合国家有关电气规范的规定。电点火、燃烧器控制器和电气通风装置，在电源中断情况下或电源重新恢复时，不应使用气设备出现不安全工作状况。自动操作的主燃气控制阀、自动点火器、室温恒温器、极限控制器或其他电气装置（这些都和用气设备一起使用）使用的电路应符合随设备供给的接线图的规定，使用电气控制器的所有沼气应用设备，应当让控制器连接到永久带电的电路上，不能使用照明开关控制的电路。

## 七、公共建筑（商业）用气

### 1. 用气设备安装

（1）一般要求

用气设备应安装在通风良好的专用房间内，不应设置在兼做卧室的警卫室、值班室、人防工程等处，不应安装在使用、搬送或配送可燃液体的区域。当用气设备安装在靠近车辆或设备穿行的地点时，应安装防止用气设备受损的护栏或挡板。用气设备之间及设备与墙面之间的净距应满足操作和检修的要求，用气设备与易燃或可燃的墙壁、地板、家具之间应采取有效的防火隔热措施。

当用气设备设置的专用房间为地下室、半地下室或地上密闭房间（包括地上无窗或窗仅用作采光的密闭房间）时应符合以下要求：沼气引入管上应设球阀等手动快速切断阀和紧急自动切断阀，紧急自动切断阀在停电时必须处于关闭状态（常开型）；用气设备应有熄火保护装置；用气房间应设沼气浓度检测报警器，并由管理室集中监控和控制；应设置机械送排风系统，并应有独立的事故机械通风设施，事故机械通风设施正常工作时换气次数不应小于6次/h，事故通风时换气次数不应小于10次/h。

当用气设备安装在屋顶时，设备应能承受安装地区气候条件的影响。设备的连接件、紧固件等应为耐腐蚀材料制造；有1.8 m宽的操作距离和1.1 m高的护栏；有可靠的电源断开装置和接地装置；屋面有水时应能安全维护设备。

（2）用气设备及安装

公共建筑（商业）用气和居民生活用气有较大区别，公共建筑由于其混合功能的性质，如商场、公司、宾馆、餐厅等，人流量很大，用气量大，沼气的使用主要集中在餐厅的炉灶和宾馆的常压燃气热水锅炉、直燃型冷热水机组等设备。

目前市场上主流的商用燃气表有两种：一种为传统式的机械式膜式燃气表；另一种为电子式膜式燃气表。机械式膜式燃气表是通过内部的机械结构，根据使用的气量进行加操作，每使用一个单位，滚轮计数加一，最终实现气量计量记录。机械式膜式燃气表技术成熟、计量可靠、质量稳定，但其结构复杂、体积大、人工抄表花费大。电子式膜式燃气表是在传统机械式基础上进行改进，增加了电子计量方式、显示功能、预付费和远程抄表功能，实现了半电子化、计量可靠，有效解决了人工抄表的问题。

大锅灶是商用厨房设备中餐灶的一种。大锅灶一般可以分为两种：燃气大锅灶和电磁大锅灶。燃气大锅灶火苗在炉膛向四周传递、火力均匀、节能、高效，通常使用80 cm以上直径的大锅，主要用于大型食堂。目前市场上商用厨房设备大锅灶，一般节能达35%以上。

常压燃气热水锅炉是热水锅炉的一种，以燃气（如天然气、液化石油气、城市煤气、沼气等）为燃料，通过燃烧器对水加热，实现供暖和提供生活、洗浴用热水，锅炉智能化程度高、加热快、低噪声、无灰尘。常压燃气热水锅炉由3个系统组成。

水系统。自来水从冷水管进入，冷水管上设有冷水电磁阀、单向阀、闸阀和旁通闸阀。冷水电磁阀的作用是自动控制冷水进入，当冷水电磁阀打开时，冷水经过管道进入燃气锅炉，当冷水电磁阀关闭时，管道被截止，冷水停止流动。单向阀的作用是防止热水倒流和冷水混合。旁通闸阀是当冷水电磁阀失灵时，作为临时进冷水的备用通道。

燃气通道系统。燃气通道设有压力表、球阀、过滤器、减压阀、流量计、燃烧机阀组等。燃气作为燃烧机的燃料，燃料在燃气锅炉的炉胆内燃烧，高温烟气沿炉胆向后先经回燃室进入第一烟道管束，再经压迫式前烟箱转折180°进入第二烟道管束，最后经过对流换热后进入尾部烟道，通过烟囱把烟气排到大气中。常压热水锅炉在本体上安装有与大气相通的排气管，不承受任何压力，这是它和高压锅炉的最大区别。当热水烧到设定的温度时，冷水电磁阀打开，利用冷水的压力把锅炉内烧好的热水通过上循环管压到保温水箱内。燃气锅炉内的热水流到保温水箱的同时，冷水从冷水管重新加注。保温水箱接有热水管道提供的热水，该管上装有热水电磁阀，作用是按时间选择性地向用户供热水。电磁阀旁边的旁通闸阀可以跳过热水电磁阀直接接通管道作为长期供水。保温水箱上装有液位探头，当水箱的水装满以后锅炉自动停止烧水。水箱内装有温度探头，当水温下降到设定温度的时候，通过下循环管的循环水泵把热水抽到锅炉内重新烧热。

电气控制系统。现在的燃气锅炉普遍采用自动控制系统，自动控制系统是整个燃气热水锅炉系统的控制中枢，用户通过自动控制系统来调节热水锅炉系统的运行。

锅炉热效率是代表锅炉热工特性的一项主要指标，指锅炉产生的蒸气或热水所具有的热量与同时间进入锅炉的燃料所拥有的物理热和化学热总热量的比值，用百分数表示。按标准规定，燃气锅炉的热效率应符合《小型锅炉和常压热水锅炉技术条件》（JB/T 7985—2012）、《工业锅炉热工性能试验规程》（GB/T 10180—2003）要求，不小于80%。

直燃型冷热水机组是通过燃油或燃气直接提供热能，制取5℃以上冷水和70℃以下热水的冷热水机组。它是由高压发生器、低压发生器、冷凝器、蒸发器、吸收器等主要设备组成的管壳式换热器的组合体，该设备属真空设备，始终处于负压状态下运行。

公共建筑（商业）用气设备最好采用低压燃气设备，设置专用调压装置调压后供应设备用气，并且应有可靠的排烟设施和通风设施，同时应设置火灾自动报警系统和自动灭火系统。燃烧器应是具有多种安全保护自动控制的机电一体化的燃具。

公共（商业）建筑用燃气表宜集中布置在单独房间内，当设有专用调压室时，与调压器同室。禁止安装在作为避难层及安全疏散楼梯间内。当使用加氧的富氧燃烧器或使用鼓风机向燃烧器供给空气时，应在燃气表后设置止回阀或泄压装置。燃气表的环境温度应高于0 ℃。

燃气大锅灶应有主动排出油烟的设施，大锅灶的炉膛和烟道必须设爆破门。

热水锅炉的安全限制控制器不能用作工作控制器（控制器专用），必须有低水位保护装置，当锅炉水位降至最低安全水位之下时，应能自动切断沼气供给。锅炉上应配置经有关部门批准的安全阀或泄压阀，其排放能力与设备相匹配，泄压阀与锅炉之间和泄压阀与大气之间的排放管上均不应设置阀门，泄压阀应用管道引至靠近地面排放，整个排放管道尺寸不小于泄压阀的尺寸。

直燃型冷热水机组通常安装在建筑物的地下一、二层，要求平整牢固，电气设备应有可靠的接地措施，烟道和烟囱应具有能够确保稳定燃烧所需的截面积结构，在工作温度下应有足够的强度，在烟道周围5 m以内不允许有可燃物，烟道绝不许从油库房及有易燃气体的房屋中穿过，排气口水平距离6m以内，不允许堆放易燃品。每台机组宜采用单独烟道，多台机组共用一个烟道时，每台机组的排烟口应设置风门。

**2. 用气设备排烟**

公共建筑（商业）的用气设备不能与使用固体燃料的设备共用一套排烟设施。每台用气设备宜采用单独烟道，当多台设备合用一个总烟道时，应保证排烟时互不影响。当从用气设备顶部排烟或设置排烟罩排烟时，其上部应有不小于0.3 m的垂直烟道方可接水平烟道。有防倒风排烟罩的用气设备不得设置烟道闸板，无防倒风排烟罩的用气设备，在至总烟道的每个支管上应设置闸板，闸板上应有直径大于15 mm的孔。

烟囱出口应有防止雨雪进入的装置，烟囱出口的排烟温度应高于烟气露点15 ℃以上，安装在低于0 ℃房间的金属烟道应做保温。

用气设备排烟设施的烟道抽力应满足：热负荷30 kW以下的用气设备，烟道抽力不应小于3 Pa；热负荷30 kW以上的用气设备，烟道抽力不应小于10 Pa。

当用气设备的烟囱伸出室外时，在任何情况下，烟囱应高出屋面0.6 m。当烟囱离屋脊小于1.5 m时（水平距离），应高出屋脊0.6 m。当烟囱离屋脊1.5～3.0 m时（水平距离），烟囱可与屋脊等高。当烟囱离屋脊的距离大于3.0 m时（水平距离），烟囱应在屋脊水平线下10° 的直线上。当烟囱的位置临近高层建筑时，烟囱应高出沿高层建筑物45° 的阴影线。

当有腐蚀或可燃烧的过程烟气或气体存在时，应有安全的处置设施。安装在美容店、理发店或其他正常使用能产生腐蚀性或可燃产物（如液化喷剂化学品）设施内的燃气用具，应设置在单独的或与其他区域分离的设备间内，供燃烧和稀释（通风）用的空气应从室外吸取，密闭式燃烧用具除外。

**3. 用气设备防爆**

用气设备的燃气总阀门与燃烧器阀门之间应设放散管。鼓风机和管道应设静电接地装置，接地电阻不大于100Ω。沼气管道上应安装低压和超压报警以及紧急自动切断装置。在容易积聚烟气的地方和封闭式炉膛，均应设泄爆装置，泄爆装置的泄压口应设在安全处。

**4. 用气设备电气系统**

公共建筑（商业）用气设备的电气系统参见居民生活用气设备对电气系统的要求。

## 第二节 沼气发电

沼气发电指用沼气替代汽油、柴油或天然气作为发动机的燃料，通过沼气燃烧带动发动机运行，由发动机驱动发电机发电，产生的电能输送给用电设备或并入电网。在沼气发电过程中，产生的余热可以回收用于沼气发酵过程升温保温，多余的热能可用于农场职工、周边居民取暖或输送至公用供热网。沼气发电是随着沼气工程的建设和沼气综合利用不断发展而出现的沼气利用方式，具有增效、节能、安全、环保等优点，是一种应用广泛的分布式高品位能源利用技术。发展分布式沼气发电，可有效缓解区域电网调峰的压力。

### 一、沼气发电机组

**1. 沼气发电原理及效率**

大多数沼气发电机组是将机组中原来以天然气、丙烷、柴油或汽油为燃料的内燃机改为燃用沼气。这种内燃机主要是四冲程发动机，可以直接或经过小幅改造后使用沼气作燃料。内燃机通过四冲程、高压点火、涡轮增压、中冷器、稀薄燃烧等技术，将沼气的化学能转换成机械能。主要原理是，经净化的沼气被引入内燃机进气管，在混合器内与空气混合后，通过燃气涡轮增压，经冷却器冷却后进入气缸内，经压缩后由火花塞或高压油点火，燃烧膨胀推动活塞做功，带动曲轴转动，驱使发电机送出电能。内燃机产生的废气经排气管、消音器、烟囱排到室外。沼气发电机组组成见图5-1。

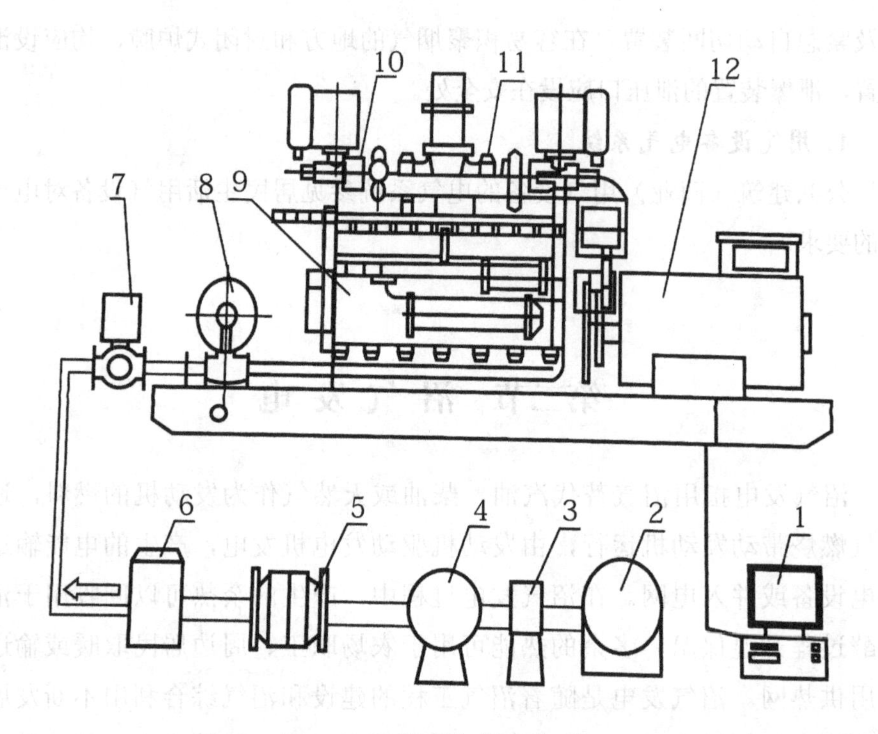


图5-1 沼气发电机组组成

1. 计算机监控系统；2. 抽风机；3. 过滤器；4. 稳压灌；5. 阻火器；6. 气水分离器；7. 调压阀；9. 发动机；10. 电控混合器；11. 涡轮增压器；12. 发电机

发动机每个工作循环由进气行程、压缩行程、做功行程和排气行程组成，四冲程发动机要完成一个工作循环，活塞在气缸内需要往返4个行程（即曲轴转2转）。

吸气行程，进气门打开，排气门关闭，活塞下行，将空气与沼气混合物吸入气缸。压缩行程，进、排气门同时关闭。活塞从下止点向上止点运动。活塞上移时，工作容积逐渐缩小，缸内混合气受压缩后压力和温度不断升高，混合气在上止点或附近被点火器点火。

做功行程，混合气被点燃后燃烧释放出大量的热能，使汽缸内气体的压力和温度迅速提高，高温高压的燃气推动活塞从上止点向下止点运动，并通过曲柄连杆机构对外输出机械能。

排气冲程，活塞从下止点向上止点运动，排气门开启，进气门仍然关闭。排气门开启时，燃烧后的废气一方面在汽缸内外压差作用下向缸外排出，另一方面通过活塞的排挤作用向缸外排气。

四冲程内燃机常见功率范围从几千瓦到10 MW，寿命大约60000 h，国外机组电效率35%～40%，也就是1 $m^3$沼气可发电2.0～2.3 kWh。电效率大于40%的四冲程内燃机通常装有同流换热器。沼气能转变成电能的量随发动机功率的增加而增加，从小机组的30%增加到大机组的40%。沼气能转变成热能的量为40%～50%，因此沼气发电机总效.率80%～85%。国产沼气发电机组，其发电效率大约为25%～30%，气耗率0.57～0.7 kWh/$m^3$，也就是1 $m^3$沼气可发电1.43～1.75 kWh。

沼气发电机的电效率通常随沼气中二氧化碳浓度增加而降低。由于甲烷燃烧速率较低，同时二氧化碳的存在也能减缓火焰传递速率，又能在发动机高温高压下工作时起到抑制爆燃的作用，因此沼气较其他可燃气体具有更好抗爆性。

**2. 沼气进气系统**

沼气进气系统是沼气发动机的关键系统之一，该系统的作用是向发动机提供一定空燃比的混合气体，以保证提供给各缸混合均匀且适量的可燃混合气体，混合气通过进气门进入燃烧室进行燃烧。内燃机所能发出的最大功率受到气缸内所能燃烧的燃料量限制，如果沼气与空气的混合气在进入气缸前得到压缩而使其密度增大，则同样的气缸工作容积可以容纳更多的混合燃气，得到更大的输出功率。为保证机组功率，一般采用增压水冷方案。

增压器与发动机的匹配直接关系到沼气发动机的燃烧特性和动力性，沼气发动机和燃油机组织燃烧不同，沼气发动机一般存在燃烧速率慢、后燃严重、排气温度高与热负荷大等问题。要求沼气内燃机上使用的增压器其涡轮叶片角度和材料能够适应这一要求，可采用水冷增压器，降低压缩过程中空气的温升，也可以使进气密度增加。沼气机组要求中冷器体积小、效率高、质量轻。

进气系统必须保持空燃比的恒定和适度，避免空燃比过大，引起熄火；也要避免空燃比过小，引起排温高及爆震。空燃比是影响燃气机燃烧性能的重要因素之一，燃气的温度、压力、成分的变化都会影响空燃比。为此必须有一种混合气的形成装置——混合器，它应确保在燃气的压力、成分变化时，保持空燃比的稳定，一般采用电控混合器技术。

3. 燃烧系统

燃烧系统关键点是确定几何压缩比和设计燃烧室的形状。

一般来说，压缩比愈大，在压缩行程结束时混合气的压力和温度就愈高，燃烧速率也愈快，因而发动机的功率愈大，经济性愈好。但压缩比过大时，不仅不能进一步改善燃烧情况，反而会出现爆燃、表面点火等不正常燃烧现象，又反过来影响发动机的性能。因此，确定合适的压缩比对燃气机性能来说至关重要。专门生产的沼气发动机压缩比一般为12左右。

燃烧室的形状直接影响混合气的着火性能和燃烧速率。针对沼气燃烧速度慢的特点，可以采用紊流型燃烧室，使燃烧室内产生强度很大的紊流和尺度很小的微涡团，提高沼气-空气混合气的燃烧速率，缩短快速燃烧期，改善燃烧性能。

4. 配气机构

配气机构的作用是将可燃气体及时充入气缸，并及时将燃烧后的废气从气缸中排走。对燃气发动机配气机构的要求是，一方面进入燃烧室的混合气充量尽可能多，尽可能扫除滞留在燃烧室内的残余废气，增加气缸内的新鲜充量；另一方面，由于燃气与空气的预混合，进入燃烧室的新鲜充量是可燃性气体，过多的扫气会造成燃料损失，甚至出现回火现象。因此，气门叠开期应保证足够新鲜充量进入气缸、新鲜充量不流入排气管。

5. 气体调节系统

若沼气发电机组独立运行，即以用电设备为负荷进行运转，用电设备的并入和卸载都会使发电机的负荷产生波动。为了确保发电机组正常运行，沼气发动机上的调速系统必不可少，沼气发动机的转速调节通过调整进气量来控制，而进气量的调整则是通过调整进气管路的阀门开度来实现。一般采用电子调速系统控制碟门开度，调速系统由转速传感器、速度控制器、执行器和驱动器组成，构成闭环的速度调节与控制系统，实现对混合气体进气量的控制。

6. 点火系统

沼气发电机按其压缩混合气体的点火方法有两种，分为由火花点火的单燃料沼气发动机和由压缩点火的双燃料发动机。

（1）火花点火式沼气发动机

由电火花将燃气和空气的混合气体点燃，其基本构造和点火装置均与汽油发动机相同。火花点火一般采用磁电机点火系统，工作时，磁电机内部的发电机对电容充电，当减速齿轮带动旋转的定时分配臂经触发线圈时，可控硅输出序列脉冲信号，经点火线圈升压后由火花塞完成各缸的点火。在热电联产沼气工程中，四冲程内燃机配有数字式点火器，采用高强度火花同步点火，持续点燃气缸内压缩混合气，降低废气排放，延长火花塞寿命。因为点火被微处理器控制，内燃机可以适应不同种类的气体和挥发性液体燃料。

单燃料沼气发动机的优点：不需要辅助燃料油及其供给设备；燃料为一个系统，在控制方面比双燃料发电机组简单。单燃料沼气发动机的缺点：如果沼气量供应不足，有时会使发电能力降低而达不到规定的输出功率。这种发动机适合大、中型沼气发电工程，已成为沼气发电的主流机组。

（2）压燃式沼气发动机

点火采用液体燃料，在压缩行程结束时，喷出少量柴油并由燃气的压缩热将油点着，利用其燃烧使混合气体点燃、爆发。而少量的柴油仅起引火作用。双燃料发动机采用压缩式点火方式。机内装有燃气供应系统、供气量控制装置和沼气-柴油转换装置。双燃料发动机首先由柴油启动，当负荷升高以后才转为主要以沼气为燃料运转。停车时，为了使供气管内、气缸内部不留存燃气，可先将沼气运转转换成柴油运转，然后再停车。双燃料发动机具有以下优点：用液体燃料或气体燃料都可工作；可调节柴油/沼气燃料比，当沼气不足甚至停气时，发动机仍能正常工作；如由气体燃料转为柴油燃料再停止工作，发电机组内不残留未燃烧的气体，耐腐蚀性好。双燃料发动机缺点：工作受到供给沼气的数量和质量的影响；用气体燃料工作时也需要液体辅助燃料；需要液体燃料供给设备；控制机构稍复杂。这种发动机适合小型沼气发电工程。

**7. 发电机**

发电机的作用是将发动机的机械能输出转变为电能。沼气发电机组中的发电机主要有三种形式：电励磁同步发电机、永磁同步发电机和异步发电机。永磁同步发电机结构简单、效益较高，但功率不大，且容易去磁以致不能发电。异步（感应）发电机结构简单，控制简单，但功率因数低，效率低，必须联网运行。电励磁同步发电机功率大、功率因数高，可控性能好，但控制复杂、结构复杂，既可联网运行，也可单独运行。基本上只有功率低于100 kW的发电机组使用异步发电机，因而同步发电机被普遍用于沼气工程。

## 二、沼气发电余热利用

沼气发电机组以沼气为燃料，首先是发动机将沼气燃烧产生的热能转化成动能输出，再由发电机将动能转化为电能。在这些转化过程中有能量损耗，损耗的能量部分通过发动机和发电机机体散失到空气中，部分由发动机缸套冷却水带出，部分由发动机尾气排放带走，烟气温度一般在450～550 ℃。如果回收利用这些损耗的能量，可以提高沼气发电的经济性。通过余热回收技术，可将燃气内燃机运转过程中缸套水和尾气排放的热量充分回收利用。发电机组的发动机缸套冷却水和尾气所含有的热量占沼气燃烧产生总热量的50%～60%，国外机组的余热回收设备效率为70%～80%，所以能够回收利用的热量可达沼气燃烧产生热量的35%～50%。余热可以用于工业过程、锅炉进水预热、房间加热、沼气发酵装置加热以及沼渣加工等。沼气发电的余热主要通过尾气热交换器回收。因为尾气排放温度较高（120～180 ℃），所以只有部分热可被回收，另一部分热以辐射形式损失。在回收发电余热时，发动机出水温度一般为90～130 ℃，回水温度通常为70～90 ℃。

沼气发动机的冷却与一般的汽油和柴油发动机一样，都用水冷却。为防止产生水垢，冷却水要用软水，有时还需添加防冻液。为此，通常把调制的水作为一次冷却水，在发动机内部循环，再用热交换器将热传到二次冷却水。此外，润滑油吸收的热也可以通过润滑油冷却器，传输到二次冷却水。板式换热器常用于提取冷却水系统中的热能，管壳式不锈钢列管式换热器常用于提取尾气中的余热。

一些国内外发电设备已将余热设备与发电机组集成一体，即换热装置在机组内部，而不用单独配置。出来的直接是热水，设备只需三个接口：进水接口、回水接口和沼气接口。设备可与热水锅炉并联连接。一体化沼气发电设备简化了系统，减少了设备，有利于运行维护，可节约用地，同时也减少了系统及工程总投资。

## 三、沼气发电并网系统

沼气发电机输出低压电力（如400 V），经过变压系统升至高电压电力（如10 kV）。在技术上可采取独立运行、区域内部并网的方式，必要时可与电网不间断切换；也可以采取与电力公司的配电系统并联（并网或上网）。发电机组可采用微机控制，形成完善的并网控制及保护功能，包括发动机自身的保护、自动负载跟踪调节、自动同步并网、逆功率保护等。

## 四、沼气发电对气质的要求

### 1. 沼气质量

利用沼气发电，首先要满足沼气发电机组对沼气质量的要求，《中大功率沼气发电机组》《沼气电站技术规范》对沼气质量的要求如下。

沼气低位发热值≥14 MJ/$Nm^3$，相当于沼气中甲烷体积分数不小于30%。沼气中甲烷在30s内的体积分数变化率不应超过2%，机组连续运行期间沼气中甲烷体积分数变化率不超过5%。沼气温度不高于50℃。

### 2. 沼气压力

沼气发电机组在距离机组燃气支管前1 m处的沼气压力不低于3 kPa，当供气压力低于3 kPa时，应配置气体增压设备。在沼气发电机组运行时，发动机允许的沼气压力波动一般要小于0.4 kPa/s。

### 3. 沼气用量

沼气发电机组的沼气用量应根据发电机组的效率和负荷确定，发电时沼气的供气量应相对稳定。在计算沼气使用量时，应不小于沼气发电机额定功率耗气量的1.2倍。供气系统应设有调节用气的设施和气体计量仪表。沼气发电机组连续运行时，储气装置容量应按照运行机组总额定功率大于3 h的用气量设计。沼气发电机组间歇运行时，储气装置容量应按照大于间断发电时间的沼气总量设计。

## 五、压缩装置

目前，从国外（如美国、加拿大、意大利、澳大利亚等）引进的压缩装置都为快装式（即撬装式），生物甲烷气的过滤、调压、压缩，必要的储气瓶、油系统、冷却系统和控制系统等都装在一个箱体内，称为小包厢（microbox），生产能力可从650 $m^3$/h至1350 $m^3$/h，大多采用美国Ariel压缩机，瑞士PLC自动控制系统和CPI公司的储气瓶。进口产品的优点是：安装方便，占地面积小，安全可靠，可实现全自动控制，甚至远程无线控制，价格也不算高，仅略高于国产设备。但引进一时还不易实现，主要存在一些资金政策和办事程序的问题，因此国产设备仍具有发展空间。

## 六、储气罐

在储气技术中，压缩天然气储存技术比较成熟，现已经实现工业化，广泛运用于车用燃气。存在的不足是：储气量小，续驶里程短；气体燃料的能量密度低，启动性能和动力性能较差；需要高压压缩（20～25 MPa），这就需要用昂贵的多级压缩机；要求使用的高压贮存容器为无缝容器，壁厚体重，制造工艺复杂，在此高压下使用存在一定的危险性。

## 七、加气站设计基本原则

在我国，压缩生物甲烷加气站必须遵守《城镇燃气设计规范》，压缩生物甲烷气可采用汽车载运气瓶组或气瓶车运输，也可采用船载运输。

加气站宜靠近气源，并应具有适宜的交通、供电、给水排水、通信及工程地质条件。站内应设置气瓶车固定车位，每个气瓶车的固定车位宽度不应小于4.5 m，长度宜为气瓶车长度，在固定车位场地上应标有各车位明显的边界线，每台车位宜对应1个加气嘴，在固定车位前应留有足够的回车场地。气瓶车应停靠在固定车位处，并应采取固定措施，在充气作业中严禁移动。气瓶车在固定车位最大储气总容积不应大于30000 $m^3$。加气柱宜设在固定车位附近，距固定车位2～3 m。加气柱距站内气储罐不应小于12 m，距围墙不应小于6 m，距压缩机室、调压室、计量室不应小于6 m，距燃气热水炉室不应小于12 m。加气站的设计规模应根据用户的需求量与生物甲烷气源的稳定供气能力确定。

压缩生物甲烷系统的设计压力应根据工艺条件确定，且不应小于该系统最高工作压力的1.1倍。向储配站和供气站运送压缩生物甲烷的气瓶车和气瓶组，在充装温度为20 ℃时，充装压力不应大于20.0 MPa（表压）。生物甲烷压缩机应根据进站生物甲烷压力、脱水工艺及设计规模进行选型，型号宜选择一致，并应有备用机组。压缩机排气压力不应大于25.0 MPa（表压）；多台并联运行的压缩机单台排气量，应按公称容积流量的80%～85%进行计算。压缩机动力宜选用电动机，也可选用燃气发动机。

压缩机应根据环境和气候条件露天设置或设置于单层建筑物内，也可采用橇装设备。压缩机宜单排布置，压缩机室主要通道宽度不宜小于1.5 m。压缩机前总管中气体流速不宜大于15 m/s。压缩机进口管道上应设置手动和电动（或气动）控制阀门。压缩机出口管道上应设置安全阀、止回阀和手动切断阀。出口安全阀的泄放能力不应小于压缩机的安全泄放量；安全阀放散管管口应高出建筑物2 m以上，且距地面不应小于5 m。

压缩生物甲烷气管道应采用高压无缝钢管。压缩生物甲烷气系统的管道、管件、设备与阀门的设计压力或压力级别不应小于系统的设计压力，其材质应与生物甲烷气介质相适应。加气柱和卸气柱的加气、卸气软管应采用耐腐蚀的气体承压软管；软管的长度不应大于6.0 m，有效作用半径不应小于2.5 m。室外压缩生物甲烷气管道宜采用埋地敷设，其管顶距地面的埋深不应示于0.6 m，冰冻地区应敷设在冰冻线以下。室内压缩生物甲烷气管道宜采用管沟敷设。管底与管沟底的净距不应小于0.2 m。管沟应用干砂填充，并应设活动门与通风口。

## 第三节 注入天然气管网

### 一、沼气注入天然气管网的气质要求

尽管沼气和天然气的主要可燃组分都是甲烷，但是两者在甲烷、二氧化碳、硫化氢含量以及热值、密度、华白数等方面均存在较大差异，因此沼气不能直接注入市政天然气管网，替代天然气。而沼气经净化提纯后得到的

生物甲烷，其性能与化石燃料天然气几乎没有差异，只要达到天然气技术指标，便可直接注入天然气管网。

在德国，天然气的运输、储存和消费等规范主要参照DVGW（德国科学与技术协会下属的空气与水检测部门）发布的技术守则和标准，其中生物甲烷注入天然气管网主要遵守其中的G260和G262。在整个过程中气体质量由沼气供应商负责达到H形（高热值天然气）和L形（低热值天然气）质量标准，而不同气体燃烧特性的兼容性问题由管网运行商负责。另外，当生物甲烷并入超大跨区域管网时，还必须遵守DIN（德国标准化学会）的相关标准。

## 二、沼气提纯注入天然气管网

沼气入网设施需要根据当地天然气管网类型、天然气特性和沼气提纯程度因地制宜。在德国，首先要根据管网类型进行初步设计，管网类型主要包括局域分布式气网（低压：3～10 kPa）、区域气网（中压：400～1600 kPa）和跨区域气网（高压：3200～12000 kPa）。然后根据标准DVGWVP265中的要求，设计所需的标准部件，主要包括压力调整、过程控制、安全监督、气体质量监控、流量控制、热值调整、数据监控、管网连接和加臭等装置。下面就几个主要的环节所涉及的方法和设备进行简要介绍。

压缩装置需要根据管网的输送压力和进口压力进行选择，需要的压力越大，能耗便越大。需要注意的是，根据DVGWG260，生物甲烷不应含有油和灰尘，而压缩机使用的润滑油可能会污染生物甲烷，因此在选择时，应尽量选择不使用润滑油的压缩机，当然随之带来的机器损耗和气体损失也会随之上升。另外，也可根据初始压力、所需压力和流速来进行压缩机类型的选择。当流速较低时，可以选择螺杆式或活塞式压缩机。当生物甲烷注入高压管网时，往往需要采用两级压缩，螺杆压缩机作为一级压缩，而活塞式压缩机作为二级压缩。通常当生物甲烷注入低压气网时，还需要进行气体的压力测量和调节，从而降低入网压力的波动幅度，使其达到一个统一的低压传输压力。

要达到标准所规定的气体质量，气体组分监控特别是燃烧特性的监控必不可少。监控的项目主要包括：甲烷、二氧化碳、氧气、氮气、氢气、热值、华白数、密度、水露点和烃露点等。监测方法主要包括气相色谱仪法和燃烧量热法。气相色谱法主要用于测量非连续状况下的气体组分，从而获得热值和密度等燃烧特性。而燃烧量热法可以通过一定体积气体的燃烧直接获得热值等燃烧特性。除了上述两者标准方法外，非色散红外分析法、离线的电化传感器、浮力或变压吸附法等也是常用的监测方法。

当生物甲烷注入H形气网（高热值天然气输送管网）时，需要加液化石油气调高热值；而当生物甲烷注入L形气网（低热值天然气输送管网）时，则需要加入空气以降低热值。液化石油气调节装置主要包括进料器、测量计、调节装置和液化石油气储存器。空气调节装置主要包括气体混合器、空气压缩机、测量计和调节装置。通常液化石油气加入量取决于沼气中二氧化碳的分离程度，若注入的生物甲烷比例较低，则不需要进行热值调整，直接加一个混合器注入管网即可。

根据DVGWG260和G262，沼气可作为补充气源或添加气源注入燃气管网，当作为补充气源时，沼气的燃烧特性必须与局域分布气网基准气的燃烧特性相一致，气体组分也仅允许些许差别。当作为添加气源时，沼气的燃烧特性和气体组分均可以在规定的范围内与天然气存在差别。法规G685规定，客户终端的热值与规定的标准热值间最大偏差为2%。因此，天然气管网气体流速和沼气的燃烧特性共同决定了沼气注入的量。根据DVGW相关规定，可以通过以下几种方法进行气体间的互换：采用液化石油气进行热值调整；基于计算机的热值重构；以一定的热值对气网进行分区；以补充气源或添加气源形式注入。

采用液化石油气调整生物甲烷的热值，以达到燃气管网入网标准，是法规DVG-WG685规定的标准方法。当然，除了调整热值外，还需要调整华白数和相对密度等燃烧特性以达到管网要求。根据DIN51622标准，通常用于热值调整的液化石油气中丙烷和丁烷应该分别占95%和5%，同时该标准还规定了硫、烯烴以及其他微量元素的含量。另外，若要应用于发动机，甲烷含量也很重要，通常甲烷含量至少要高于70%。在管网输送过程中，二氧化碳的冷凝是一个潜在的安全隐患，因此二氧化碳含量也是在液化石油气调整过程中需要考虑的。德国各地区的热值标准和纯化沼气甲烷含量与液化石油气添加量的比例如图5-2所示。

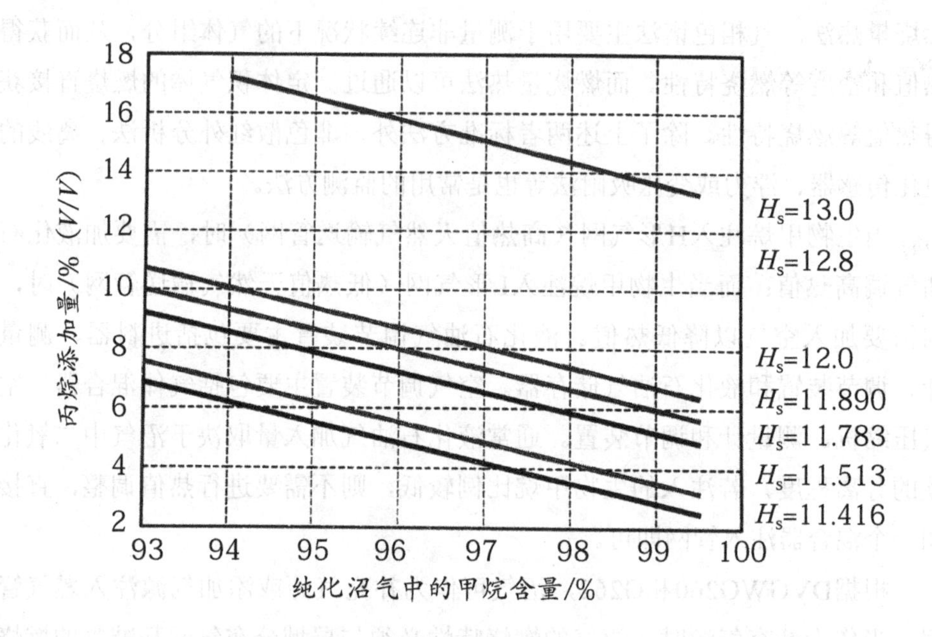


图5-2 热值调整时液化石油气与沼气混合比例

（Hs：热值，单位为kWh/m$^3$；11.416～11.513 kWh/m$^3$和11.783～11.89 kWh/m$^3$分别为德国南部和背部的H气热值标准；12.8 kWh/m$^3$和13.0 kWh/m$^3$分别为北部和总体H气热值上限）

尽管添加液化石油气调整热值的方法已被广泛使用，但是其成本较高，因此许多生产商不得不另辟蹊径。基于计算机的热值重构法可降低热值调整过程中的投资成本，避免液化石油气添加带来的运行成本。基于计算机的热值重构系统是一种数学模型，它可以为整个管网系统，包括管道、闸阀、入气口等部件构建动态图像，然后根据测量点的压力、气体质量和体积等参数在管网内不同的点设计不同的气体流速、气体质量和混合度。但是，只有当重构所需参数齐全时，该方法才可行，包括整个管网注入和输出的气体体积、监测系统获得的压力参数、每个入网点的气体组分、所有闸阀的位置、减压器和压缩器的操作模式，以及管网系统的其他信息。该方法经常用于超大跨区域管网或区域管网等气体进口和出口较少的管网类型。对于低压分布式管网，由于管网连接点的反混、回流等现象很难用数学模型模拟，因此应用较困难。

在应用过程中，往往几个地区的分布式管网通过固定热值的形式形成区域管网。例如，区域管网可以以分布式管网的平均水平对并网的生物甲烷燃烧特性进行定义，只要根据DVG-WG685所规定的生物甲烷热值便可算出客户终端的热值，从而无需液化石油气的添加。但是，此方法也存在缺陷，由于分布式管网中冬天和夏天流量波动较大，从而精确的模拟和计算较困难。

当生物甲烷作为添加气源注入管网时，其燃烧特性和组分均可不同于管网基准气，但是它的注入量是非常有限的，往往由下游混合气所需燃烧特性而定。通常基准气体的体积流速越大，所允许的生物甲烷与基准气的热值偏差也越大。因此该方法常用于超大跨区域输送管网。该方法的管网连接成本和运行成本低廉，但是必须注意入网过程中产生的反混和回流。

### 三、沼气不经提纯注入管网

尽管沼气提纯并入天然气管网已在欧洲国家得到广泛应用，但是沼气除碳成本依然较高，有些地方并不适宜提纯后并网。因此，一些研究者便提出了“沼气+其他燃气”混合注入管网的研究。该方法与上述热值调整中的液化石油气调整法具有较大的相似性，只是上述方法中，沼气已经脱碳等提纯处理，调整过程要简单许多。当沼气不经提纯时，其燃烧特性和组分与天然气差异较大，调控较困难。因此，尽管该方法在理论上可行，但目前尚处于研究阶段，未见大面积应用。

## 第四节　沼气与生态农业

### 一、沼气的能源利用

1.沼气启动农机发电

用沼气替代汽油、柴油等作为动力启动农用机械是由热能转化为机械能的过程，原料成本低，环境污染少。如将农用柴油机改装为沼气发动机，功率和性能都能很好地保持。

（1）沼气发动机的特点

沼气发电，即将柴油发动机改装成全燃沼气发动机或沼气-柴油混燃发动机，配套小型同步电机或异步电机。

沼气是一种具有较高热值的可燃气体，沼气的发热量每立方米可达23000 kJ，由于含大量的燃料，其抗爆性很好，因此可作为内燃机的燃料。同样工作容积的内燃机，在使用甲烷时可以获得不低于原机的功率。用内燃机燃烧沼气具有热效率高、对大气污染少（无烟、少灰）和节约化石液体燃料等优点，很适合在有沼气资源的地区推广使用。

沼气发动机一般是由煤气机、汽油机、柴油机改制而成，而煤气机也是由汽油机、柴油机改装的，所以从本质上讲，沼气发动机的原机是汽油机、柴油机。与这两种发动机相比，由沼气的燃烧特性决定沼气发动机有以下几个特点。

①压缩比。沼气是一种抗暴性很好的气体燃料，不会发生末端气体自燃现象，因此可保持原机的压缩比。

②进气系统。在空气滤清器之后，需加装一套沼气-空气混合器，以调节空燃比和混合器进气量，混合器应调节精确、灵敏。

③燃烧室。由于沼气中含有大量的二氧化碳，其燃烧速率很慢，对于燃烧过程的组织不利，因此应采用加快其燃烧速率的燃烧室。

④调速系统。沼气发动机的运行场合大都是以发电机组为负荷，所以调速系统必不可少。

⑤沼气脱硫装置。沼气中含有少量的硫化氢，该气体对发动机有很强烈的腐蚀作用，因此供发动机使用的沼气要先经过脱硫装置。在发动机的工作过程中，由于部分沼气进入油轴箱，其中硫化氢渗漏到润滑油中，从而引起机油变质，零件过早被损害，如气门弹簧、涡流室喷口、缸垫、进气门、连杆、大头瓦等都遭到严重腐蚀。所以沼气用于发电时，必须进行脱硫处理。

一般沼气发动机都是由柴油机改制的，这是因为沼气的抗爆震性很好，所以沼气机的压缩比应较高，这对提高发动机热效率非常有利。而汽油机受汽油容易爆炸的约束使得压缩比不能太高，无法满足沼气发动机的要求。

（2）沼气发动机的类型

沼气发动机可分为两大类：双燃料式和全烧式。

双燃料式沼气发动机在结构上只需对柴油机的进气管和调速机构做些变动，改装较简单。沼气与空气的混合气在汽缸内被压缩，在压缩行程终了时，用少量柴油喷入汽缸，引燃沼气、空气的混合气。沼气供应正常时，燃油量保持不变。

双燃料式沼气发动机在沼气资源不是很充裕的地方使用具有良好的灵活性，当沼气量减少时，发动机可自动增加柴油量，以燃烧柴油为主，不影响发动机的运行。没有沼气时，发动机可自动转为全部用柴油工作。

在沼气资源丰富的场所，人们希望不使用引燃柴油，此时全烧式沼气发动机就有更好的优越性。全燃式沼气发动机则由火花塞跳火来点燃沼气-空气混合气，而无需柴油引燃。

这种沼气发动机与汽油机相似，具有电点火装置。用火花塞使沼气、空气混合气点火燃烧，一般采用较低的压缩比。

（3）柴油机的改装

①改装为电点火全烧式加装磁电机（或蓄电池点火系统）与火花塞，变压缩式狄塞尔发动机为电点火式奥托循环发动机。这种改装的优点是可以完全不用液体燃料，从而节约更多的燃料。但实际中却存在一些具体的困难，由于现有柴油机原设计未留下适合安装磁电机、火花塞的位置，因此在改装时，特别在小型柴油机上是较为困难的。

例如，将S195型柴油机（压缩比为18～20，燃烧室为涡流式）改装成电点火沼气发动机，应降低柴油机的压缩比，改变燃烧室，取消柴油机的燃料系统，增加电点火装置，加装沼气、空气混合器控制阀及调速联动机构。

压缩比与燃烧室：为防止爆震，可采用增加气缸盖垫片的办法将原柴油机的压缩比降为12～14。为提高电点火的可靠性，应扩大涡流室镶块上的涡流道面积，降低原来的涡流强度。

电点火装置：一般采用蓄电池点火装置，主要由蓄电池、点火线圈、分电盘和火花塞组成。气缸头安装喷油嘴处改成安装火花塞，也可选用低压触点式或触点式晶体管点火装置、无触点式晶体管点火装置及电容式点火装置。

混合器控制阀：混合器控制阀是沼气发动机燃料与空气供应机构，安装在发动机空气滤清器和气钉头之间的进气管上混合器控制阀主要由一个控制混合气的蝶阀和一个控制沼气的变通道转阀组成。蝶阀和转阀是同轴联动的，受调速器控制，以保证发动机在各种负荷运行时有合适的空气燃料比。

调速联动机构：它是传递调速器动作和放大行程的机构，用来保证调速器和混合器控制阀的动作准确配合和协调。

②改装成双燃料发动机采用双燃料工作的方法，将小马力单缸柴油机改为烧沼气-柴油的双燃料发动机。双燃料内燃机是指既能烧液体燃料，又能烧气体与液体混合燃料的内燃机。在采用双燃料工作时，实际上是以烧气体燃料为主，只用少量的流体燃料来点燃受压缩的混合气（沼气-空气混合气）。

柴油机改装时，主要是对进气系统进行改装，一是在原柴油机的进气管上加装一套直通式沼气-柴油混合器，见图5-3，使柴油和沼气在此混合好后，再经过低压喷嘴喷入燃烧室。二是在进气口上加装一套沼气自动供给调节器，使机组随负荷的变化而调节沼气的供给量。此装置也可用人工来调控。三是更换上压力较小、喷油量少的喷嘴。这是因为机器的燃烧做功主要是用沼气，只用少量的柴油就可自燃引爆沼气而使活塞往返做功。目前大多数柴油机多数为压燃式，由于热效率高，经济性能好，具有较高的压缩比。沼气中的主要成分是甲烷，甲烷具有良好的抗爆性能，因而能适宜这种压缩比，所以不必做其他改进。柴油机燃烧沼气工作原理参见图5-4。

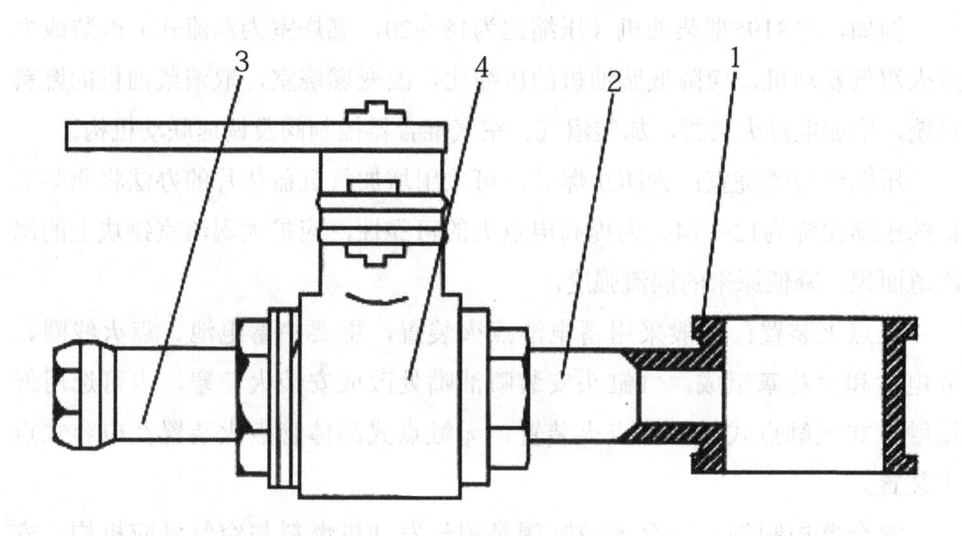


图5-3 三通管直通式混合器

1．三通管；2．后进气管；3．前进气管；4．PG16型球形阀3/4

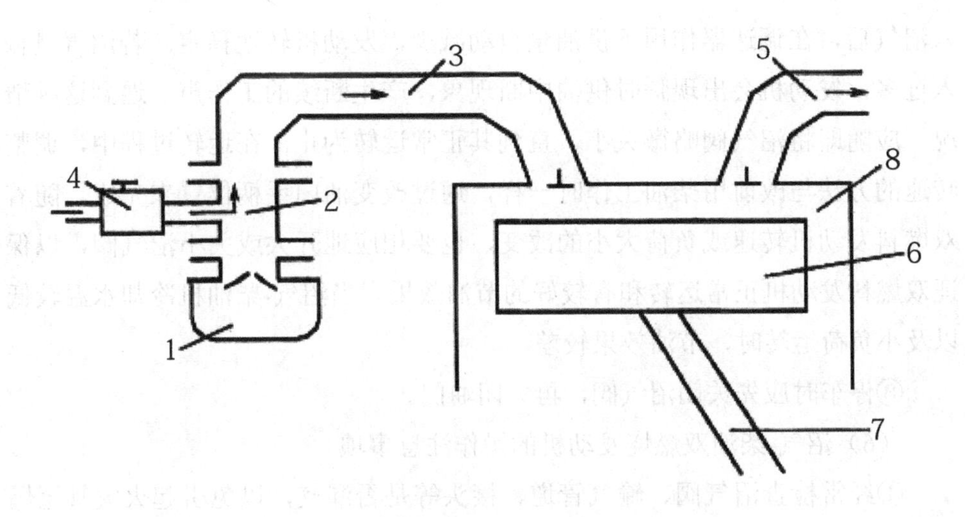


图5-4 柴油机燃烧沼气工作示意图

1．空气滤清气；2．混合器；3．进气管；4．沼气阀

5．排气管；6．活塞；7．连杆；8．燃烧室

（4）沼气发电的关键技术

①采用沼气和空气在缸外混合的方式，在原柴油机空气滤清器和进气管之间加装沼气、空气混合器，除气门间隙加大外，柴油机未做任何改动，进入混合器的沼气量由输送沼气管道上的开关控制。

②沼气由多孔喷嘴喷出与经空气滤清器进入的空气在混合器中均匀混合后进入发电进气管，为防止回火，在喷管入口处装有隔爆机。

③柴油机启动时，输送沼气开关关闭，先由柴油启动运行，加负荷后，打开输送沼气开关，并根据实际用电情况，逐渐加大沼气量。

④沼气供给量可控制在全负荷供油量所相当的25%和50%的沼气量位置。

⑤其供给量可通过计算确定，气压表刻度与手柄位置对应，最大沼气量位置有一限位螺钉，以防沼气供给量过大。

（5）沼气-柴油双燃料发动机的操作方法

①启动时，关闭沼气阀，使用柴油，按照柴油机的启动方法，用柴油机启动。

②启动后，带上负荷，将柴油机油门放在合适的位置（一般放在中间偏低一点的位置），待发动机运转正常后，慢慢地打开沼气阀输入沼气。通

入沼气后，在调速器作用下供油量自动减少，发动机转速稳定。若沼气量输入过多，发动机会出现瞬时供油中断现象，产生断续的工作声。遇到这种情况，应随即将沼气阀略微关小，直到其正常运转为止。在运转过程中，调整转速的方法与改前用柴油工作时一样，通过改变油门手柄位置来完成。随着双燃料发动机转速或负荷大小的改变，也要相应地开大或关小沼气阀，以保证双燃料发动机正常运转和有较好的节油效果。当沼气-柴油机冷却水温较低以及小负荷运转时，节油效果较差。

③停车时应先关闭沼气阀，再关闭油门。

（6）沼气-柴油双燃烧发动机的操作注意事项

①经常检查沼气阀、输气管道、接头等是否漏气，以免引起火灾甚至爆炸事故。

②操作沼气阀要平稳，不要忽大忽小，以避免因进入的沼气量忽多忽少而造成发动机工作不正常。

③经常注意双燃烧发动机在运转中负荷与沼气压力的变化。在未装有自动调速的双燃烧机上，全靠机手的感觉与经验来掌握好稳定的转速与气阀合适的开度，而这一点恰恰又是提高节油率的关键。好的机手在稳定负荷下节油率可高达80%～90%，差的机手节油率只有50%～60%。

④由于沼气供气不足或其他原因，需完全燃烧柴油来运行时，发动机不必停车，只需半闭沼气阀，即可按一般柴油机操作方法使用。

（7）沼气-柴油双燃料发动机操作时可能出现的不正常情况及处理办法

①起动后转速不够，工作吃力，排气管冒白烟或冒黑烟，有时甚至熄火，原因是负荷太重或过早通入沼气。

沼气-柴油双燃料发动机启动时（特别是冬天气温低时），机器温度低，润滑不良，水温低，带不动负荷。如果一开始就全负荷运行，转速上不来，就容易冒黑烟。冒黑烟说明发动机已因空气量过少，混合气过浓而燃烧不完全。若此时急于通入沼气，一方面增加了因燃烧造成的过量空气系数更低，另一方面又占据了一部分汽缸充量，使汽缸内含氧量进一步减少，这样就使得燃烧状况恶化，冒烟现象加剧，严重时甚至造成熄火。

排除方法：尽可能做到空车启动，运转正常后再加负荷，如需要负荷启动时，就应先用柴油启动，待运转正常后再逐渐通入沼气。

②启动后，转速不够，带不动负荷，原因是调速把手（油门把手）位置不对。

油门把手实际上就是调整发动机转速的把手，而油门是通过调速器根据负荷变化自动控制转速的。如果把油门把手放在小的位置，也就是把调速器把手放在了低转速位置，启动后转速自然上不去。

排除方法：按柴油的启动方式用柴油启动后，带上负荷，把转速把手（油门）按负荷大小固定在适宜位置，再逐渐通入沼气。

③通入沼气后转速反而下降，甚至熄灭。原因是沼气通入过多、过快。

沼气-柴油双燃料机启动后用油工作正常，此时如突然把沼气开关开大，而沼气压力又较高时，就会通入过量沼气。由于沼气和新鲜空气都是通过同一进气管进入的，大量沼气的进入势必会减少空气的进入量，同时柴油尚未减少。这样，柴油加沼气与空气，其混合比例不当，燃烧不好，转速下降，燃烧不完全，出力小，以至于最终造成熄火停车。

正常操作方法：慢慢打开沼气阀，逐渐增加沼气量，当听到有断续的放炮声时将沼气阀略微关小，直到断续声或放炮声消失为止。

④沼气-柴油双燃料机工作过程中产生断续声或放炮声。原因是工作负荷减少，相对沼气量增加。

为了达到尽可能高的节油指标，常常会把沼气通入得较多，使柴油供给量保持在仅能点火的很少的状况（即高压油泵齿条在靠近最小供油量那一端）。在运转过程中，因某种原因负载减小而发动机转速上升时，油门会在调速器作用下继续向小的方向移动，甚至会少于最低点火油量而使得喷油嘴针阀不能开启，乃至造成截断供油，汽缸的一个或数个发火冲程熄火，发动机转速下降，油门自动地重新打开向大油量方向移动，发动机又正常工作，如此往复，就产生断续声。如果负荷急剧减少，转速陡然上升，调速器使油门迅速关闭，转速又陡然下降，而后油门又在调速器弹簧作用下打开，过多的柴油与可燃气因燃烧不完全在排气管内第二次膨胀，就会产生“劈啪”的放炮声。

排除方法：遇到上述情况，慢慢关小沼气阀，或加大负荷直至断续声和放炮声消除为止。

⑤节油效果不好。在沼气充足、负荷稳定、操作正确的条件下，双燃

料的沼气-柴油发动机节油率应在75%～90%，否则视为节油效果差。主要原因：沼气池产气不充分，出现沼气供气量不足，使油泵齿条自动向大油量方向移动，节油率自然明显下降；其次，负荷不稳定，操作不正确，也会影响节油量。

## 二、沼气热能利用技术

### 1. 沼气升温孵鸡

沼气升温孵鸡，投资小、成本低，设备简单、操作方便，孵化率高且易于推广。沼气用于孵鸡的效益高，与电孵相比，$1m^3$沼气可相当于10 kW·h的电。其技术要点如下。

种蛋要求：新鲜、光滑、大小均匀并呈椭圆形，无裂缝。

种蛋消毒：选好的种蛋温水洗净后，用35～38 ℃，0.1%的高镐酸钾溶液浸泡10 min。

装蛋入孵：将洗净消毒的种蛋大头向上倾斜放入蛋盘，并提前半天于20～24 ℃的孵化室内预热。如温度不够，可点火加热以除去蛋面水分，并点燃沼气燃烧器给水箱加热，箱内温度达到孵蛋要求的温度时，便可移入蛋盘进行孵化。

温度控制：1～6d，温度为39～39.5 ℃；7～14 d，温度为38～38.5 ℃；15～21 d，温度为37～37.5℃。

湿度要求：1～6 d，湿度为60%～65%，7～14 d，湿度为50%～55%，15～21 d，湿度为65%～70%。

翻蛋通风：一般每隔4～6 h进行翻蛋和调换蛋盘，调换蛋盘采取上下、前后及左右对调；每天凉蛋2～3次，将温度调整到37 ℃左右，至第17 d后，特别要注意通风换气，到第20 d停止凉蛋。

摊蛋出雏：入孵14 d后的蛋胚从孵化器取出，放入出壳箱，放置时仍应将胚蛋大头向上，小头向下，孵化至出雏。

几种孵化装置：①ZF-3800型沼气孵化器；②农户使用的小型孵化装置。

### 2. 沼气灯照明升温育雏鸡

沼气灯亮度大、升温效果好、调控简单、成本低廉，用沼气灯升温育雏能使雏鸡生长发育良好，成活率高，其具体方法如下。

将沼气灯吊在距育雏箱0.65 m左右的上方，沼气灯点燃后，要控制好输气开关，并按日龄进行调温。一周龄的雏鸡，适宜温度为34～35 ℃，二周龄为32～33 ℃，三周龄为28～30 ℃，四周龄为25 ℃左右。对1～2日龄的雏鸡应采用沼气灯24 h连续光照，随后逐渐缩短光照时间。

调节温度时，其原则为初期高一些，后期低一些；夜间高一些，白天低一些；体弱的高一些，体强的低一些。

注意事项：调节温度，通风换气，精心喂养，防疫防病。

**3．沼气养蚕**

沼气养蚕是指用沼气灯给蚕种感光收蚁和燃烧沼气给蚕室加温，以达到孵化快、出蚁齐、缩短周期及提高蚕茧的产量和质量的目的，同时还可节约煤、木炭等常规能源。

（1）沼气灯感光收蚁

蚕种催青到快孵化时，催青室内完全黑暗，把蚕种摊开放在距沼气灯65～70cm处，然后点燃沼气灯，照射lh左右，一张蚕种可出蚁一半以上，不孵化的，第二天重复照射一次，即可全部出齐。该方法跟常规方法相比有出蚁齐和有利于生长等特点，同时能克服用煤油灯产生的烟气污染。

（2）沼气加温养蚕

沼气加温养蚕温差波动小，有利于生长，比煤球加温的健蚕率高4.8%，每张种蚕总收茧量可增加3.25 kg，上茧率高2%。

沼气灯直接照明加温：采用先进的沼气灯，如华莹灯、余杭灯等，一般一盏沼气灯可加温70 $m^2$的蚕室，一昼夜耗用沼气1.1 $m^3$沼气。

沼气红外线发生器加温：即以沼气为燃料，由红外线发生器产生长波辐射，并通过蚕室空气的传导和对流作用使蚕室升温。由于沼气红外线发生器升温快，可达800～900 ℃高温，形成红外辐射流，因此，其四周和顶部应离开蚕簇及蚕具40 cm以上，还应在红外线发生器上放置铁皮或铝皮，以防熨死蚕子。目前，江苏、浙江、四川等地已普遍采用沼气红外线加温的方法养蚕。

沼气蚕室加温保湿散热器：由水箱、散热片、废气管、燃烧腔、燃烧器等组成，燃烧器可采用北京四型炉、嘉兴A型炉等。

（3）注意事项

气源充足：1～2张蚕种需要配建一口8 $m^3$的沼气池，2～3张蚕种需要配建一口15 $m^3$的沼气池，其产气率达到0.15 $m^3$/（$m^3$·d）。

蚕室消毒：按常规进行。

通风换气：一般每日三次。

蚕沙处理：及时清理，并投入沼气池。

注意安全。

**4. 沼气灯照明提高母鸡产蛋率**

利用沼气灯对产蛋母鸡进行人工光照，并合理地控制光照时间和强度，能使母鸡新陈代谢旺盛，促进和加快母鸡的卵细胞发育、成熟，达到多产蛋的目的。沼气灯对产蛋母鸡进行人工光照，应选择在日落后或凌晨进行。一般可按每10 $m^2$的鸡舍点燃一盏沼气灯，每天定时光照。开始每天2～3 h，以后逐渐延长，一次延长时间最多不超过lh，每天总光照时间最长不宜超过17 h，同时要保证母鸡的营养。

**5. 沼气灯诱虫喂鱼**

沼气灯诱虫喂鱼的好处很多，一是能直接消灭农作物的害虫喂鱼，变害为利，降低种植业、养殖业的生产成本；二是能获得高蛋白的精饲料，鱼类长得快、肉嫩味美；三是灯光诱杀害虫，无农药污染，有利于环保卫生和农业生态良性循环。因此，它的直接和间接经济效益都十分显著。经测算，每盏灯平均每年可多长种苗30 kg，三盏灯全年获纯利600元左右，不到半年便可收回其全部投资。其技术要点为：沼气灯架设在鱼池内，高度距水面70～80 cm，用简易三脚架固定，灯的安装方式以“一点两线”“长藤结瓜”、背向延伸为宜，输气管道的内径随沼气灯距气源的远近而增减。一般当距离为30 m、50 m、100 m、150 m、200 m时，其内径分别为12 mm、16 mm、20 mm、24 mm、26 mm才能达到最佳光照强度。一般每50 $m^2$水面安装三盏沼气灯为宜。

**6. 沼气灯保温贮藏红苕**

红苕，又称甘薯或红薯，盛产于我国南方，是高产作物。传统的贮藏方式是地窖贮藏，但每年当窖内温度低于9 ℃时，常常烂苕严重，造成损失。

20世纪80年代后期以来，四川农民用沼气灯保温贮藏红苕，好苕出窖率比常规窖贮提高50%左右。具体作法如下。

（1）建好苕窖

建筑一个长2.3 m、宽2 m、高2.3 m的苕窖，可贮藏3500 kg红苕。窖四周墙壁的上、下部，分别开设有等距离的碗口大的七个通风孔，离开墙壁竖立一排竹杆，围捆成架，在竹架的里侧遮竹笆，竹笆的高度不超过墙壁上部的通风孔。窖内地面上，等距离放置两行石条（或砖块），石条（或砖块）上，先铺竹竿，后盖竹笆。在竹笆中部，竖立一个直径约为25 cm的竹编圆柱形通气筒，气筒的高度接近墙壁上部通风孔。

（2）选苕入窖

窖贮红苕要进行选择，病害苕和锄口损伤不能入窖。红苕入窖时要轻拿轻放，贮量不能太满，避免红苕接触墙壁和地面，以利保温透气，防止霉烂。窖内顶上装上沼气灯，窖内苕堆中要安放1～2支温度计，以便观察温度变化。

（3）沼气灯保温

窖贮红苕，最适宜的温度是9～10 ℃，如果苕窖内温度下降，就要点燃窖内的沼气灯。如果温度下降到5 ℃时，就要立即将墙上的通风孔全部堵塞，用沼气灯升温，直到窖内温度达到9 ℃时才关掉沼气灯。如果窖内温度超过10 ℃时，就要打开通风孔。总之，要经常将窖内的温度保持在9～10 ℃。

**7. 沼气烘干粮食作物及升温育秧等**

（1）沼气烘干玉米

目前，我国农村的粮食干燥主要靠日晒，收获后如果遇到连日阴雨天气，往往造成霉烂。利用沼气烘干粮食，就可有效地解决这个问题。

1）烘干办法四川农民的做法是：用竹子编织一个凹形烘笼，取5～6匹火砖围成一个圆圈，作烘笼的座台。把沼气炉具放在座台正中，用一个铁皮盒倒扣在炉具上，铁皮盒离炉具火焰2～3 cm。然后把烘笼放在座台上，将湿玉米倒进烘笼内，点燃沼气炉，利用铁盒的辐射热烘笼内的玉米。烘一小时后，把玉米倒出来摊晾，以加快水蒸气散发。在摊晾第一笼玉米时，接着烘第二笼玉米，摊晾第二笼玉米时，又回过来烘第一笼玉米。每笼玉米反复烘二次，就能基本烘干，贮存不会生芽、霉烂；烘三次，可以粉碎磨面；烘四次，可以达到交公粮的干度。从现象观察，烘第一笼玉米时，烘笼冒出大量的水蒸气，烘笼外壁水珠直滴；烘第二次时，水蒸气减少，烘笼外壁已不滴水，但较湿润；烘第三次时，水蒸气微少，烘笼外壁略有湿润；烘第四次时，水蒸气全无，烘笼外壁干燥，手翻动玉米时，发出干燥声。

2）沼气烘干的优点。

①成本低，工效高。编一个竹烘笼，只需竹子15 kg左右，成本几元钱，可用几年。一个烘笼，一次可烘玉米90多千克，烘一天，相当于几床晒席在烈日下翻晒两天的工效。如用木炭烘干玉米，每100 kg玉米需木炭30 kg，燃料费要10元左右。

②操作简单、节省劳力。用沼气烘干玉米，只需一人操作，点燃沼气后，还可兼做其他事情，适合一家一户使用。

沼气烘干花生、豆类的方法，与烘干玉米的方法类似。

3）注意问题。

①烘笼底部的突出部分不能编得太矮。矮了，烘笼上部玉米或花生、豆类等堆得太厚，不易烘干。

②编织烘笼宜采用半干半湿的竹子，不宜用刚砍下的湿竹子。湿篾条编制的烘笼，烘干后缝隙扩大，玉米、豆类容易漏掉。

③准备留作种子用的玉米、花生、豆类等，不宜采用这种强制快速烘干法。

（2）沼气烤制竹椅

四川农民有烤制竹椅的传统家庭副业。传统方式是用薪柴、木炭或煤油等常规能源来烘烤竹子，制作竹椅。由于薪柴、木炭或煤油火力不易控制，污染严重，烘烤制作的竹椅成色难以保证，常被烟尘熏黑，影响外观。改用燃烧沼气烤制竹椅，既清洁卫生、操作方便，又节约常规能源，生产的竹椅无烟痕，无污染，光洁度和色泽都好，销售快，成为竹器市场上有竞争能力的抢手货，促进了制作竹制品家庭副业的发展。

（3）沼气升温育秧

温室育秧是解决水稻提早栽插，促进水稻早熟高产的一项技术措施。目前，多数温室都采用煤炭或薪柴作为升温的燃料，从而导致育秧成本较高。利用沼气作为育秧温室的升温燃料，具有设备简单、操作方便、成本低廉、易于控温、不烂种、发芽快、出苗整齐、成秧率高、易于推广等优点，是沼气综合利用的一项实用新技术。

具体做法如下。

①修建育秧棚，砌筑沼气灶。选择背风向阳的地方，用竹子和塑料薄膜搭成育秧棚。棚内用竹子或木条做成秧架，底层距离地面30 cm，其余各层秧架间隔均为20 cm。在架上放置用竹笆或苇席做成的秧床。在棚内一侧的地面上，砌筑一个简易沼气灶，灶膛两侧的中上部位，分别安装一根打通了节的竹管，从灶内伸出棚外，以排出沼气燃烧时的废气。灶内放一沼气炉，灶上放一口锅。在秧棚另一侧的塑料薄膜上开一小窗口，以便用喷雾器从窗口向秧床上喷水保湿。小窗用时揭开，不用时关闭。

②浸种、催芽。培育早稻秧苗，最好先用沼液浸种。沼液浸种，一方面能增加种子的营养，促使其胚根、胚茎组织内的淀粉酶活化，提高发芽力；另一方面也可以增强种子的抗逆性，减少病害。浸种的方法：将经过精选的谷种用塑料编织袋装好，放入正常使用的沼气池出料间浸泡一定时间，取出后洗净。浸种后再用常规方法催芽。待种子均匀破口露白后，按每平方米秧床1.36～2.27 kg的播种量，将谷种均匀撒播在秧床上。谷种和秧床之间，铺两层浸湿的草纸（报纸和有光纸不行）隔开，以利保湿透气。

③加强管理。把已播上谷种的秧床放到秧架上，在秧棚内的两端各挂一支温度计，然后将塑料薄膜与地面接触的边沿用泥沙土压实。向锅内倒满热水，点燃沼气炉，关闭小窗口。出苗期要求控制较高的温度和湿度以保出苗整齐。第一天，育秧棚内温度保持在35～38 ℃。第二天保持在32～35 ℃，每隔一定时间，向谷种上喷洒20～25 ℃的温水，并调换上下秧笆的位置，使其受热均匀。还要随时注意向锅内添加开水，以防烧干。经过35～40 h，秧针可达2.7～3 cm，初生根开始盘结。第三天保持在30～32 ℃，湿度以秧苗叶尖挂露水而根部草纸上不渍水为宜。第四天保持在27～29 ℃。第五天后保持在24～26 ℃。当秧苗发育到2叶1芯时，就可移出秧棚，栽入秧田进行寄秧。

注意问题：

①和常规育秧一样，播种前要对谷种进行精选、晾晒和消毒处理，以保证种子纯净、饱满、无病、生命力强，为培育壮秧提供良好的条件。

②采用沼液浸种后，一定要用清水将谷种洗净，以防烂芽。

③育种棚内的温度不能过高或过低，温度第一天应达到38 ℃，然后缓慢下降，到第五天时应保持在25 ℃左右，这样可以避免谷种营养物质消耗过快，秧苗纤细瘦弱。同时，要始终保持谷种和草纸的湿润。

④要根据谷种的播种量，确定育秧棚的大小。

⑤要加强沼气池的管理，以保证育秧棚内正常使用沼气。

（4）其他形式的育秧棚

①移动式小型育秧棚。所谓移动式小型育秧棚，是坐落在两条长木凳上的沼气育秧棚。它适用于谷种用量少的农户，其制作方法和沼气育秧棚相同。根据谷种播种量的多少设计秧棚，在秧棚中部的对角两端各挂一支温度计。在两条长木凳上，铺一层略大于秧棚底面积的厚型包装箱纸板，在纸板中部剪一圆孔，孔径大小以能放入一个铝锅为宜。纸板上面平铺一层塑料薄膜，以免纸板因浸水变软。在孔中放一口铝锅，锅底与沼气炉的支角相接触。在锅上加盖，盖与锅之间留一空隙，以利水蒸气和热量均匀扩散。在纸板留孔正对上方的塑料薄膜上开一小窗，以便向锅内添加开水和上下调换秧笆位置。由于整个秧棚坐落在两条长木凳上，白天气温高时，把秧棚抬出屋外晒太阳增温，傍晚把秧棚抬进屋内，用沼气升温。

②双层薄膜育秧棚双层塑料薄膜育秧棚，是在沼气育秧棚外面再加一层塑料薄膜而构成。两层薄膜之间相距0.4 m，以便利用其间的热空气给秧棚保温。内层秧棚的制作方法和育秧技术要求与前面介绍的基本相同，所不同的只是在秧棚正中一侧的地面上砌筑一个简易沼气灶，灶上安放一口铝锅，锅口与地面成水平，锅沿与灶沿吻合，灶内放入一沼气炉，沼气灶口位于秧棚之外，以便使沼气燃烧时产生的废气不进入秧棚内。采用双层薄膜育秧，不仅育秧初期升温快，而且对稳定夜间育秧棚温具有良好的效果，同时比单层薄膜育秧棚节省沼气20%～30%。

## 三、沼气非热利用技术

### 1. 沼气贮粮

利用沼气贮粮具有不污染粮食、不影响品质、效果好、贮藏期长等特点，一般比常规贮粮可节约成本60%，减少损失11%左右。由于沼气是单纯的窒息性气体，沼气贮粮能使贮粮装置内的氧气降低，使害虫因缺氧而窒息死亡。利用沼气贮粮，贮粮仓一定要密封不漏气，可采用塑料薄膜、坛子等，也可修建密闭的贮粮仓。在贮粮容器或粮仓的上下两端安装沼气导管，沼气自下而上通入，沼气出口接沼气灶或灯等用器，并不影响沼气的使用。也可以先通沼气，上口开关打开，通气至沼气能点着火即可关闭放气口，最后再关闭通气开关。这样内充沼气5d后便可以杀灭全部害虫。

（1）沼气贮粮的原理

沼气是有机物在厌氧条件下经过微生物的分解发酵而产生的一种混合气体。它的主要成分是甲烷和二氧化碳，还有少量的氮气、一氧化碳、氢气、氧气和硫化氢等，其中甲烷占60%～70%，二氧化碳占30%～39%，而氧气只占0.1%～0.5%。依据低氧（5%浓度以内）储粮原理，定期向粮仓内输送沼气，改变粮堆内的气体成分，使之形成一定的低氧环境，害虫在缺氧的环境中由于神经系统和呼吸系统受到抑制，麻痹而窒息死亡。

按贮藏的容积计算，每贮藏1 $m^3$粮食只需要输入1.5～2 $m^3$沼气，并密闭7 d以上，其粮堆中的氧气含量由21%下降到3%～5%，二氧化碳的含量上升到20%以上，灭虫效果达到99%以上，经测试分析，种子的发芽率、脂肪酸值、运动黏度、粗蛋白、淀粉等均无明显变化。

（2）沼气贮粮防虫的具体做法

沼气贮粮方法简便，投资少，无污染，防治效果好，既可为广大农户采用，又可在中、小型粮仓中应用。

1）农户坛罐贮粮。由于我国农村推行家庭联产承包责任制，由过去集体、国家贮粮而改为家庭、国家贮粮，因而会贮粮、贮好粮就变得重要起来。沼气贮粮以其简便易行的优点，成为农户贮粮的首选方案。

①建仓。农户可以大缸作为沼气贮粮工具，也可新建1～4 $m^3$的小仓，要求密闭保气。

②布置沼气扩散管。为使沼气能在谷仓内迅速、均匀扩散，需根据仓的容积制作沼气扩散管，其方法是：缸用管可用沼气输气管烧结一端，然后用烧红的大头针刺小孔若干，置于缸低。仓式储粮则需制作“十”字形、“丰”字形沼气扩散管置于仓底，各支管上刺孔若干，以便迅速充满沼气。

③装粮密封。将需除虫的粮食装入缸中，装好沼气进、出气管，塑膜密封。

④输入沼气。向缸内输入沼气，一般1 $m^3$粮食共需输入沼气1.5 $m^3$，才能使仓内氧气含量由20%下降到5%以下，达到杀灭害虫的要求。简易检验办法是将沼气输出管接上沼气灶，以能点燃沼气灶为止。

⑤密封4 d后，再输入一次沼气。以后每15 d输入一次即可。

2）粮库储粮粮库储粮数量很大，关键是有足够的沼气量和密闭的系统。

清扫粮仓，常规药品消毒，在粮堆底部设置“十”字形、中上部设置“丰”字形沼气扩散管，扩散管要达到粮堆边沿。扩散管用口径10 mm的塑料管作主管，6 mm的塑料管作支管，每隔30 cm钻一个气孔，扩散管与沼气池相通，其间设有开关，粮堆周围和表面用0.1～0.2 mm的塑料薄膜密封，安好1～2道测温、测湿线路，在粮堆顶部的薄膜上安设一根小管作为排气管，并与氧气测定仪相连。

在检查完整个系统，确定不漏气后方可通入沼气。在系统中设有二氧化碳、氧气测定仪的情况下，可用排出气体中二氧化碳和氧气浓度来控制沼气通入量。当粮库中二氧化碳达到20%以上，氧气含量降到5%以下时，停止输入沼气，并密闭整个系统。以后每隔15 d输一次沼气，输入量仍按上述气体浓度控制。在无气体成分测定仪的情况下，可在开始阶段连续4 d输入沼气，按1 $m^3$粮食输入1.5 $m^3$沼气计量。以后每隔15 d输一次沼气，输入量仍按1 $m^3$粮食输入1.5 $m^3$沼气计量。

**2. 沼气保鲜蔬菜水果**

沼气之所以能保鲜蔬菜水果，是因为沼气能降低氧气的浓度，减缓了果蔬的呼吸作用，抑制某些微生物的生长。同时，沼气中的二氧化碳对抑制果蔬的呼吸强度，减少呼吸对底物的消耗，以及延长果蔬的贮藏寿命等均有着积极的作用。另外，在低氧高二氧化碳的情况下，能使水果减少乙烯的产生，从而促进贮藏期。

（1）沼气气调保鲜的机理

通过控制贮藏室中空气的成分和温度，使贮果的呼吸、蒸腾作用降到最低限度而又不致窒息发生生理病害，以达到保鲜的目的。

根据鲜果果实的呼吸原理，在贮藏环境中，降低氧气浓度、提高二氧化碳浓度，抑制果实的呼吸强度，减少呼吸底物的消耗，以延长果实的贮藏寿命。同时，在低氧浓度情况下，能减少果实产生乙烯量，抑制某些真菌的生长和某些真菌孢子的萌芽，从而大大降低果实在贮藏期中的腐烂率，提高好果率。

鲜果果实与母树分离以后，仍然是一个有生命的机体，主要进行着呼吸作用，消耗呼吸基质，包括酶氧化糖生成二氧化碳和水，并伴有能量释放。其他物质如有机酸等，也进入呼吸链进行生物氧化。

所以，果实的呼吸作用强度是衰老的指标。采取有效的措施，抑制果实的呼吸强度，减少水分蒸发，就能达到贮藏保鲜的目的。

（2）沼气贮藏保鲜水果的场所

应选在避风、清洁、温度相对稳定、昼夜温差变化不大的地方。

贮藏室可根据贮藏果量的多少及贮藏周期的长短来设计建造。容器式和薄膜罩式具有投资少、设备简单、操作方便等优点，但在贮藏过程中，环境条件变化较大，且贮藏量小，适合家庭和短期贮藏。土窖式和贮藏室式虽然土建投资较大，密闭技术要求高，但贮藏容量大，使用周期长，受外界干扰小，适合集体、专业户和长期贮藏采用。

利用沼气保鲜水果，从规模上可大可小，村镇能办，一家一户也能办。从技术要领上讲，要让贮藏室、沼气池的容积相匹配，以确保保鲜所用沼气。在建贮果室的时候，要考虑到果室的通风换气和降温工作。除认真选果外，还要做好预冷散热和果室、果具的杀菌消毒。

（3）沼气贮柑橘

沼气贮柑橘是利用沼气的非氧成分含量高的特性，置换出储藏室内的空气，使氧含量降低，柑橘呼吸强度降低，减弱其新陈代谢，推迟后熟期，同时使柑橘产乙烯作用减弱，从而达到较长时间的保鲜和储藏。

沼气贮柑橘采用了较为先进的气调法保鲜，它不仅抑制了水果的后熟过程及水果老化，防止仓贮病虫害的生存。据日本储藏试验，在延长贮藏期2～3个月的同时，保持了水果的质量和营养价值。而且方法简便，设备投资小，经济效益高。

1）技术要点。

①贮藏场所。贮藏室要求密闭性能好，其大小视贮果量而定。贮藏室必须设有观察窗，从窗玻璃可观察室内的水银温度计和相对湿度计。贮藏室在使用前必须清理打扫干净，可用4%的漂白粉溶液在室内喷洒，或用50%的多

菌灵粉剂喷洒，也用40%的福尔马林以1：40的水溶液喷洒，进行消毒处理，并通风2～3 d进行干燥，同时将干净无毒稻草用2%石灰水浸泡6～8 h晾干后作垫果用。

贮藏库应建在距沼气池30 m以内，并以地下式和半地下式为好，全室能够不透气。贮库面积一般10～15 $m^2$，容积25 $m^3$左右，两边设贮架4层，一次可贮果3000～5000 kg，顶部留有60 cm×60 cm的天窗，便于通气调节和进出管理。

②采果。待柑橘成熟度达到80%～90%时，选晴天，露水干了以后采摘。凡下雨、下雪、打霜不能采果，否则，会引起病原微生物侵染，造成腐烂。采摘时要用果剪，果蒂要平，采果人员要剪光指甲，不能喝酒，轻拿轻放，采下的果实应避免太阳照射，运输时不要剧烈震动，有皮伤者务必选出，不要进入贮藏柜。当天采果要当天入库，采果时的果内糖酸比为5：1以上，固酸比6.5：1以上，这种果实用沼气贮藏保鲜后，色、香、味均很好。

③装果、预贮。选择无损伤、无病虫害、大小均匀的果子装筐或纸箱，放于干燥、阴凉、通风处后再入库，这是保证少烂果的有效方法。初采的果实刚脱离母体，正常生理受到影响，加上果实新鲜，呼吸作用和蒸腾作用都较旺盛，同时也免不了会有一些新伤的果实。加之果实从树上摘下后会带有大量的“田间热”，这种热量应在入库前的预贮中释放出来，让果实温度逐渐降低。如将“田间热”带到贮库内散发出来，会使库温升高，对贮藏不利。因此，入库前在通风处对柑橘进行2～3 d的预贮，使轻微的伤口愈合，使果皮内的水分蒸发掉部分，让果皮软化，减少入库时损伤。

④入库输气。装果入库后，除留好的排气孔、观察孔外，门与门框之间的门缝用胶带纸或胶皮密封。入库一周后输入经脱硫处理的沼气。由于柑橘对贮藏环境气体改变很敏感，在柑橘入库贮藏前期，输气量可少些。当气温增高时，柑橘呼吸作用加强，可适当加大沼气输入量。受当地温度、湿度不一样的影响，输入沼气量和输入沼气间隔时间视具体情况而定。一般每天沼气通气量为每立方米容积10～30 L，10天以后，沼气量逐渐加大到140 L，使贮藏室内的氧气含量在17%左右（可用测氧仪测得）。此时，贮藏室内沼气浓度适中，烂果率低。

⑤日常管理。在贮藏期的前2个月内，应每隔10 d翻动贮果1次，且顺便

进行换气。翻动时，及时检查贮藏状态，挑出腐烂和有伤的果品。以后每隔半月翻动1次，顺便换气半天，以免贮果因长期缺氧而“闷死”。低温季节宜在中午换气，高温季节宜在夜间换气。定期用2%的石灰水对贮藏室进行消毒。

2）注意事项。

①温度、湿度的控制。温度、湿度、沼气含量是沼气储柑橘的三大关键因素。

用沼气贮藏柑橘要求温度控制在8～12 ℃，尽量保持温度稳定，上下波动不要超过2℃。贮果的呼吸强弱，除与氧含量有关外，与温度也有很大关系。温度过高，贮果呼吸旺盛，从而增加贮果的烂果率，不利于贮藏。温度过低，会冻环柑橘。

贮藏环境相对湿度，主要影响果实水分蒸发。实践表明，用沼气保鲜柑橘，贮藏室相对湿度应稳定在94%左右，适宜的相对湿度是减少贮果水分蒸发、提高贮果鲜度和品质的一个重要条件。湿度波动过大，会使环境中的水分在果品表面结露，增加腐果率，不利于保鲜。

②沼气是一种可燃气体，1份沼气与20份空气混合后，遇火易产生爆炸事故。因此，严禁在贮藏室内吸烟、点火。

③出库之前，应先通风3～5 d，以便让柑橘逐步适应库外环境，以免出现“出风烂”。

3）保鲜效果。

①保质期。在保果率大于80%，失重小于10%的情况下，一般可以贮藏90 d以上。甜橙贮藏期较长，可达到150 d以上。

②产品质量。四川开县采用沼气贮藏保鲜甜橙150 d，平均保果率91%，失重5%～7%。其贮藏4个月后随机抽样。

经沼气贮藏保鲜的柑橘，不仅达到常规贮藏保鲜方法的技术指标，而且外观新鲜饱满，大多数果蒂青绿，果皮红亮，硬度适宜，果肉脆嫩，多汁化渣，甜中略带酸味，基本上保持了鲜果的风味。经第三军医大学急性毒性测定，属实际无毒级，具有较高的商品价值和经济效益。

## 四、沼气与大棚种植技术

沼气在蔬菜大棚中的应用有两方面，一是燃烧沼气作为大棚保温和增温，二是将沼气燃烧产生的二氧化碳作为气肥促进蔬菜生长。

作物进行光合作用合成有机物时，二氧化碳是主要碳源，因此也称“气肥”。蔬菜大棚冬春由于长期密封，二氧化碳浓度得不到及时补充，影响光合作用产物的积累，阻碍大棚蔬菜产量的提高。在一定浓度范围内，随二氧化碳浓度提高，农作物显著增产。增施二氧化碳的方法有以下几种。

（1）化学物质反应法：目前应用较多的是用浓度为96%的浓硫酸与碳酸氢铵反应产生二氧化碳。

（2）二是间接增施法：在蔬菜大棚内增施有机肥，有机肥能释放较多的二氧化碳。

（3）三是开发利用废气：例如将酒精厂排放的高浓度二氧化碳引入大棚。

（4）四是沼气增施法：与上述方法相比，沼气增施二氧化碳气肥是最简单、最经济的方法，而且是加热保温和增加气肥两种效果同时获得。

### 1. 沼气为蔬菜大棚增温和保温

燃烧1 $m^3$的沼气可以释放大约23000 kJ热量，1 $m^3$空气温度升高1 ℃约需要1 kJ的热量。以大棚长20 m、宽7 m、高1.5 m为例，其容积为210 $m^3$。将这个大棚温度提升10 ℃，理论上需要沼气为$210\times1\times10\div23000\approx0.1(m^3)$，由于大棚保温性能不高，大部分热量散失很快。通常大棚内每10 $m^2$安装一盏沼气灯，或每50 $m^2$安放一个沼气灶。沼气灯往往一直点着，不断散热，沼气灶则在较快提高温度时使用。用沼气灶加温时，在灶上烧开水，利用水蒸气加温。用沼气灶加温，升温快，二氧化碳供应量大。

一盏沼气灯，一夜约耗沼气0.2 $m^3$，夜间点三盏，光通量可增加约1300lm。使用沼气灯不仅可以节省沼气，而且可以增加光照。沼气灯可增加夜间光合作用的效率，提高产量，同时节约一部分电费。这种温室栽培黄瓜可增产36%～69%，菜豆可增产67%～82%，西红柿可增产92%。因此在种植蔬菜的塑料大棚内点燃一定时间、一定数量的沼气灯，因棚内二氧化碳浓度和空气温度升高，可有效促使蔬菜增产。

### 2. 沼气为蔬菜大棚增施二氧化碳气肥

作物生长需要一定的二氧化碳气肥，而空气中二氧化碳含量为300 mg/

kg，根据光合作用的原理，植物光合作用二氧化碳最适浓度为1000 mg/kg，即是大气中二氧化碳浓度的3倍多。日光温室里作物在光合作用旺盛期只有300 mg/kg的二氧化碳，这远远满足不了作物生长的需要。近年来，国内外均把增施二氧化碳气肥作为提高蔬菜大棚产量的主要手段。

沼气中含有30%左右的二氧化碳，60%左右的甲烷，甲烷燃烧后也都生成二氧化碳。因此，燃烧1 $m^3$沼气可产生0.975 $m^3$二氧化碳。1个1000 $m^3$容积的日光温室中有1 $m^3$二氧化碳，二氧化碳浓度就是1000mg/kg，加上空气中原有的300 mg/kg二氧化碳，浓度可达1300 mg/kg。

在大棚蔬菜种植的棚内点燃沼气灯，既可有效地提高棚温，又能增加棚内二氧化碳浓度，提高蔬菜光合效率，最终达到增产的目的。利用这一方法，能显著提高各种蔬菜的产量和质量。一般可使棚内温度增加2～3 ℃，可提高蔬菜叶片的光合强度5%～18%，使黄瓜增产49.8%，西红柿增产21.5%，辣椒增产36%，芹菜增产25%。沼气池、厕所、猪圈和大棚相结合，还能提高沼气池的池温，形成热能的良性循环，在我国北方已获得了较显著的经济效益。

**1. 增施气肥方法**

增施气肥时要控制好大棚内的二氧化碳浓度、温度、湿度三者的大小。

在栽培黄瓜和西红柿的塑料大棚内，日出时在大棚内燃烧沼气，二氧化碳浓度控制在1100～1300 mg/kg较合适，温度控制在28 ℃，不超过30 ℃，相对湿度控制在50%～60%，夜间要高一些，但不得超过90%。若棚内温度超过32 ℃，则要开棚通风换气。当棚外大气温度上升到30～35 ℃时，则棚内应立即停止燃烧沼气。

人工施用二氧化碳的浓度应根据蔬菜种类、光照强度和室内温度情况来定。一般在弱光低温和叶面积系数小时，采用较低的浓度；而在强光高温和叶面积系数较大时，宜采用较高浓度。不同的蔬菜适宜不同的二氧化碳浓度，蔬菜种类不同，所处生育期不同，肥水条件、环境条件不同，所需空气中二氧化碳浓度也不同。

二氧化碳施用的时间与光照强度有关，在日光温室中，早晨揭开遮帘后，光照强度逐渐增加，光合作用也逐渐加强，日光温室内二氧化碳浓度开始迅速下降，这时便可施放二氧化碳。这个时间一般在揭开遮帘后0.5～1 h。

11月至次年元月为9时，元月下旬至2月下旬为8时，3月、4月为7时。到了中午，虽然光照强度未减，但叶内光合作用产物积累，会导致光合强度降低，此时可停施二氧化碳。

在植株叶面积系数较大的温室需要长时间通风的情况下，应在日出后30 min左右燃烧沼气或点沼气灯，一般采取断续施放的方法，每施放10～15 min，间歇20 min，平均施放速度为每小时0.5 $m^3$沼气。

（2）施放二氧化碳气肥的作用

增施二氧化碳的好处简单来讲有三：一是增产显著，用人工方法将二氧化碳的浓度提高到1000 mg/kg以上，可大大提高蔬菜产量，特别是前期增产更显著。二是调节蔬菜生长发育规律，对黄瓜、番茄、芹菜、辣椒等品种，可促进生长，植株增高，茎粗、叶片增加，开花结果提前，坐果率提局，拉秧期延后，商品率提高。三是增强蔬菜的抗病能力。黄瓜霜霉病明显降低，番茄、辣椒的病毒病发率和病害指数明显下降。

具体来讲，二氧化碳对蔬菜发育有直接的影响作用。

①二氧化碳气肥影响蔬菜的光合速率利用LI-6200光合测定系统，测定黄瓜叶片在不同的二氧化碳浓度时其光合密度有很大差异。在温度基本相同的情况下，二氧化碳浓度为160 mg/kg时，黄瓜叶片的净光合速率为2.6 μmol/（$m^2$·s）；当二氧化碳浓度瞬间提高到800～900 mg/kg时，净光合速率可达13.98 μmol/（$m^2$·s），后者是前者的5.4倍。

②二氧化碳气肥影响蔬菜生长的作用在二氧化碳浓度增加时，无论是叶菜类还是果菜类，除了植株的光合速率明显提高外，其株重、叶面积及干叶比均有增加。无沼气池养殖间的温室，在不放风时的二氧化碳浓度只有200～300 mg/kg，其芹菜的单株物重只相当于有沼气养殖间的60%。在二氧化碳浓度增高后，黄瓜叶片明显变厚，其干叶比重比低浓度时可增加30%。

③二氧化碳气肥影响果菜类结果率增施二氧化碳不但可以促进蔬菜的营养生长，而且使黄瓜雌花增多，坐果率增加。试验表明，施二氧化碳气肥后黄瓜的结瓜率可提高27.1%。在青椒开花结果期增施二氧化碳气肥，也得到同样的结果，单株开花数增加2.4个，单株坐果率增加29%。

④二氧化碳气肥影响蔬菜产量增施二氧化碳气肥，促进了蔬菜的生长发育，相应的产量和产值均有较大幅度的增长，特别是早期产量增长更为明

显。增施二氧化碳气肥的大棚，黄瓜早期产量增长66%，产值增长84%，总产量增长31%，总产值增长30%。番茄和青椒在定植后开始增施二氧化碳，增产效果也很明显。试验表明，番茄较对照可平均增产21.5%，青椒较对照增产36%。

⑤二氧化碳气肥影响产品质量大棚蔬菜增施二氧化碳后，不但增加了产量，提高了经济效益，同时也改善了蔬菜的品质，颜色正、口味好，很受市场欢迎。据黄瓜和番茄的分析数据表明，果实中维生素C和可溶性糖的含量均有增加，黄瓜的可溶性糖比对照增加13.8%。

**3．沼气应用于大棚蔬菜种植的技术要点**

①塑料大棚内每10 $m^2$安装一盏沼气灯，或每50 $m^2$安放一个沼气炉（采用沼气红外线炉更好）。使用沼气灯可以节省沼气，同时还有利于增加光照；使用沼气炉，在炉上烧开水，利用蒸汽加热，升温快，二氧化碳浓度高。

②控制好二氧化碳浓度、温度和湿度。二氧化碳浓度应控制在1100～1300 mg/kg为宜；温度应控制在28 ℃左右，最高不宜超过30 ℃；相对湿度控制在50%～60%，夜间可适当高一些，但不宜超过90%。

③大多数蔬菜的光合作用强度在上午9点左右最强，因此增加二氧化碳浓度最好在上午8点前进行。沼气点燃时间过长时，棚内温度过高，对蔬菜生长不利，应及时通风换气。

④施放二氧化碳后，蔬菜光合作用加强，水肥管理必须及时跟上，这样才能取得很好的增产效果。用沼液作追肥，不仅增产效果显著，而且还能减少病虫害的发生。

⑤要防止有毒气体对作物的危害，沼气中含有约万分之一的硫化氢随沼气燃烧后生成二氧化硫。当温室中二氧化硫的浓度达到200 mg/kg，植株就会出现受害症状，首先在气孔周围及叶缘出现水浸状，在叶脉内出现斑点，高浓度则会使植株组织脱水、死亡。

对二氧化硫比较敏感的有番茄、茄子、菠菜、莴苣等。在日光温室里燃烧没有经过脱硫的沼气要掌握好点燃沼气的数量，如果1000 $m^3$的温室燃烧1 $m^3$沼气，扩散到温室内其二氧化硫浓度只有100 mg/kg，不会产生毒害，如果燃烧2 $m^3$沼气就会产生毒害。

# 第六章　沼气工程系统设计

沼气工程应遵循“减量化、再利用、资源化”的循环经济原则，构建“资源一产品 ～消费一再生资源”的生产过程，做到技术先进、工艺成熟、经济合理、质量优良、安全可靠，实现自然资源的低投入、高利用和废弃物的低排放。在沼气工程设计中，不仅要优化各单元设计，而且要做好整体规划与布局，特别应重视沼气发酵装置的升温保温，同时还要遵守相关标准、规范对消防、安全和卫生等方面的规定。

## 第一节　站址选择与布局

### 一、站址选择

根据《沼气工程技术规范·第1部分·工艺设计》，沼气工程站址的选择应符合城乡总体规划和环境保护总规划的要求，并根据下列因素综合确定。

1.尽量靠近发酵原料的产地和沼气利用地区，还应与沼渣、沼液利用相衔接。

2.在居民区或厂（场）区主导风向的下风侧。

3.有较好的工程地质条件。

4.满足安全生产和卫生防疫要求。

5.尽量减少土方量的开挖与回填。

6.不受洪水威胁，有良好的排水条件。

7.有较好的供水、供电条件和方便的交通。

由于沼气发酵罐、储气柜是沼气站的重要设施之一，其内生产或储存的沼气属于易燃易爆气体。根据《石油天然气工程防火设计规范》的规定，对于储存总量大于或等于30000 m³时，储气罐周边500 m内不得有居住区、公共福利设施。

根据《建筑设计防火规范》，使用或生产“爆炸下限小于10%的气体”时，其火灾危险性类别为甲类。沼气的爆炸极限为5%～15%，因此沼气站内的 主体工程沼气发酵罐、储气柜等设施的火灾危险性类别为甲类。在规划选址时，如遇架空电力线，上述设施与架空电力线的最近水平距离不应小于电杆（塔）高度的1.5倍。

## 二、沼气站平面布置

### 1. 总图布置

总图布置应考虑远近期结合，有条件时，可按远期生产规划布置，分期建设，沼气站应安排充分的绿化地带。

根据《沼气工程技术规范・第1部分・工艺设计》的相关要求，沼气站内总平面布置应根据站内各建（构）筑物的功能和工艺要求，结合地形、地质、气象等因素进行设计，并应便于施工、运行、维护和管理。平面布置图应按比例 绘制，标明场区的基本坐标原点、指北针，各建（构）筑物的名称（或编号）、平面尺寸和与坐标原点的相对位置，各种管线的管径、走向和与建（构）筑物的相对位置，场区的道路、绿化带的布局、宽度等。在进行总图布置时，应注意以下几点。

（1）村镇、城镇范围以外的公路规划红线两侧应划定隔离带，宽度为：国道、快速公路两侧各50 m，主要公路两侧各20 m，次要公路及以下等级公路两侧各10 m。隔离带 内不得新建、改建、扩建建筑物。

（2）沼气工程的建筑高度一般不大于24 m，当沼气工程在宽度不大于24 m的道路两侧新建、改建时，其后退道路规划红线的距离为3 m；在宽度大于24 m的道路两侧新建、改建时，其后退道路规划红线的距离为5 m。

（3）河道规划蓝线两侧新建、扩建沼气工程，退让河道蓝线距离不得小于6 m。

（4）根据《建筑设计防火规范》，可燃、助燃气体储罐与厂外铁路线中心线的防火间距应大于25 m，与厂外道路路边应大于15 m。但是《公路安全保护条例》对易燃易爆设施距离公路边缘有100 m安全间距的要求以及要满足公路建筑控制区的范围要求；《铁路运输安全保护条例》对易燃易爆设施距离铁路有200m安全间距的要求。

**2．处理单元构筑物的平面布置**

管理建筑物或生活设施除必须与生产建（构）筑物结合外，宜集中布置在主导风向的上风侧。根据《建筑设计防火规范》的规定，可确定管理建筑物 或生活设施火灾危险性为丙级，耐火等级为二级；生产设施沼气发酵罐和沼气储气柜等的火灾危险性为甲级，耐火等级为一级；生产建筑物发电机房、锅炉房、净化间等的火灾危险性为乙级，耐火等级为二级。将沼气发酵罐视为湿式沼气储罐，沼气气柜为湿式储罐时，其与其他建（构）筑物的防火间距应符合表6-1的要求。

表6-1　湿式沼气储罐与建筑物、储罐、堆场的防火间距（m）

| 名称 | 湿式沼气储罐的总容积$V$/m$^3$ | | | |
|---|---|---|---|---|
| | $V$<1000 | 1000<$V$<10000 | 10000<$V$<50000 | 50000<$V$<100000 |
| 可燃材料堆场明火或散发火花的地点室外变、配电站<br>甲类物品仓库甲、乙、丙类液体储罐 | 20 | 25 | 30 | 35 |
| 裙房，单多层民用建筑 | 18 | 20 | 25 | 30 |
| 一、二级 | 12 | 15 | 20 | 25 |
| 其他建筑耐火等级三级 | 15 | 20 | 25 | 30 |
| 四级 | 20 | 25 | 30 | 35 |

注：1.固定容积沼气储罐的总容积按储罐几何容积（m$^3$）和设计储存压力（绝对压力，10$^5$Pa）的乘积计算。

2.沼气发酵罐可根据设计图纸折算湿式沼气储罐的总容积$V$，即只将沼气发酵罐上部储气容积折算为湿式沼气储罐的总容积$V$。无设计图纸时，可暂按沼气发酵罐总容积的10%～20%折算。

建（构）筑物的防火间距，还要考虑以下要求。

（1）容积小于等于20 m$^3$，的可燃气体储罐与其使用厂房的防火间距不限。

（2）湿式沼气储罐之间、干式沼气储罐之间以及湿式与干式沼气储罐之间的防火间距，不应小于相邻较大罐直径的1/2。

（3）固定容积的沼气储罐之间的防火间距不应小于相邻较大罐直径的2/3。

（4）固定容积的沼气储罐与湿式或干式沼气储罐之间的防火间距，不应小于相邻较大罐直径的1/2。

（5）数个固定容积的沼气储罐的总容积大于200000 $m^3$时，应分组布置。卧式储罐组与组之间的防火间距不应小于相邻较大罐长度的1/2；球形储罐组与组之间的防火间距不应小于相邻较大罐直径，且不应小于20 m。

（6）储罐和甲、乙类的厂房不宜小于25 m，距其他建筑物不宜小于10 m。

同时，在处理单元建（构）筑物的平面布置时，还应做到建（构）筑物间距宜紧凑、合理，并应满足各建（构）筑物的施工、设备安装和埋设管道及维护管理的要求。

**3. 管道、管线布置**

沼气站内各种输液、输气管（渠）和电缆线的布置，应统一考虑，避免迂回曲折和相互干扰。输送污水、污泥和沼气管线（渠）的布置尽量短而直，防止堵塞和便于清通。有条件时应设置综合管廊或管沟。各种管线应用不同颜色加以区别。沼气站内应考虑设置超越管道，以便在发生事故时，使污水能超越部分或全部建（构）筑物，进入下一级建（构）筑物或事故溢流。

管道布置需遵循以下原则。

（1）管道敷设分明装和暗装，应尽量明装，以便检修。

（2）管道应尽量集中成排，平行敷设，尽量沿墙或柱敷设。

（3）管道与梁、柱、墙、设备及管道之间应留有足够距离，以满足施工、运行、检修和热胀冷缩的要求，一般间距不应小于100～150 mm。管道通过人行横道时，与地面净距不得小于2 m，横过公路时不应小于4.5 m，横过铁路时与轨面净距不得小于6 m。

（4）对于给水、排水和供气管道，水平敷设时应有一定的坡度，以便于放气、防水、疏水和防止积尘。

（5）输送易燃、易爆气体的管道，其正压段一般不应穿过其他房间，必须穿过其他房间时，该管道上不宜设法兰或阀门。

管道综合布置的相互位置发生矛盾时，宜按下列原则处理：①压力管道让自流管道；②管径小的让管径大的；③易弯曲的让不宜弯曲的；④临时性的让永久性的；⑤工 程量小的让工程量大的；⑥新建的让现有的；⑦检修次数小的、方便的，让检修次数多的、不方便的。

地下管线交叉布置时，应符合下列要求：①给水管道应在排水管道上面；②可燃气体管道应在其他管道上面（热力管道除外）；③电力电缆应在热力管道下面、其他管道上面；④腐蚀性的介质管道及碱性、酸性排水管道应在其他管道下面；⑤氧气管道应在可燃气体管道下面，其他管道上面；⑥热力管道应在可燃气体管道及给水管道上面。

管线共沟敷设，应符合下列规定：①热力管道不应与电力、通信电缆和物料压力管道共沟；②排水管道应布置在沟底，当沟内有腐蚀性介质管道时，排水管道应位于其上面；③腐蚀性介质管道的标高应低于沟内其他管线；④凡有可能产生相互影响的管线不应共沟敷设。

地下管线、管沟，不得布置在建（构）筑物的基础压力影响范围内和平行敷设在铁路下面，并不宜平行敷设在道路下面。地下管线的管顶覆土厚度应根据外部荷载、管材强度及土壤冻层深度等条件确定。

当地下管线（管沟）穿越铁路道路时应符合：管顶至铁路轨底的垂直净距，不应小于1.2 m；管顶至道路路面结构层底的垂直净距，不应小于0.5 m。当穿越铁路、道路的管线不能满足上述要求时，应加防护套管（或管沟）。其两端应伸出铁路路肩或路堤坡脚、城市型道路路面、公路型道路路肩或路堤坡脚以外，且不得小于1 m。当铁路路基或道路路边有排水沟时，其套管应延伸出排水沟沟边1 m。地下管沟（管道）与乔木的最小水平距离宜为3 m，与灌木的最小水平距离宜为2 m。

地上管架的布置，应符合下列要求：①管架的净空高度及基础位置，不得影响交通运输、消防及检修；②不得妨碍建筑物自然采光与通风；③有利于站容站貌。

**4. 道路布置**

沼气站内应留有消防通道、车行道和人行道，各建（构）筑物间应留有连接通道，消防通道应符合下列要求。

（1）宜布置为环形消防通道，环形消防车道至少应有两处与其他车道连通，消防通道的转弯半径应大于9.0 m。

（2）当受场地限制，布置为尽头式消防车道时，应设置回车道或回车场，回车场的面积不应小于12 m×12 m。

（3）消防车道的净宽度和净空高均不应小于4.0 m，供消防车停留的空地，其坡度不宜大于3%。

（4）消防车道与材料堆场堆垛的最小距离不应小于5.0 m。

（5）供消防车取水的天然水源和消防水池应设置消防车道，且距离不大于2 m。

主要车行道的宽度：单车道为3.5 m，双车道为6.0～7.0 m，并应有回车道。车行转弯半径不小于6.0m；人行道的宽度为1.5～2.0 m。

**5. 站内排水**

沼气站内必须设置排水系统，拦截暴雨的截水沟和排水沟应与区域或厂区（场区）总排水通道相连接。

当采用明沟排水时，雨水明沟的断面形式宜采用矩形或梯形。在岩石地段，雨量少，汇水面积和流量小的地段，也可采用三角形。明沟的起点及分水点的深度，不宜小于0.2 m，盖板明沟不宜小于0.3 m。矩形明沟沟底宽度不宜小于0.4 m，梯形明沟沟底宽度不宜小于0.3m。明沟的纵坡，不宜小于3%。明沟最小设计流速不应小于0.4 m/s，最小纵坡不应小于2%。站内明沟应进行铺砌，并宜加设盖板。明沟边缘距建筑物基础外缘不宜小于3 m。

当采用暗管排水时，雨水口应设置在汇水集中并与雨水管道连接短捷处。建筑物出入口、地下管道的上方不宜设置雨水口。雨水口的型式、数量和布置应按汇水面积所产生的流量、雨水口的泄水能力及道路型式确定。雨水口的间距宜采用25～50 m，雨水口连接管的长度不宜超过25 m。当道路纵坡大于2%时，雨水口的间距可大于50 m，其型式、数量和布置应根据具体情况计算确定。坡段较短时可在最低点处集中收水，其雨水口的数量和面积应适当增加。当道路交叉口为最低标高时，应增设雨水口。

对不宜设置明沟及暗管的地带，可设置盲沟，其沟底纵坡不应小于0.5%。在严寒地区，盲沟必须设置在冰冻线以下。

沼气站内生活污水宜排入集料池，与沼气发酵原料一并处理。

**6. 围墙、绿化**

沼气站四周应设置有不低于2.0 m高的围墙（栏），高压储气柜和秸秆堆放场的周边围墙高度不宜低于2.5 m，并与其他生产区、生活区分开。

沼气站内的绿化面积不宜小于总面积的30%。

## 三、沼气站高程布置

沼气站高程布置应按工艺流程要求进行设计，尽量利用自然地势高差使原料、沼渣、沼液依靠重力的作用在处理系统中通畅流动，以减少动力提升。高程设计时，应以沼液处理后受纳水体的最高水位或沼渣、沼液储存池的高程作为起点，反向推算，以便沼液处理后的出水在洪水季节也能自流排出，并将提升泵的总扬程减至最小。当排水水位不受限制时，应以处理构筑物埋设深度确定起点标高，尽量减少土方量的开挖和回填。自然地形坡度小于或等于2%时，宜采用平坡式；大于2%时，宜采用阶梯式或混合式。

**1. 站内设计标高**

站内设计标高的确定应便于生产联系、运输及满足排水要求。土（石）方工程量宜小，填方、挖方量宜接近平衡，运距短。平坦地区，其场地设计标高应略高于场地自然地形标高。应与所在地区城镇、相邻企业、相关的运输线路和排水系统的标高相协调。

受江、河、湖、海的洪水或内涝水威胁的场地，场地设计标高应按50年一遇的防洪水位，再加上不小于0.5 m的安全超高值确定。

场地的平整坡度应有利于排水，并应防止场地受到雨水冲刷。其最大坡度应根据土质、植被、铺砌材料和运输要求等条件确定，最小坡度不宜小于0.3%。

建筑物室内地面与室外地面设计标高的高差应满足生产工艺和运输要求，一般生产及辅助生产建筑物可为0.15～0.30 m；行政办公及生活服务设施等建筑物可为0.30～0.45 m。在可能散发比空气重的可燃气体的装置内，控制室、变配电室、化验室的室内地面，应至少比室外地面高0.6 m。在湿陷性黄土地区或位于地基可能沉陷或排水不良地段和有特殊防潮要求，受淹后损失较大的建筑物，应根据需要加大室内外地面的高差。

露天生产装置区地坪的设计标高宜比相邻场地高0.1～0.3 m。站内出入口处的路面宜高出站外路面标高；当低于时，应采取防止站外雨水流入站内的截水措施。

**2.阶梯式竖向设计**

阶梯式竖向设计台阶的划分，应与地形和总平面布置相适应。联系密切的生产设施和建（构）筑物应布置在同一台阶或相邻台阶上。荷载大或对基础沉降控制要求高的建（构）筑物、生产装置及储罐区，宜布置在挖方或低填方地段。台阶的划分不宜大量切坡或高填土。台阶的长边宜平行于自然地形等高线布置。台阶的宽度应满足建（构）筑物、露天设备、运输线路、管线和绿化等布置要求，以及操作、检修、消防和施工等需要。台阶的高度应按生产要求、地形和工程地质及水文地质条件，结合台阶间运输联系和基础的埋置深度等因素综合确定，并不宜高于4 m。

两相邻台阶之间的连接方式应根据用地情况、工程地质条件、台阶高度、荷载要求、降雨强度以及景观等因素确定，可采用自然放坡、护坡、护墙或挡土墙等形式。台阶边缘至建（构）筑物的距离，应满足生产操作、管线敷设、交通运输、消防、施工和检修等要求。台阶坡脚至建（构）筑物的距离尚应满足采光、通风及排水的要求，并应避免开挖基槽对边坡或挡土墙的影响，且不应小于2 m。台阶坡顶至建（构）筑物的距离尚应避免建（构）筑物基础侧压力对边坡或挡土墙的影响，并应符合现行国家标准《建筑地基基础设计规范》的有关规定，且不得小于2.5 m。

场地挖方、填方边坡的坡度允许值应根据岩土类别、边坡高度和拟采用的施工方法，结合当地的实际经验确定。台阶高度大于或等于1.2 m且侧面临空时，应设置防护栏等防护设施。

## 第二节　管道、泵与阀门

沼气工程工艺管道、泵与阀门同沼气工程其他设备一样是沼气生产装置中不可缺少的组成部分，起着把不同功能的设备连接在一起并将不同的介质输送到各个生产单元的作用，以完成特定的工艺过程。沼气工程工艺管道具有布置纵横交错，管道种类较多，输送介质性质多样等特点。

## 一、管道

### 1. 工艺管道的类型与选择

沼气工程工艺管道的选择应做到管材选用经济、合理。埋地管道长年累月承受输送液体内压、泥土及地面荷载的外压、高温变化引起的拉伸应力以及地基的不均匀沉降等产生的综合应力，还要承受水锤冲击力，因此管材首先应有足够强度。此外，由于沼气站管道易腐蚀，应考虑耐腐蚀、抗老化性能好、使用寿命长的管材。沼气工程工艺管道常用管材有焊接钢管、镀锌钢管、塑料管等。

钢管：其优点是耐高压、耐震动、管节长而接口少。缺点是易锈蚀，影响使用寿命，价格较高，故需做严格防腐绝缘处理。因此，只有在管道承受高压或对渗漏有特别要求的部位，如工艺泵、循环搅拌泵的进出水管，管道穿越公路、铁路时，才采用钢管。

钢管（件）的防腐分为外防腐和内防腐。埋地钢管的外防腐通常采用环氧树脂防锈漆为底漆，环氧煤沥青防锈漆为面漆，采用四油二布。明露钢管的外防腐底漆采用环氧树脂防锈漆，面漆采用氯磺化聚乙烯漆，采用三油一布。钢管（件）内防腐的通常做法为：管道内表面除锈后，底漆采用环氧树脂防锈漆，面漆采用氯磺化聚乙烯漆，采用二底二面。

塑料管：塑料管种类繁多，以硬聚氯乙烯管最具代表性。通常沼气工程工艺管道中的无压管道可采用硬聚氯乙烯管，其优点有：重量轻、装运方便；耐酸、耐碱、抗腐蚀性能好，产品使用寿命长；导热系数小，隔热性能好；摩擦阻力小，管内壁光滑，且结垢少，不生锈，长期运输水和其他流体，流率和流量均能保持不变；施工简易，易于维护。其缺点有：材质较脆，不耐外压，所以压力要求较高时，不建议直接采用。

沼气工程工艺管道还可采用无规共聚聚丙烯管，作为一种新型的水管材料，其性价比高且环保，既可以用作冷水管，也可以用作热水管。优点是：卫生、无毒，属绿色产品，可用于饮用水管道系统；耐热性能好，在温度为60 ℃及工作压力为1.2 MPa的条件下可长期连续使用；耐腐蚀、内壁光滑不结垢；重量轻、强度高、韧性好、耐冲击、保温节能；安装方便可靠，接口采用热熔技术，管子之间完全融合到了一起，所以一旦安装打压测试通过，不会像铝塑管一样存在时间长了就老化漏水的现象；价格适中、使用寿命长，在正常使用下，寿命达50～100年。缺点是：施工技术要求高，需采用专用工具及专业人士进行施工，方能确保系统安全；耐快速开裂能力差；热膨胀系数较大，当受外部温度（如冬夏季）或内部水温变化时，有较大的变形量，由于无规共聚聚丙烯管为刚性直管，本身不能消化变形量，故易造成管路系统弯曲变形；耐低温性差，脆点为−20 ℃，在冬季（5 ℃以下）施工时应特别小心；不宜外露安装。

**2. 管道标示设置**

（1）颜色标识

对于一座沼气工程，其工艺管道内流动介质主要包括：原料液、自来水、热循环水、水蒸气、沼气、沼渣沼液、空气等。参考《工业管道的基本识别色、识别符号和安全标识》（GB 7231），推荐采用五种基本识别色和相应的颜色标准编号及色样。详见表6-2。

**表6-2　沼气工程工艺管道的基本识别色和颜色标准编号**

| 物质种类 | 基本识别色 | 颜色标准编号 |
| --- | --- | --- |
| 原料液 | 黑 | |
| 自来水 | 艳绿 | G03 |
| 热循环水 | 暗红 | |
| 水蒸气 | 大红 | R03 |
| 沼气 | 中黄 | Y07 |
| 沼渣、沼液 | 黑 | |
| 空气 | 淡灰 | B03 |

沼气工程工艺管道识别色标识方法，可从下列五种方法中任选其一。

1）管道全长上标识。

2）在管道上以宽为150 mm的色环标识。

3）在管道上以长方形的识别色标牌标识。

4）在管道上以带箭头的长方形识别色标牌标识。

5）在管道上以系挂的识别色标牌标识。

当管道采用2）、3）、4）、5）方法时，两个标识之间的最小距离应为10 m。其中3）、4）、5）的标牌最小尺寸应以能清楚观察识别色来确定。

当管道采用2）、3）、4）、5）基本识别色标识方法时，其标识的场所应该包括所有管道的起点、终点、交叉点、转弯处、阀门和穿墙孔两侧等的管道上和其他需要标识的部位。

（2）识别符号

沼气工程工艺管道的识别符号由物质名称、流向和主要工艺参数等组成，在沼气工程运行之前，就应当按照下列要求进行管道标识。

物质名称的标识：①物质全称，如沼气、原料、热循环水。②化学分子式，如$H_2O$。

物质流向的标识：管道内物质的流向是单向的，用单箭头表示；流向是双向的，则以双向箭头表示。

工艺参数的标识：物质的压力、温度、流速等主要工艺参数的标识，使用方可按需自行确定采用。

字体和箭头尺寸的标识：字母、数字的最小字体，以及箭头的最小外形尺寸，应以能清楚观察识别符号来确定。

（3）安全标识

危险标识：根据《化学品分类和危险性公示通则》所列危险化学品规定，沼气工程中的储气柜和沼气管道应设置危险标识。储气柜附近需设立警示标牌，沼气管道色彩标识若采用上述1）方法，则只需在黄色的沼气管道两侧涂25 mm宽黑色的色环或色带。若采用上述2）、3）、4）、5）方法，则需要先在管道上涂150 mm宽黄色，然后在黄色两侧各涂25 mm宽黑色的色环或色带。

消防标识：消防安全标志是指由安全色、边框、以图像为主要特征的图形符号或文字构成的标志，用以表达与消防有关的安全信息。在消防安全标志的主标志中，火灾报警和手动控制装置的标志的底色是红色。火灾时疏散途径标志的底色呈蓝色或红色。具有火灾、爆炸危险的地方或物质的标志的底色呈黄色或红色。方向辅助标志的底色呈蓝色或红色。消防安全标志杆的颜色应与标志牌相一致。制作消防安全标志牌时其衬底色除警告标志用黄色勾边外，其他标志用白色。

沼气生产中火灾危险源主要在沼气发酵罐、储气柜、配电房、沼气发电房、锅炉房和沼气输送管道。设置的消防专用管道应遵守《消防安全标志》（GB 13495）的规定，并在管道上标识“消防专用”识别符号。

（4）其他元件的标识

除了管道外，沼气工程还需标识的元件有设备、阀门、法兰、紧固件等。

设备的标识：通常采用挂牌法，标识内容一般包括设备名称、型号、规格、制造厂家、编号和检验状态等。

阀门的标识：通常采用挂牌法，标识阀门的规格、型号、压力等。

法兰的标识：适宜采用挂牌法，一般标识公称直径、公称压力、材质、制造标准等。

紧固件的标识：适宜采用挂牌法，螺栓一般标识公称直径和长度，其他紧固件标识规格和材质。

## 二、泵

泵是沼气工程的重要设备之一，直接影响工程的正常运行。主要包括：料液提升泵、进料泵、循环搅拌泵、沼渣、沼液提升泵、热水循环泵等。泵选型应根据料液输送量、装置扬程、料液性质、管路布置以及操作运转条件等工艺要求进行选择。

流量：选择泵时，以最大流量为依据，兼顾正常流量，在没有最大流量时，通常可取正常流量的1.1倍作为最大流量。

扬程：一般要用放大5%～10%余量后的扬程来选型。

料液性质：包括料液介质的物理性质、化学性质和其他性质。物理性质有温度、密度、黏度、介质中固体颗粒直径和气体的含量等，这涉及系统的扬程，有效气蚀余量计算和合适泵的类型。化学性质主要指液体介质的化学腐蚀性和毒性，是选用泵材料和选用哪一种轴封型式的重要依据。

管路布置条件：指送液高度、送液距离、送液走向、吸入侧最低液面、排出侧最高液面等一些数据和管道规格及其长度、材料、管件规格、数量等，以便进代系统物程计算和气蚀余量的校核。

操作条件包括内容很多，如液体的操作饱和蒸气压力、吸入侧压力（绝对）、排出侧装置压力、海拔高度、环境温度、操作是间隙的还是连续的、泵的位置是固定的还是可移动的等。

### 1. 螺杆泵

我国现有沼气工程应用较多的螺杆泵有G系列单螺杆泵和立式螺杆泵。这两类螺杆泵均有输送高黏度流体、含有硬质悬浮颗粒介质或含有纤维介质的特点。泵的结构紧凑，体积小，维修简便，对介质适应性强，流量平稳，压力脉动小，自吸能力高。工作温度可达120 ℃。在沼气工程中，螺杆泵常作为进料泵使用，当进料总固体浓度为5%～12%时建议采用螺杆泵。

### 2. 污水泥浆泵

NL系列污水泥浆泵在农村主要用作河泥、粪便、河水、浆饲料的吸送，可用于市政、食品等行业抽吸浓稠液、污浊液、糊状体、流砂及城市河道的流动污泥等。在沼气工程中，进料或提升料液的总固体浓度为4%～5%时建议采用泥浆泵。

### 3. 高效无堵塞排污泵

高效无堵塞排污泵具有节能效果显著、防缠绕、无堵塞等特点，适合输送含有固体和长纤维的介质。介质温度不超过60 ℃，密度1.0～1.3 kg/m$^3$，pH在5～9范围内。在沼气工程中，当进料或提升料液的总固体浓度为≤4%时，或沼液提升时，建议采用高效无堵塞排污泵。管道式高效无堵塞排污泵可用于低浓度沼气发酵罐的料液回流搅拌。

### 4. 自动搅匀排污泵

自动搅匀排污泵是在普通排污泵的基础上采用自动搅拌装置，该装置随电机轴旋转，产生极强的搅拌力，将污水池内的沉积物搅拌成悬浮物，吸入泵内排出，提高泵的防堵、排污能力，一次性完成排水、清水、清淤，节约运行成本。介质温度不超过60 ℃，密度1.0～1.3 kg/m$^3$，pH在4～10范围内。在沼气工程中可用于池（罐）底清淤，含沉渣较多的料液的吸排。

### 5. 自吸式无堵塞排污泵

自吸式无堵塞排污泵是国内新近研发的一种集自吸和无堵塞排污于一体的泵型，既可以像一般自吸清水泵那样不需要安装底阀和灌引水，又可吸排含有大颗粒固体和长纤维杂质的液体，适用于市政排污工程、食品等行业混合悬浮物介质的输送，是一种理想的杂质泵。

### 6. 凸轮转子泵、高密度固体泵

当沼气工程进料总固体浓度超过25%时，上述泵型均无能为力。目前在欧洲，对于高浓度沼气发酵原理的进料，有工程采用凸轮转子泵或高密度固体泵。凸轮转子泵是自吸、无阀、正排泵，流量与转速成正比，可输送各种黏稠或含有颗粒物的介质。完全对称设计，允许在任何情况下逆向运转，只需要改变转子的转向即可，可以实现一台泵完成沼气发酵罐进料和排渣两项工作。高密度固体泵适合原料广，可正常输送2/3管径大小的杂物；输送物料浓度高，输送物料的总固体可达25%～40%；输送距离长，可达200 m；可长时间无故障工作，24 h连续工作，全封闭系统，对物料的适应能力强，低维护，低磨损。在我国上海普陀区和北京董村等几个生活垃圾综合处理的沼气工程中已有应用。

## 三、阀门

阀门是流体输送系统中的控制部件，具有截止、调节、导流、防止逆流、稳压、分流或溢流泄压等功能。用于流体控制系统的阀门，从最简单的截止阀到极为复杂的自控系统中所用的各种阀门，其品种和规格相当繁多。阀门可用于控制空气、水、蒸气、各种腐蚀性介质、泥浆、油品、液态金属和放射性介质等各种类型流体的流动。沼气工程中常用的阀门有以下几种。

### 1. 截断阀

截断阀又称闭路阀，截止阀，其作用是接通或截断管路中的介质。截断阀类包括闸阀、截止阀、旋塞阀、球阀、蝶阀和隔膜阀等。

闸阀是一种最常用的启闭阀，利用闸板来接通和截断管路中的介质。它不允许作为节流用，使用中应避免闸板微量开启，因高速流动的介质的冲蚀会加速密封面的损失。闸板在垂直于阀门座通道中心线的平面做升降运动，像闸门一样截断管路中的介质。根据密封元件的形式，常常把闸阀分成几种不同的类型，如楔式闸阀、平行式闸阀、平行双闸板闸阀、楔式双闸板闸等。沼气工程最常用的形式是楔式闸阀和平行式闸阀。

蝶阀是用盘式（又称蝶板）的启闭件旋转90°或90°左右来开启和关闭通道的旋转阀。蝶阀阀瓣的运动带有擦拭性，故大多数蝶阀可用于悬浮固体颗粒的介质。

球阀与蝶阀比具有相同的旋转90°动作，不同的是旋塞体是球体，有圆形通孔或通道通过其轴线。当球旋转90°时，在进、出口处应全部呈现球面，从而截断流动。球阀只需要用旋转90°的操作和很小的转动力矩就能关闭严密。完全平等的阀体内腔为介质提供了阻力很小、直通的流道。球阀的主要特点是本身结构紧凑，易于操作和维修，适用于水、溶剂、酸和天然气等一般工作介质，而且还适用于工作条件恶劣的介质，如氧气、过氧化氢、甲烷和乙烯等。

**2. 止回阀**

止回阀又称单向阀或逆止阀，用来防止管路中的介质倒流的阀门，它在介质顺流时开启，介质逆流时自动关闭。一般使用在不允许介质朝反方向流动的管路中，以阻止逆流的介质损坏设备和机件。在泵停止运转时，不致使旋转式泵发转。

**3. 安全阀**

安全阀类的作用是防止管路或沼气发酵装置中的介质压力超过规定数值，从而达到安全保护的目的。

**4. 调节阀**

调节阀类包括调节阀、节流阀和减压阀，其作用是调节介质的压力、流量等参数。

**5. 分流阀**

分流阀类包括各种分配阀和疏水阀等，其作用是分配、分离或混合管路中的介质。

**6. 排气阀**

排气阀是管道系统中必不可少的辅助元件，广泛应用于锅炉、空调、石油天然气、给排水管道中。往往安装在制高点或弯头等处，排除管道中多余气体，提高管道路使用效率及降低能耗。沼气工程加热管通常在管道高点安装排气阀排出水蒸气。

阀门的连接方式有螺纹连接、法兰连接、焊接连接、卡箍连接、卡套连接、对夹连接等。

## 第三节　沼气发酵装置的保温与加热

### 一、保温材料

为了减少沼气发酵罐、热交换器及热力管道外表面的热损失，一般均应敷设保温结构。凡是导热系数小、密度较小、具有一定机械强度和耐热能力、吸收性低的材料均可作为保温材料。以往常用的保温材料有泡沫混凝土、膨胀珍珠岩、岩棉制品等，目前主要采用聚苯乙烯泡沫塑料、橡塑海绵、聚氨酯泡沫塑料等。不同保温材料特性见下表。保温材料选择应因地制宜，在满足沼气发酵工艺温度的前提下，综合考虑保温材料的性价比和制作安装的难易程度。沼气发酵装置一般可选低温用保温材料。新型轻质保温材料目前应用日益增多，但这些保温材料有的易被压实，或收缩变形，影响保温性能。轻型保温结构、热惰性小，受外界温度变动的影响较大，设计厚度时，较计算值应适当留有富余。罐内或地坪线下的保温材料可采用硬质聚氨酯泡沫、泡沫玻璃等闭孔材料，防止水分渗入，并且材料强度必须能承受发酵罐装满原料时的全部荷载。地坪线上罐外的保温材料可采用岩棉、矿物纤维毡、硬质泡沫垫、挤压泡沫、宝丽龙泡沫、合成泡沫、聚苯乙烯等。保温层的传热系数应在0.02～0.05 W/（m・K），厚度5～10 cm，有的达20 cm。尽管保温材料厚度可以通过计算确定，目前主要还是基于经验确定。

表6-3 保温材料特性

| 保温材料 | 密度（kg/m$^3$） | 导热性/[W/(m・K)] | 适用类型* |
|---|---|---|---|
| 矿物纤维保温材料 | 20 ~ 40 | 0.030 ~ 0.040 | WV，WL，W，WD |
| 珍珠岩保温板 | 150 ~ 210 | 0.045 ~ 0.055 | W，WD，WS |
| 聚苯乙烯泡沫颗粒 | 15 < 体积密度 | 0.030 ~ 0.040 | W |
| 聚苯乙烯泡沫颗粒 | 20 < 体积密度 | 0.020 ~ 0.040 | W，WD |
| 挤出发泡聚苯乙稀 | 25 < 体积密度 | 0.030 ~ 0.040 | WD，W |
| 聚苯乙稀硬质泡沫 | 30 < 体积密度 | 0.020 ~ 0.035 | WD，W，WS |
| 泡沫玻璃 | | 0.040 ~ 0.060 | W，WD，WDS，WDH |

大多数保温层做在主体结构层外侧，保温层外设有硬质保护层，组成保温结构。保护层的作用是避免外部的水蒸气、雨水以及潮湿泥土中水分进入保温材料导致导热性增加、保温效果降低，同时还可避免保温材料遭受机械损伤，并可使外表平正、美观，便于涂色。常用保护层有石棉砂浆抹面、砖墙、铁皮、铝皮、铝合金板以及压型彩钢等，也有将沼气发酵罐保温层做在发酵罐内的。

## 二、加热

保持沼气发酵装置内料液最适温度是高效沼气生产的重要条件。除了一些发酵工业废水（如酒精废水、淀粉废水等）外，大部分沼气发酵原料的温度为常温，在冬季或寒冷地区，沼气生产效率低。为了达到需要的发酵温度，保证稳定高效的沼气生产，需要对沼气发酵原料进行加热，同时还要补偿散失的热量。另外，沼气发酵装置料液温度在时间和空间上应保持稳定均匀，以保证最佳发酵过程。并不是说要将温度波动范围控制在0.1 ℃以内，而是要将一段时间内温度波动以及发酵装置不同部位温度差异控制在一个比较窄的范围，如1 h内温度波动不宜超过2～3 ℃。温度大幅波动，温度低于或超过最适发酵温度，都会影响沼气发酵过程，甚至导致产气停止。引起温度波动的因素有：新鲜底物进料，温度分层或者由于保温和加热效果差、搅拌不均形成不同温度区域，加热组件布置不合适，冬季夏季极端温度，设备故障等。

加热方式分为罐内和罐外加热两类。罐内加热是将热量直接通入沼气发酵罐内，对料液进行加热，有热水循环和蒸气直接加热两种方法。热水循环法的缺点是热效率较低，循环热水管外层易结垢，使传热效率进一步降低。蒸气直接加热效率较高，但能使原料含水率增加，增大料液量。罐内加热的两种方法均需要保持良好的混合搅拌。罐外加热指将原料或料液在罐外进行加热，有原料加热和料液循环加热两种。原料加热是将原料在预热池内首先加热到需要的温度，再进入沼气发酵罐。料液循环加热是将罐内料液抽出，加热到要求的温度后，再打回到罐内。循环加热采用的热交换器有套管式、管壳式和螺旋板式三种。

**1. 罐内加热**

罐内加热是在沼气发酵罐内加热料液。加热管道安装在沼气发酵罐内，或者换热管安装在搅拌器上。根据发酵罐大小，需要设置两组或更多的加热盘管。如果是聚氯乙烯或乙烯-辛烯共聚物，因为塑料的导热性比较低，间距必须加密。加热设施不能影响其他设备，如刮泥机、搅拌机等。

罐内加热主要有以下几种方式。

（1）墙中加热或夹套加热：墙中加热将加热管嵌入沼气发酵池墙中，墙中加热适合所有混凝土发酵罐，不适合高温发酵；夹套加热是在沼气发酵装置外壁安装夹套，结构简单，适合钢制沼气发酵装置。

（2）底板加热：加热管铺于混凝土底板下，主要适合立式发酵罐，不适合高温发酵。

（3）壁内加热：换热管安装在发酵罐内，距离内壁约50 cm位置，适合所有类型发酵罐，但是，在立式发酵罐中更常见。

（4）壁外加热：换热管紧贴在发酵罐外壁上，主要适合立式发酵罐。

（5）搅拌器换热管加热：适合所有类型发酵罐，在卧式发酵罐中更常见。

罐内加热的优点：①热损失较小；②水平加热系统和连接到搅拌器的加热系统传热效率高；③底板、壁外和墙中加热不会引起沉积；④与搅拌器连接在一起的加热器与物料接触机会多。

罐内加热的缺点：①维修困难；②沉积层的形成严重影响底板加热效率；③发酵罐壁内加热会导致结垢；④在混凝土内的加热组件会引起温度应变。

**2. 罐外加热**

罐外加热可以避免进料引起的温度变化。当使用外置换热器时，为了维持稳定发酵温度，料液必须连续通过换热器循环换热，否则，还需要在发酵罐内设置另外的加热器。加热盘管必须设置排气装置，传热介质和被加热的物料尽量做到逆流。通常采用蛇管或夹套换热器，材料为特殊钢，适合所有类型的发酵罐，特别适合高温发酵，常用于推流式反应器。设计加热能力应适合沼气工程规模与发酵温度，加热管道直径与进料管道直径相配套。

罐外加热的优点：①新鲜物料不会对发酵罐内产生温度冲击；②所有物料都得到加热；③维修方便；④温度容易控制。

罐外加热的缺点：①热损失较大；②某些情况下，需要另外增加发酵罐内加热系统；③外部加热需要费用较高的热交换器。

目前，欧洲和国内沼气工程的加热方式主要采用罐内加热，通过加热热水在加热盘管内循环。一些工程也同时辅以罐外加热，在调配池内设置加热盘管，通过热水在加热盘管内循环，将原料预热到需要的温度。最常见的加热热源是沼气发电余热、太阳能、沼气或煤燃烧。

## 三、保温制作

**1. 罐体保温结构制作**

沼气发酵罐保温结构制作包括保温层制作和保护层制作。保温层是使用热的不良导体在发酵罐外形成一层隔热层，减少发酵罐向周围环境散发热量，减少维持沼气发酵温度的外部能量供给。保护层的作用是保护保温层不受破坏并防止雨水侵入，同时使发酵罐更为美观。

（1）保温层制作具备的条件

保温层的制作必须具备的条件：发酵罐附属结构与设施安装完毕；需要埋在保温层内的管道、配件等安装完毕；保温层固定件、支承件就位齐备；发酵罐防腐施工验收合格；发酵罐试水试压试验合格。

（2）保温层制作与检查

为了方便保温层的制作，保温材料多采用板材、卷材或缝毡，也有采用珍珠岩制品填充和聚氨酯发泡的形式。无论采用什么保温材料，保温层的防水尤为重要，必须精心制作，因为保温材料或多或少都有一定的吸水性，保温材料吸水后对保温效果都有较大的不良影响。

采用板材、卷材或缝毡形式的保温材料，保温层单层厚度不宜超过80 mm，否则需分层制作，保温材料应错缝安装，不仅是同层错缝，而且内外层应压缝，搭接长度大于50 mm，在安装过程中，要从下至上安装，并用镀锌铁丝或包装带横向绑扎。

采用珍珠岩制品填充和聚氨酯发泡的保温材料制作保温层时，首先从下往上制作其外保护层，然后用珍珠岩或聚氨酯发泡对保护层和发酵罐罐壁之间的空腔进行填充。

保温层的检查，按每50 $m^2$抽查3处，其中1处不合格时，应就近加倍取点复查，仍有1/2不合格时，认定该处保温层不合格。保温层的检查内容主要为保温层厚度和保温层容重。厚度检查可用钢探针刺入保温层直达发酵罐罐壁，再用钢尺测量探针刺入深度，读数精度要达到±1 mm，厚度允许偏差10%。容重检查要在现场切取试样检查，容重允许偏差5%～10%。

（3）保护层制作与检查

沼气发酵罐保护层一般采用彩钢板，罐壁用波纹板，罐顶用平板。保护层用彩钢板基板厚度有0.42 mm、0.47 mm、0.50 mm、0.60 mm等规格，宽度为1000 mm，压制成型后的波纹板常用规格有950型、860型，长度根据沼气发酵罐罐壁保温层高度确定尺寸裁剪。保护层的固定件通常采用扁钢制作，焊接在发酵罐罐壁上，扁钢宽度不小于20 mm，厚度不小于3 mm，固定件制作完成后须做防腐处理。

罐壁波纹彩钢板采用扣接方式，在波谷处用钻尾螺丝固定在罐壁彩钢板固定件上，钻尾螺丝的间距在横向方向250～400 mm一颗，纵向方向2～2.5m一排。如果在纵向方向上彩钢板有横向接缝，则彩钢板需从下往上安装，上层彩钢板压住下层彩钢板，搭接长度不小于50 mm，以防止雨水从横向接缝处进入保温层。彩钢板保护层与地面连接处设置排水管，排水管周边以及彩钢板保护层与地面的间隙处用油膏密封，然后用混凝土进行保护，保证地表水不能进入保温层，同时排出保温层内空气中的冷凝水。罐顶平板彩钢板采用搭接方式，用钻尾螺丝固定在罐顶彩钢板固定件上，彩钢搭接面用硅酮耐候胶密封，并用彩钢板折成的U形条覆盖，防止雨水进入保温层。保护层的制作要先做罐壁处，后做罐顶部位，使罐顶保护层盖住罐壁保护层上沿，确保罐顶雨水不进入罐壁保温层中。

保护层的检查，应表面平整光洁无破损，轮廓整齐，接缝正确，彩钢板表面涂层无明显损伤。破损的保护层必须更换，涂层小面积损伤处可用与彩钢板颜色和基质相同的油漆进行修补。

**2. 管道保温制作**

（1）管道保温制作施工具备的条件

管道保温施工前应具备的条件：管道强度试验、气密性试验合格；清除被保温管道表面的污垢、铁锈、涂刷防腐层；管道的支、吊架及结构附件、仪表接管部件等均已安装完毕，并按不同情况设置硬木垫块绝做好防潮处理；支撑件及固定件就位齐备；电伴热或热介质伴热管均已安装就绪，并经通电或试压合格；办妥管道安装、焊接及防腐等工序交接手续。

（2）保温层制作

保温固定件、支承件的设置：垂直管道，每隔一段距离须设保温层承重环（或抱箍），其宽度为保温层厚度的2/3。销钉用于固定保温层时，间隔250～350 mm；用于固定金属外保护层时，间隔500～1000 mm；每张金属板端头不应少于两个销钉。采用支承圈固定金属外保护层时，每道支承圈间隔1 200～2000 mm，并使每道金属板有两道支承圈。

用于小于DN350管道保温的管壳，管壳内径应与管道外径一致。制作时，张开管壳切口部套于管道上。水平管道保温，切口置于下侧。对于有复合外保护层的管壳，应拆开切口部搭接头内侧的防护纸，将搭接头按压贴平。相邻两段管壳要靠近，缝隙处用压敏胶带粘贴；对于无外保护层的管壳，可用镀锌铁丝或塑料绳捆扎，每段管壳捆两三道。

当保温层厚度超过80 mm时，应分层保温，双层或多层保温层应错缝敷设，分层捆扎。保温材料的厚度和普度应均匀，外形应规整，经压实捆扎后的容重必须符合设计规定的安装容重。

管道支座、吊架、法兰、阀门等部位，在整体保温时，预留一定装卸间隙，待整体保温及保护层制作完毕后，再作局部保温处理。并注意制作完毕的保温结构不得妨碍活动支架的滑动。

管道端部或有盲板的部位应敷设保温层，并应密封。除设计指明用管束保温的管道外，其余均应单独进行保温，施工后的保温层，不得掩盖设备铭牌，如将铭牌周围的保温层切割成喇叭形开口，开口处应密封规整。

方形管道四角的保温层采用保温制品敷设时，其四角角缝应做成封盖式搭缝，不得形成垂直通缝。

水平管道的纵向接缝位置，不得布置在管道垂直中心线45°范围内。当采用大管径的多块成型绝热制品时，保温层的纵向接缝位置可不受此限制，但应偏离管道垂直中心线位置。

保温制品的拼缝宽度，一般不得大于5 mm，且施工时需注意错缝，当使用两层以上的保温制品时，不仅同层应错缝，而且里外层应压缝，其搭接长度不宜小于50 mm。当外层管壳绝热层采用胶带封缝时，可不错缝。

支承件的安装，对于支承件的材质，应根据管道材质确定，应采用普通碳钢板或型钢制作。支承件不得设在有附件的位置上，环向应水平放置，各托架筋板之间安装误差不应大于10 mm。

支承件制作的宽度应小于保温层厚度10 mm，但不得小于20 mm。公称直径大于100 mm的垂直管道支承件的安装距离，应视保温材料松散程度而定。

直接焊于不锈钢管道上的固定件，必须采用不锈钢制作。当固定件采用碳钢制作时，应加焊不锈钢垫板。

设备振动部位的保温：当壳体上已设有固定螺杆时，螺母上紧丝扣后点焊加固；对于设备封头固定件的安装，采用焊接时，可在封头与筒体相交的切点处焊设支承环，并应在支承环上断续焊设固定环；当设备不允许焊接时，支承环应改为抱箍型。多层保温层采用不锈钢制的活动环、固定环和钢带。

垂直管道的保温层采用半硬质保温制品施工时，应从支承件开始，自下而上拼砌，并用镀锌铁丝或包装钢带进行环向捆扎。

敷设异径管的保温层时，应将保温制品加工成扇形块，并采用环状或网状捆扎，其捆扎铁丝应与大直径管段的捆扎铁丝纵向拉链。

（3）保护层制作

①金属保护层：金属保护层常用镀锌薄钢板或铝合金板。安装前，金属板两边先压出两道半圆凸缘。

垂直方向保护层：将相邻两张金属板的半圆凸缘重叠搭接，自上而下，上层板压下层板，搭接50 mm。当采用销钉固定时，用木锤对准销钉将薄板打穿，去除孔边小块渣皮，套上3 mm厚脚垫，用自锁紧板套入压紧，当采用支撑圈、板固定时，板面重叠搭接处，尽可能对准支撑圈、板，先用$\Phi$3.6 mm钻头钻孔，再用自攻螺钉M4×15紧固。

水平管道保护层，可真接将金属板卷合在保温层外，按管道坡向，自下而上制作；两板环向半圆凸缘重叠，纵向搭口向下，搭接处重叠50 mm。

搭接处先用$\Phi$4 mm（或Φ3.6 mm）钻头钻孔，再用抽芯铆钉或自攻螺钉固定，铆钉或螺钉间距为150～200 mm。金属保护层应在伸缩方向留适当活动搭口，以便承受热膨胀位移。金属保护层必须按规定嵌填密封剂或在接缝处包缠密封带。

在已安装的金属护壳上，严禁踩踏或堆放物品，当不可避免踩踏时，应采取防护措施。

②复合保护层：油毡用于潮湿环境下的管道保温外保护层。可直接卷铺在保温层外，垂直方向由低向高处敷设，环向搭接用稀沥青黏合，水平管道纵向搭缝向下，均搭接50 mm，然后用镀锌铁丝或钢带扎紧，间距200～400 mm。

CPU卷材：用于潮湿环境下的管道保温外保护层，管道环、纵向接缝的搭接宽度均为50 mm，可用订书机直接钉上，接缝用CPU涂料黏住。

玻璃布：以螺纹状紧缠在保温层（或油毡、CPU卷材）外，前后均搭接50 mm。由低处向高处施工，布带两端及每隔3 m用镀锌铁丝或钢带捆扎。

复合铝箔：可直接敷设在除棉、缝毡以外的平整保温层外，接缝处用压敏胶带黏合。

玻璃布乳化沥青涂层：在缠好的玻璃布外表面涂刷孵化沥青，一般涂刷两道，第二道须在第一道干燥后进行。

玻璃钢：在缠好的玻璃布外表面涂刷不饱和聚酯树脂。

玻璃钢、铝箔玻璃钢薄板：制作方法同金属保护层，但不压半圆凸缘及折线。环、纵向搭接30～50 mm。搭接处可用抽芯钥钉或自攻螺钉紧固，接缝处宜用黏合剂密封。

3）抹面保护层：抹面保护层的灰浆，容重不大于1000 kg/m$^3$，抗压强度不得小于0.8 MPa，烧失量不得大于12%，干烧后不得产生裂缝、脱壳等现象，不得对金属产生腐蚀。

露天的保温结构，不得采用抹面保护层。

抹面保护层未硬化前，应防雨淋水冲，当昼夜室外平均温度低于5 ℃，且最低温度低于－3 ℃时，应按冬季施工方案，采取防冻措施。高温管道的抹面保护层和铁丝网的断缝，应与保温层的伸缩缝留在同一部位，封内填充毡、棉材料。室外的高温管道，应在伸缩缝部位加金属护壳。应选用具有自熄性的涂层和嵌缝材料，管道保护层外应涂防火漆两遍。

（4）油漆

对于玻璃布、镀锌钢板等外保护层，可根据设计要求或环境需要，涂刷各色油漆，用以防护或作识别标记。

## 第四节　给水及消防

沼气站应设给水系统。给水系统包括公共生活用水给水系统和消防用水给水系统。

### 一、给水系统

沼气站给水系统可采用公共生活用水与消防用水合用管道系统。应确保水源充足，依托生产企业的沼气工程由企业内供水系统供给，有市政供水管网的由市政管网供给。当供水水量、水压不能满足消防用水时，要设置专用的消防水池。

供水主管和消防管道通常采用管径≥DN100的镀锌钢管，生活用水支管可采用管径≥DN25的镀锌钢管。管径≤DN50采用丝扣连接，管径≥DN50的采用焊接。管径＞DN50的管道阀门采用蝶阀，其余的采用铜芯截止阀。

镀锌钢管埋地敷设时，做普通防腐：沥青底漆—沥青—玻璃布—沥青—玻璃布—沥青—聚氯乙烯工业膜，总厚度不小于1 mm。当埋于腐蚀性土壤或焦渣层内时，应做加强防腐：沥青底漆—沥青—玻璃布—沥青—玻璃布—沥青—玻璃布—沥青—聚氯乙烯工业膜，总厚度不小于5.5 mm。在寒冷地区管顶覆土深度不小于土壤冰冻线以下0.15 m，行车道下的给水管道覆土深度不小于0.70 m，人行道下的给水管道覆土深度不小0.60 m。

管道基础：如为未经扰动的原状土层，则对天然地基进行夯实；如为回填土土层，则在回填土地段做300 mm厚灰土垫层。

管沟回填土要求：管沟回填土应分层夯实。虚铺厚度：机械夯实时，不大于300 mm；人工夯实时，不大于200 mm；管道接口处的回填土应仔细夯实，不得扰动管道的接口。

给水管道穿越墙壁时，应预埋刚性防水套管；穿越道路时，应预埋防护套管。

给水管道安装完成后应进行冲洗、消毒和试压，具体做法为：要求以不小于1.5 m/s的流速进行冲洗，并符合《建筑给水排水及采暖工程施工质量验收规范》的规定；消防给水管道的试压压力为1.4 MPa，保持2 h无明显渗透为合格。

消防供水水压应大于0.3 MPa，消防用水水量应按大于15 L/s进行设计。

## 二、消防

### 1. 室外消火栓的布置

室外消火栓的间距不应大于120 m。室外消火栓的数量应按其保护半径和室外消防用水量等综合计算确定，每个室外消火栓的用水量应按10～15 L/s计算。室外消火栓宜采用地上式消火栓。地上式消火栓应有一个DN15。或DN100和两个DN65的栓口。采用室外地下式消火栓时，应有DN100和DN65的栓口各一个。严寒和寒冷地区设置的室外消火栓应有防冻措施。消火栓应沿建筑物均匀布置，距路边不应大于2 m，距房屋外墙不宜小于5 m，并不宜大于40 m。工艺装置区内的消火栓应设置在工艺装置的周围，其间距不宜大于60 m。当工艺装置区宽度大于120 m时，宜在该装置区内的道路边设置消火栓。

**2. 消防水池**

当生产、生活用水量达到最大时，市政给水管道、进水管或天然水源不能满足室内外消防用水量，或市政给水管道为枝状或只有一条进水管，且室内外消防用水量之和大于25 L/s时应设置消防水池。

当室外给水管网能保证室外消防用水量时，消防水池的有效容量应满足在火灾延续时间内室内消防用水量的要求。当室外给水管网不能保证室外消防用水量时，消防水池的有效容量应大于火灾延续时间内室内消防用水量与室外消防用水量不足部分之和。当室外给水管网供水充足且在火灾情况下能保证连续补水时，消防水池的容量可减去火灾延续时间内补充的水量。补水量应经计算确定，且补水管的设计流速不宜大于2.5 m/s。消防水池的补水时间不宜超过48 h，对于缺水地区不应超过96 h。容量大于500 $m^3$的消防水池，应分设成两个能独立使用的消防水池。供消防车取水的消防水池应设置取水口或取水井，且吸水高度不应大于6.0 m。取水口或取水井与被保护建筑物（水泵房除外）的距离不宜小于10 m。消防用水与生产、生活用水合并的水池，应采取确保消防用水不作他用的技术措施。严寒和寒冷地区的消防水池应采取防冻保护设施。

沼气工程的火灾延续时间计算不应小于3 h。如涉及秸秆堆场，其火灾延续时间计算不应小于6 h。

**3. 消防水泵**

消防水泵房应有不少于两条的出水管直接与环状消防给水管网连接。当其中一条出水管关闭时，其余的出水管应仍能通过全部用水量。出水管上应设置试验和检查用的压力表和DN65的放水阀门。当存在超压可能时，出水管上应设置防超压设施。一组消防水泵的吸水管不应少于两条。当其中一条关闭时，其余的吸水管应仍能通过全部用水量。消防水泵应采用自灌式吸水，并应在吸水管上设置检修阀门。消防水泵应设置备用泵，其工作能力不应小于最大一台消防工作泵。当室外消防用水量不大于25 L/s时，可不设置备用泵。

消防水泵的流量为消防水池设计时选用的各用水流量之和。

**4. 灭火器配置**

根据《建筑灭火器配置设计规范》（GB 50140），沼气站内可能发生的火灾有A类火灾（固体物质火灾）、C类火灾（气体火灾）、E类火灾（带电火灾，物体带电燃烧的火灾）。火灾危险等级应划定为严重危险级：火灾危险性大，可燃物多，起火后蔓延迅速，扑救困难，容易造成重大财产损失的场所。根据不同灭火器适应的火灾类别，沼气站内宜选用磷酸铵盐干粉灭火器。

灭火器应设置在位置明显和便于取用的地点，且不得影响安全疏散。对有视线障碍的灭火器设置点，应设置指示其位置的发光标志。灭火器的摆放应稳固，其铭牌应朝外。手提式灭火器宜设置在灭火器箱内或挂钩、托架上，其顶部离地面高度不应大于1.50 m；底部离地面高度不宜小于0.08m。灭火器箱不得上锁。灭火器不宜设置在潮湿或强腐蚀性的地点。当必须设置时，应有相应的保护措施。灭火器设置在室外时，应有相应的保护措施。灭火器不得设置在超出其使用温度范围的地点。

灭火器的最大保护距离应满足《建筑灭火器配置设计规范》（GB 50140）的规定。一个计算单元内配置的灭火器数量不得少于两具。每个设置点的灭火器数量不宜多于五具。

灭火器配置的设计计算可按下述程序进行。

（1）确定各灭火器配置场所的火灾种类和危险等级。

（2）划分计算单元，计算各计算单元的保护面积。

（3）计算各计算单元的最小需配灭火级别。

（4）确定各计算单元中的灭火器设置点的位置和数量。

（5）计算每个灭火器设置点的最小需配灭火级别。

（6）确定每个设置点灭火器的类型、规格与数量。

（7）确定每具灭火器的设置方式和要求。

（8）在工程设计图上用灭火器图例和文字标明灭火器的型号、数量与设置位置。

沼气站内各构筑物建议选用MF/ABC5型或MFT/ABC20型规格及以上的磷酸铵盐干粉灭火器，各个保护单元设置灭火器的具体型号、数量应根据《建筑灭火器配置设计规范》（GB 50140）计算确定。

# 第五节 安 全 防 护

沼气站的安全防范措施应贯彻“预防为主，防消结合”的方针，防止和减少灾害的发生和危害。

## 一、防火防爆

沼气工程中沼气生产装置、沼气储存装置以及安装有沼气净化、沼气加压、调压等设备的封闭式建（构）筑物的防火、防爆的设计建筑耐火等级，应符合现行的国家标准《建筑设计防火规范》（GB50016）中不低于“二级”的规定。建筑物门、窗应向外开，屋面板和易于泄压的门、窗等宜采用轻质材料，照明灯应为防爆灯，电源开关应设置在室外。沼气发酵罐和长度小于15 m，宽度小于6 m的封闭式建筑物，在其顶部或侧面宜设置金属防爆减压板。沼气生产、净化、储存等有爆炸危险的区域应严禁明火、地面应采用不会产生火花的材料，并应符合《建筑地面工程施工质量验收规范》（GB 50209）的有关规定。

沼气工程中地下或半地下建筑物以及其他具有爆炸危险的封闭式建筑物应设置甲烷浓度报警器，并采取良好的通风措施。当检测到空气中甲烷浓度达到爆炸下限的20%（体积比）时，通风设施应能自动开启，并应将报警信号送至控制室。当采用强制通风时，其装置通风能力在工作期间按每小时换气不小于6次，非工作期间按每小时换气不小于3次计算。当采用自然通风时，通风口面积不应小于300 $cm^2/m^2$（地面）。通风口数量不应少于2个，并应靠近屋顶设置。在有可能散发沼气的建筑物内，严禁设立休息室。

公共建筑和生产、生活用气设备应有防爆设施。用气设备的烟道和封闭式炉膛，均应设置爆破门。机械鼓风的燃烧器的主风管道，应设置爆破膜。用气设备的沼气总阀门与燃烧器阀门之间，应设置放散管，但严禁在建筑物内放散沼气。鼓风机和空气管道应设静电接地装置，接地电阻不应大于4 Ω。沼气储气柜输出管道上宜设置安全水封或阻火器。当站内工艺系统设置放散火炬时，放散火炬前沼气管道应设置阻火器；放散火炬应设置自动点火、火焰检测及报警装置；放散火炬燃烧后的排放物质应符合国家现行环境保护标准的有关规定。

沼气站投料后，严禁烟火，并在醒目位置设置“严禁烟火”标志。严禁违章明火作业，动火操作必须采取安全防护措施，并经过安全部门审批。禁止石器、铁器过激碰撞。严禁在沼气站内试火。

## 二、防毒防窒息

严禁在没有安全措施的情况下进入具有有毒、有害气体的污水池、沟渠、管道及地下井（室），如集料池、进料调节池、沼气发酵罐、沉淀池、储气罐、阀门井、脱硫器、气水分离器等。凡在这类建（构）筑物或容器进行放空清理、维修和拆除时，必须采取安全措施保证易燃气体和有毒、有害气体含量控制在安全规定值以下，同时防止缺氧。首先，打开这类装置的盖板或人孔盖板，用机械排除、清理干净产生易燃、有毒、有害气体的原料，并用清水清洗几次。然后向装置内鼓风或向外抽风，连续检测易燃气体与有害气体含量，符合规定（甲烷含量控制在2.5%以下，有害气体硫化氢的含量、氰化氢的含量和一氧化碳的含量应分别控制在10 mg/m$^3$、1 mg/m$^3$和15 mg/m$^3$以下，同时防止缺氧，含氧量不得低于19.5%）并经动物实验证明无危险时，方可操作。下池操作人员应戴好安全帽，系上安全带，配备安全照明灯具，使用隔离防护面具，池外必须有人监视池内作业并保持密切联系。整个检修期间不得停止鼓风、连续检测易燃气体与有害气体含量。池内所用照明用具和电动工具必须防爆。如需明火作业，必须符合消防防火要求；同时，应有防火、救护等措施。

## 三、其他防护措施

### 1. 安全管理

沼气工程在启动运行前，应制定沼气泄露处理应急预案、沼气中毒抢救应急预案、沼气火灾与爆炸事故应急预案以及自然灾害处理应急预案等沼气工程安全生产预案。

### 2. 防护设施及用品

沼气站应在明显位置配备防护救生设施及用品，包括消防器材、保护性安全器具。各岗位操作人员应穿戴齐全劳保用品，做好安全防范工作，并应熟悉使用灭火装置。操作人员应穿防静电的工作服、绝缘鞋、手套等，避免产生火花以及直接与污水、污泥接触。取样人员应戴胶皮手套。

**3. 机械设备安全防护**

启动设备应在做好启动准备工作后进行。电源电压波幅大于或小于额定电压5%时，不宜启动大型电机，电气设备必须可靠接地。严禁非本岗位人员启、闭机电设备。维修机械设备时，不得随意搭接临时动力线。设备旋转部位应加装防护罩，在运转中清理机电设备及周围环境卫生时，严禁擦拭设备运转部位，不得将冲洗水溅到电缆头和电机上。各种设备维修时必须断电，并应在开关处悬挂维修警示牌后，方可操作。操作电器开关时，应按电工安全用电操作规程进行。控制信号电源必须采用安全电压36 V以下。

沼气发电、供电等操作中应执行有关电气设备操作制度。

**4. 围墙**

沼气站周围根据现场条件应设置围墙，其高度不宜小于2.0 m。沼气站的大门尺寸应能容许运输最大设备或部件的车辆出入，并能满足消防通道的要求。有条件的沼气站可另设运输原料和沼渣的侧门。

**5. 建（构）筑物栏杆、爬梯**

沼气站内各处理建（构）筑物应设置适用的栏杆，栏杆的净高应不小于1.05 m，具体做法可参照国家建筑标准设计图集《楼梯栏杆栏板》（06J 403）。沼气发酵装置、储气柜等建（构）筑物应设置适用的防滑梯，可根据具体情况设计为直梯、斜钢梯或旋梯，梯宽一般应不小于600 mm，具体做法可参照国家建筑标准设计图集《钢梯》（02J 401）。

## 第六节　职业卫生与防护

职业卫生是指预防、控制和消除职业危害，保护和增进劳动者健康，提高工作生命质量，依法采取的一切卫生技术和管理措施。沼气生产中应采取有效防治措施保护人身安全和身体健康。沼气工程的设计、建设、运行过程中应高度重视职业卫生和劳动安全。

## 一、职业危害类别

通常沼气工程涉及的职业危害有以下几种。

**1. 粉尘**

以干的粪便、垃圾、秸秆为发酵原料的沼气工程中，粉尘危害较大。主要产生在原料的搬运、分选、粉碎及投加料过程中。有尘作业工人长时间吸入粉尘，会引起肺部组织纤维化病变、硬化，丧失正常的呼吸功能，导致尘肺病。此外，部分粉尘还可以引发其他疾病，如造成刺激性疾病、急性中毒、致癌率增高。

**2. 噪声**

沼气工程的噪声危害主要来自污水泵、搅拌机、发电机等机械设备正常运转时产生的机械性噪声，其中以发电机的噪声危害最大。从业人员如果长期工作在噪声环境中，会妨碍交谈，干扰工作，使听力受到损害，甚至引起神经系统、心血管系统、消化系统等方面的疾病。

**3. 有毒、有害物质**

沼气中甲烷气体约占总体积的50%～70%，二氧化碳占25%～40%，硫化氢、氢气、氧气、氮气等气体约占总体积的2%左右。这些气体中二氧化碳、硫化氢均为有毒、有害气体。在沼气工程的预处理池（间）、沼气发酵罐、储气柜、净化设备（间）、沼渣、沼液储存池、沼气利用设施等建（构）筑物周围都有可能有这些气体的产生。有毒、有害物质分为刺激性气体和中毒窒息性气体。当人体接触或吸入有毒气体，在机体内累积到一定量时，就会破坏人体的健康机能，引发职业病。

（1）甲烷：甲烷对人基本无毒，但浓度过高时，使空气中氧含量明显降低，使人窒息。当空气中甲烷达25%～30%时，可引起头痛、头晕、乏力、注意力不集中、呼吸和心跳加速、供给失调。若不及时脱离，可致窒息死亡。若空气中甲烷含量超过45%～50%以上时，就会因严重缺氧而出现呼吸困难、心动过速、昏迷以致窒息而死亡。

（2）二氧化碳：对人体的危害最主要的是刺激人的呼吸中枢，导致呼吸急促，烟气吸入量增加，并且会引起头痛、神智不清等症状。空气中二氧化碳的含量达2.5%时，人体经数小时无任何症状；达3.0%时人体无意识地呼吸次数增加；达4.0%时出现局部刺激症状；达6.0%时人体呼吸量增加；达

8.0%时呼吸困难；达10.0%时意识不清，不久导致死亡；达20.0%时数秒后瘫痪，心脏停止跳动。

（3）硫化氢：是具有刺激性和窒息性的无色气体，低浓度接触仅有呼吸道及眼的局部刺激作用，高浓度时全身作用较明显，表现为中枢神经系统症状和窒息症状。硫化氢具有“臭鸡蛋”气味，但极高浓度很快引起嗅觉疲劳而不觉其味。按吸入硫化氢浓度及时间不同，临床表现轻重不一，轻者主要是刺激症状，表现为流泪、眼刺痛、流涕、咽喉部灼热感，或伴有头痛、头晕、乏力、恶心等症状，检查可见眼结膜充血，肺部可有干罗音，脱离接触后短期内可恢复。中度中毒者黏膜刺激症状加重，出现咳嗽，胸闷，视物模糊，眼结膜水肿及角膜溃疡，有明显头痛，头晕等症状，并出现轻度意识障碍。重度中毒出现昏迷，肺水肿，呼吸循环衰竭。吸入极高浓度（1000 $mg/m^3$以上）时，可出现“闪电型死亡严重中毒可留有神经、精神后遗症。

**4. 病原微生物**

沼气发酵原料，特别是以粪便、垃圾为原料的沼气工程，原料本身含有大量的病原性微生物，主要包括细菌、病毒、寄生虫等，如大肠杆菌、沙门氏菌、鸡金黄色葡萄球菌、传染性支气管炎病毒、禽流感和马立克氏病毒、蛔虫卵、毛首线虫卵等。在储存和预处理过程中，这些病原性微生物会大量繁殖，并有可能随空气外溢。工作人员直接或间接接触这些传染源，可能造成疫病传播，影响人体健康。

## 二、职业危害防控

**1. 粉尘防控**

防尘对策需要对工艺、设备、物料、操作条件、劳动卫生防护设施、个人防护用品等技术措施进行优化组合，采取综合对策。综合措施包括技术措施、组织措施和管理措施。技术措施是关键，是控制、消除粉尘污染源的根本措施，组织措施和管理措施是技术措施的保障。防尘综合措施主要包括：宣传教育、技术革新、湿法防护、密闭尘源、通风除尘、个体防护、维护管理、监督检查。

（1）选用不产生或少产生粉尘的工艺。例如，用湿法粉碎生产工艺代替干法生产工艺。

（2）限制、抑制扬尘和粉尘扩散。在不妨碍操作条件下，尽可能采用半封闭罩、隔离室等设施来隔绝、减少粉尘与工作场所空气的接触，或采用全自动的粉碎工艺，减少工作人员在粉尘场所的滞留时间。通过降低物料落差、适当降低溜槽倾斜度、隔绝气流、减少诱导空气量和设置空间（通道）等方法，抑制由于正压造成的扬尘。粉碎厂房喷雾有助于室内飘尘的凝聚和降落。消除二次尘源，防止二次扬尘，在设计中合理布置，尽量减少积尘平面，地面、墙壁应平整光滑，墙角呈圆角，便于清扫。清扫时应采用水冲洗的方法清理积尘，严禁用吹扫方式清尘。利用风压、热压差合理组织气流，充分发挥自然通风改善作业环境的作用；当自然通风不能满足要求时，应设置全面或局部机械通风排尘装置。

（3）人防护：由于工艺、技术的原因，无法达到卫生标准要求时，操作工人必须佩带防尘口罩等个人防护用品。

（4）取防尘教育、定期检测、加强防尘设施维护检修，对从业人员定期体检等管理措施。

**2. 噪声控制**

（1）源头控制：就是减小噪声源或者减小噪声源的强度，如采用皮带传动或液压传动代替机械传动。

（2）消声：消声器是一种允许气流通过而阻止声音传播的装置，如把消声器安装在发电机的排气流通道上，就可以使机器设备噪声降低，一般可降低噪声15～30 dB。

（3）隔振：噪声除了在空气中传播外，还能通过机座将振动传给地板或墙壁，从而把声音辐射传播出去。机械设备的非平衡旋转运动、活塞式往复运动、冲击、摩擦都会产生振动。可以通过安装隔振垫等方法减少振动，如把发电机安装在柔性隔振垫上，可大大减少振动噪声的传播。

（4）隔声：就是将噪声源与生产工人相互隔离开来，是一种最有效和常用的控制噪声措施。隔声办法主要有隔声室、隔声罩和隔声屏障。主要原理是用透声系数小、隔声系数大、表面光滑、密度大的材料，如混凝土、钢板、砖墙等，这些材料能把噪声大部分反射和吸收，而透过部分较小，达到隔声目的。也可以在机械设备外悬挂吸声体，设置吸声屏，吸声材料有玻璃棉、矿渣棉、毛毡泡沫、塑料、甘蔗板、木丝板、纤维板、微穿孔板、吸声砖等，设置吸声材料可减低5～10 dB的室内反射或混响声音。

（5）阻尼：机器外壳一般都是金属板制成，噪声可通过金属板辐射出去。为控制噪声，可在金属板上涂敷一层阻尼材料层，如，沥青、软橡胶及其他高分子涂料，阻尼材料磨擦消耗大，可使振动能量变成热能散掉，而辐射不出噪声。

（6）传播途径控制：可以在机械设备厂房周围设置绿化带或设置声频障使噪声产生衰减，从而达到降低噪声的目的。

（7）个人防护：对接触噪声的工作人员，采取个人噪声防护是减少噪声对人体危害的有效措施之一，当其他消声措施达不到要求时，操作工人可以戴耳塞、防声耳罩或防声帽，可减低噪声10～20 dB，保护听觉，从而使头部、胸部免受噪声危害。

（8）加强管理，搞好厂区规划，大力植树绿化，均可控制和降低噪声。

### 3. 有毒、有害物质防控

沼气工程产生的有毒、有害物质，主要是由于管理不善而扩散出的沼气，包括沼气中的甲烷、二氧化碳、硫化氢气体等。应从加强管理、通风以及采取相应的技术措施加以控制。

（1）加强管理，防止毒物泄漏：沼气生产企业应制定沼气生产各岗位安全操作规程，并严格实施，严格工艺条件的执行。应设专业技术人员定期对设备、管道等进行检修和维护，加强密闭，杜绝跑、冒、滴、漏现象的发生，一旦发现及时处理。检查脱硫设备的脱硫效果，尽量减少硫化氢二次毒源对使用者的危害。加强安全培训教育。

（2）技术措施：预处理间、净化间等可能产生有毒、有害气体的室内，必须安装防爆排风扇，并定时排风。工作人员在进入室内前，应提前排风，确保室内有毒、有害气体排尽后方可进入，并保证排风扇持续工作。在预处理间、净化间等重要岗位安装甲烷、硫化氢等有毒、有害气体浓度监测报警器。

（3）个人防护：工作人员应穿戴防护服装、手套、眼镜，佩戴防护面具、防护口罩等防护用品。

（4）应急处理：一旦发现有沼气泄漏，应迅速撤离泄漏污染区，切断一切可能火源。应急处理人员戴自给正压式呼吸器，穿消防防护服，尽可能切断泄漏源。合理通风，加速扩散。

（5）合理规划，沼气工程远离居住区，并应在依托企业、管理区的下风向。

**4. 疫病防控**

以粪便、垃圾为原料的沼气工程，应防止病原微生物对工作人员的危害。

（1）粪便、垃圾由配套的密闭设备收集运输，保证在运输过程中不散落，粪便污水通过管道直接进入预处理系统。预处理间采用负压系统，工作人员在上风向作业。

（2）工作人员应穿戴防护服装、手套、防护面具、防护口罩等防护用品，并配备必要的作业工具，避免工作人员与发酵原料直接接触。

（3）沼气站内应配备必要的淋浴、消毒设施，避免工作人员传染疾病或将病原微生物带出站外。

（4）加强管理，一旦发现工作人员生病，应送往医院就医。

# 第七章 生物质能发电

## 第一节 什么叫生物质能发电

讲到电，大家就会想到马路旁高高的输电铁塔，它们都是高压电，有110 kV、220 kV、500 kV，还有±500 kV直流输电线路，它们是不能碰的。

曾经有一个施工单位的吊车吊臂在起吊物件时，不当心碰到高压线，瞬时冒出电火花，并发出巨响，造成设备损坏，人员触电身亡，还引起大面积停电。

在现代社会活动中，电的应用十分广泛，电是和人们的生活及生产联系最密切的一种能源。请大家想一想，如果今天没有了电，我们的生活、生产等活动将变得怎样？

现代生活离不开电，电是非常重要的，人人都要为节省每一度电而努力，因为电是来之不易的！

### 一、你知道有多少种发电方法

现在先来讲讲有多少种发电方法，换句话说，有多少种能量形式可以转换成电能。

**1. 火力发电——最早最成熟的技术，但有严重污染**

目前全国火力发电装机容量占总的发电装机容量的70%以上，而且大多数是燃煤发电厂。全国各大城市都有燃煤发电厂。煤从煤矿中开采出来，通过汽车、火车或轮船运到各城市的发电厂使用。火力发电厂目前向高压、高温、大容量方向发展，国产超临界发电机组容量已达100万kW。

**2. 水力发电——水力资源的合理利用，可减少水灾发生**

水力发电是我国第二大的电力生产企业。长江三峡水力发电站是国内最大的水力发电工程，分别建设了左岸电站、右岸电站和地下电站，共安装了

32台70万kW的大型水轮发电机组，总发电容量达2240万kW。水力资源是可再生能源，没有任何污染。三峡电站发出的电力，通过超高压输电线路送到华中、华南、华东等地区使用。

**3．核能发电——不会发生原子弹爆炸的核能和平利用**

核能发电是利用核燃料在链式分裂反应过程中放出大量的热能，通过热交换器，把水加热变成高温蒸汽，再通过常规发电厂的汽轮发电机组来发电。

核能发电是一种清洁、安全、稳定、廉价的能源。单台机组容量可达100万kW。核电站最主要的是安全问题，吸取国外几次核电站事故的教训，现在设计的核电站采用非能动安全系统，即发生事故时，可以做到非能动排出余热、非能动冷却堆芯及自动降压，确保核电站安全。

我国第一座核电站——浙江秦山核电站于1991年12月15日并网发电。以后又建设了大亚湾核电站、岭澳核电站、田湾核电站等。

**4．风力发电——风婆婆给我们送能源**

风力发电是利用空气流动时的动能，在风吹到风力发电机的叶片时，使风力发电机转动起来，经过增速后，使发电机发出电来。风能是一种可再生能源，而且到处都有，特别是海上风力比陆上大。我国的风能资源十分丰富，全国风电储量约10亿kW，其中海上风电储量约7亿kW，陆上风电储量约3亿kW。

我国很早就开始大规模应用风力发电。早在20世纪90年代初，在内蒙古推广了许多小型风力发电机，单机功率从几十瓦到几百瓦，有十几万台，后来由于维修、配件等服务跟不上，而逐步衰退下去。正如当时那篇报道——《草原风力电机待维修，大篷车队"弹尽粮绝"》。

我国风力发电连续五年增幅超过100%，到2010年全国风电累计装机34485台，容量4 473.3万kW。

风力发电机也在不断发展新技术，如多个风筝的环形组合风力发电机，又如空中"糖葫芦"式的高效风力发电机，还有各种垂直轴式风力发电机。

**5．太阳能发电——大自然免费供给的能源**

太阳能是"取之不尽，用之不竭"的清洁能源，太阳能发电如何实现的呢？目前有两种办法可以从太阳能中获取电能。

（1）光伏发电是一台太阳能发电机。它使用的燃料是免费的太阳光，发电机是由单晶硅、多晶硅制成的光伏组件。太阳能发电应用范围很广，有太阳能汽车、太阳能飞机、太阳能路灯、太阳能充电器、太阳能计算器等。随着光伏电池组件的扩大，可以组装成太阳能电站，功率由几千瓦到上万千瓦。

我国在云南石林建造了亚洲最大的光伏发电实验示范电站，功率达10万kW，于2009年12月投产。每年能节煤4万t。光伏发电可以和建筑结合起来，组成光伏建筑一体化屋面组件，这样在千家万户的屋顶上都可以建家用太阳能发电厂。

（2）光热发电由太阳能锅炉产生蒸汽，通过汽轮发电机组来发电。太阳能锅炉按聚光方式的不同，可分为塔式太阳能热发电、槽式太阳能热发电和碟式太阳能热发电。

**6. 地热能发电——地球内部有火炉**

在1904年，意大利人在拉德瑞罗地热田上建起世界上第一座地热电站，功率为550 kW。地热发电厂怎么能发电呢？

地热能深藏在地球深处，地心内是熔融的高温岩浆，至今在某些活的火山口还能经常喷出火红的高温岩浆。地热发电就是利用地球深处的热量来加热水，使之变为蒸汽，通过汽轮发电机组发出电来。这种地热可以用来向人们提供热水，许多地方的温泉，就是热水的一种利用。大规模的利用就是搞地热发电。

我国地热资源丰富，早在1977年就探明西藏羊八井地区的地热田，深度为200 m，在当年建成我国第一座地热发电站，目前装机容量为2.5万kW，成为拉萨地区主力电源。

**7. 潮汐发电——大自然的景观**

每年的8～9月，各地旅游者都到浙江海宁观潮。钱塘江的入海口，经常会出现波涛汹涌、壮丽奇妙的海潮，像千军万马似的向游客奔来，给游客一个大浪扑面，好惊险呀！

潮汐是一种自然规律，其中蕴藏着巨大的能量，全世界的潮汐能约有27亿kW。人们可以建设潮汐发电厂，利用潮汐能来发电。我国建造的江厦潮汐能发电站，装机容量为3200 kW。

**8. 生物质能发电——生物质是人类的好朋友**

生物质是人类最早应用的物质，生物质是人类生活的基本物质，没有生物就没有人类。生物质能是一种量大面广的可再生能源，可以就地取材、就地消化，是一种很有开发前途的新能源。生物质能发电就是利用生物质能转化为电力。我国是一个农业大国，每年秸秆产量约有7亿t，相当于3.5亿t标准煤，秸秆的综合利用有很多方面，如可以造纸、制胶合板、做肥料和饲料、制备可燃气、发酵制沼气、用热裂解制成液体燃料，最常见的是广大农村用来做饭烧菜的燃料。现在秸秆可以用各种成型机制成“绿色燃料”，还可以用来发电，这是大量有效利用生物质能的主要方面。生物质能发电技术比较成熟，国内发电设备均能满足需要，投资省，建设快，社会经济效益和环保效益都比较好，还可以为广大农民带来可观的经济收益。

## 二、火力发电厂是怎样发电的

当你看到高高的红白相间的大烟囱时，就知道是一座火力发电厂。

火力发电厂一般建在大江大河的沿岸。发电厂每天要燃烧许多燃料，大量的煤炭从煤矿运到发电厂的码头，抓煤机把煤从船上装到输煤皮带机，通过除铁后进行破碎，最后送到锅炉房的煤斗中去。

煤斗中的煤通过给煤机送到磨煤机，把煤磨成煤粉，最后给粉机将煤粉喷入锅炉炉膛内燃烧。经过化学处理的蒸馏水，用高压送到水泵预热再送入锅炉，在炉膛内吸收大量热量后，蒸馏水变成高温高压蒸汽。

这时的高温高压蒸汽，通过蒸汽管道和阀门，冲向汽轮机，使汽轮机转动起来，把热能转换成机械能，其转速达3000 r/min。通过联轴器，把发电机也带动起来。在发电机内的转子是块大磁铁，定子是个大线圈，应用电磁感应原理，把机械能转换成电能，就发出电来。这是交流电，其频率为50 Hz。

进入汽轮机的大量蒸汽跑到哪里去了呢？火力发电厂建在大江大河边的原因就在这里，目的要利用大量的江水，通过汽轮机的冷凝器，把蒸汽中的大量余热带走（这是发电厂最大的热损失），使蒸汽凝结成水，该冷凝水经除氧后，再由给水泵打入锅炉中，如此不断循环，实现了把煤变成电的整个生产过程。

再问你一个问题，大量煤粉进入炉膛燃烧后，1200 ℃以上的烟气如何处理？这些高温烟气经过过热器、再热器、空气预热器时，各个设备都从烟气中吸取热量，使烟温降低，然后进入电气除尘器，除去99%以上的灰尘；经过脱硫脱硝处理，最后由引风机把大量烟气引入大烟囱，向空中排放。

除尘器收集下来的粉煤灰，以及脱硫后产生的副产品，均可以用来综合利用，作建材的原料。

主控制室是发电厂的指挥中心，按照电力系统调度中心下达的生产命令，执行每天发电机组、锅炉等的启动和停止运行任务，发电机的并网操作也在主控室内进行。这里的电气运行人员工作紧张，但他们感到很自豪，他们每时每刻监视着电能的质量，保证电压和周波合格。发电机发出的电压很高，有6.3 kV，10.5 kV、18.5 kV，通过升压变压器送入高压电网。

## 三、什么叫生物质能发电

这里讲的生物质，一般是指木材、树枝、落叶、杂草、农作物（如稻、麦、棉花、大豆等）秸秆、畜禽（如鸡、猪、牛、羊等）粪便，以及城市生活垃圾、食品加工厂的有机废弃物、水处理厂的污泥等。它们都含有大量有机质，具有一定的能量，如果把它们随意丢弃，就会严重污染环境，这些生物质能不能变废为宝呢？能不能用生物质来发电呢？

长期以来，世界上很多国家都创造出了各种利用生物质来发电的技术，研制出了各种利用生物质发电的设备，在世界各地建立了许多形式多样的生物质发电厂。如巴西的甘蔗渣发电建成较早、规模较大；英国的木屑发电、杂草发电、畜禽粪发电的建设先于其他国家；美国的生物质直燃发电装机容量最大；日本的城市垃圾焚烧发电技术较先进，规模较大；欧洲一些国家的沼气发电、垃圾填埋气发电技术较先进。

生物质能发电方式很多，按照生物质燃料的不同形式可分为固体燃料、液体燃料和气体燃料，把这些燃料送入锅炉燃烧，使水变为高温蒸汽，通过汽轮发电机组发出电来；也可以使用内燃机组，利用液体燃料及气体燃料进行发电。现把各种生物质能发电技术归纳如下：

（1）生物质固体成型燃料发电；

（2）生物质液体燃料发电；

（3）生物质气体燃料发电。

# 第二节 固体生物质发电

固体生物质发电，有生物质固体成型燃料发电、城市生活垃圾焚烧发电、城市生活垃圾和煤混烧发电、秸秆直接燃烧发电、秸秆粉和煤粉混合燃烧发电、稻壳发电、甘蔗渣发电、木屑发电、杂草发电及畜禽粪发电等。

## 一、生物质固体成型燃料发电

生物质固体成型燃料就是把秸秆、树枝、果壳、杂草、木屑等生物质通过物理方法制成颗粒燃料，可以替代煤炭，故又称“绿色燃料”。制造颗粒燃料的设备主要有粉碎机、搅拌机和造粒机。在搅拌机内加入黏合剂和助燃剂，最后用造粒机（又称生物燃料成型机）制成圆柱形或长方形的颗粒燃料。

污水处理厂的污泥也能生产“人造煤”用来发电。

把黑黑的污泥源源不断地送人干化装置中，使污泥的含水率从70%降到20%，然后压制成颗粒状“人造煤”。每处理4～5 t污泥，约能生产1 t“人造煤”。在锅炉内试烧，火势不比煤差，估计热值在12.6 MJ/kg左右，可以在水泥厂中使用，也可以在发电锅炉内使用。大约2 t“人造煤”可以抵上1吨标准煤。此项目非常有推广意义，可以有效促进废资源的再利用。

## 二、利用秸秆粉和煤粉混合发电

我国首家煤粉、秸秆粉混合燃烧发电机组于2005年12月在山东十里泉发电厂成功投产，标志着生物质能发电领域取得突破。

该厂在2005年对5号机组进行可再生能源利用技术——秸秆粉燃烧技术改造。这是全国首家且容量最大、单位造价最低的生物质能发电项目，每年节约7万多吨煤，还使农民增收3000多万元。秸秆含硫量仅为煤的1/7～1/4，因此一年减少$SO_2$排放1500 t。

## 三、秸秆直燃式发电

几十年前，在英格兰东部建成了世界上最大的利用秸秆的发电厂，装机容量达3.8万kW，每年要消耗40万t秸秆，可供8万户家庭用电。

在每年的夏收、秋收季节，总能看到在农田里白烟滚滚，这是农民在农田里焚烧秸秆。我国每年烧掉约1亿t秸秆。这样处理，不但浪费了大量的生物质资源，而且严重污染了环境，更严重的是会影响飞机在空中飞行和起降安全，也会影响高速公路上汽车行驶的安全。

为了充分利用各种作物的秸秆资源，发展秸秆直燃式发电是一项利国利民的有效措施。各地要因地制宜地发展生物质能直燃发电厂。

如新疆玛纳斯棉秆生物质发电项目，投资3亿元，装机2.5万kW；广东、广西、云南等地的糖厂，建设甘蔗渣发电厂；产粮区的大米加工厂，可建设稻壳秸秆直燃发电厂，如江苏、山东、河南、黑龙江等地；在林区可以建设木屑发电厂等。

下面介绍国内首个国产化生物质直燃发电项目——江苏宿迁生物质能电厂。该生物质能发电厂每年消耗秸秆20万t，发电装机容量2.4万kW，为农民增收5000多万元。

**1. 对生物质燃料进行收集**

由于生物质燃料分散在广大的农田内，因此首先要把秸秆收集起来。现代化的农业，用打包机把秸秆捆扎起来以便于运输，然后运到发电厂的燃料堆场内。上面用防雨布遮盖，以免下雨受潮，影响发电。也有的堆放在干料棚内，这样就更安全了。

**2. 生物燃料加工及输送**

首先把秸秆等原料进行粉碎，有的要造粒，有的要打成秸秆粉，按不同发电锅炉要求而定。加工好的生物质燃料放在燃料棚内，把燃料推入落料坑中，由螺旋输送机把燃料送到输料皮带运输机上，再送到高高的料仓中去，供锅炉使用。

**3. 锅炉燃烧**

燃烧生物质燃料的锅炉，有燃烧固体成型燃料的炉排锅炉，有秸秆粉和煤粉混合燃烧的煤粉锅炉，有燃烧甘蔗渣和棉秆的流化床锅炉。

**4. 汽轮发电机车间**

高温高压蒸汽通过主蒸汽阀门和调节阀门进入汽轮机做功，把蒸汽中的热能转换成机械能，使汽轮机高速转动，带动发电机一起转动，发电机把机械能转变为电能，通过电气开关、闸刀将电输入电网中，再由电网将电传输到千家万户使用。

**5. 控制室**

控制室是生物质能发电厂的指挥中心。在这里，可以通过各种仪器、设备调控发电厂的发电功率、主蒸汽压力、主蒸汽温度，还能自动打印锅炉、汽轮机、发电机的各个运行参数和发电量、厂用电量等数据。

**6. 尾气处理**

锅炉尾部的烟气经过除尘和净化处理后，由一台引风机把处理后的烟气吸过来，送到高烟囱并排放到大气中。为防止引风机、电动机雨天受潮，损坏电气绝缘，故在电动机上面安装一个防护棚，确保引风机的安全运行。有的发电厂把引风机放在房间内，这样更安全。

**7. 灰尘利用**

锅炉的除尘器把烟气中的灰尘除去，灰尘落在灰斗中，经出灰机排出，然后用螺旋输送机把灰尘送到综合利用的地方去。

## 四、城市生活垃圾焚烧发电

随着城市人口的增加，城市垃圾的总量日渐增大，许多城市产生“垃圾围城”现象，如不及时采取措施，将会影响城市的发展。不同的国家，对城市垃圾有不同的处理方法。我国对城市垃圾的处理原则是要走“减量化、无害化、资源化”的道路。目前各城市处理垃圾的办法是垃圾填埋、垃圾焚烧发电、生化处理堆肥等。我国政府对垃圾处理非常重视，提出了具体的解决“垃圾围城”的办法。

**1. 垃圾是怎样产生的**

衣服穿破了怎么办？棉花、羊毛、化纤能再利用吗？

旧书报杂志怎么处理？

各种食品包装、瓶罐如何处理？

平时厨余垃圾、果蔬皮壳如何处理？

这些东西，大家都认为是“垃圾”，其实世界上没有真正的垃圾，垃圾是被我们放错了地方的资源。垃圾是可以“变废为宝”的，但必须靠大家把垃圾进行分类。

**2. 垃圾必须分类——垃圾和青少年的对话**

垃圾说："我不是垃圾，因为我原来是宝，是你们把我请到你们家里来的。现在被你们丢弃了。"

青少年说："我们把你请到家内来，是要你为我们服务的呀！"

垃圾说："我到了你家，你们对我太不客气呀!剥了我的皮，吃掉我的肉，把骨头都打断。我不能再为你们服务了，你们就把我丢了。"

垃圾又说："现在请你们把我们分别送回到我们的老家去（即分类），我还是宝贝呀!以后还可能为你们服务的。"

青少年说："你们的要求不高，我会按你们的要求送你们（垃圾）回家。我们知道你们是个宝，是取之不尽的可再生资源。你们还将为我们做成肥料，发电，再造塑料，制造再生纸，再冶炼出铜、铁等，继续为我们服务。谢谢你们！"

这样，垃圾就被从千家万户中分类出来。按可回收垃圾（废纸、废金属、废玻璃等），不可回收垃圾（如厨余垃圾、瓜皮果壳、杂草、木屑、棉麻织物等），有害垃圾（如电池、废灯管、过期药品等）分别放人对应的垃圾桶（箱）内，由环卫工人把这些"宝"送到发挥垃圾作用的地方去，把不可利用垃圾运到垃圾焚烧发电厂去做燃料，进行焚烧发电，这时垃圾就是"宝"。

**3. 为什么说垃圾是"宝"呢**

先看看利用垃圾的贡献吧!

每回收1 t废塑料，可制成0.7 t塑料颗粒。

每回收1 t废钢铁，可炼出0.9 t钢，节约铁矿石3 t、焦炭1 t，比用铁矿石炼钢节省成本47%，减少空气污染75%，减少97%的废水污染和废渣排放。

每回收1 t玻璃，可节省1.25 t原料，节约成本20%，节约煤10 t，节约电400 kWh，节省石英砂0.72 t、纯碱0.25 t。

每回收1 t厨余垃圾，用生物技术进行堆肥处理，可以产生0.3 t有机肥料。如送去垃圾焚烧发电，则可以发电300 kWh。

废橡胶、废轮胎也可以回收，经粉碎后，可以制成再生橡胶制品，也可以作为发电厂燃料。美国在1987年建成了世界上第一座轮胎发电厂，功率为1.5万kW，每年烧掉700万个旧轮胎。

把废电池、废灯管、废电子产品等有害垃圾，送到电子废品处理厂进行特殊处理，可以回收各种稀有贵金属，如金、银、锡、汞、铬、钨等。

现在看来真正的垃圾是没有的。原来这些东西，只要我们得把它们分类好，确确实实是“宝”呀。一句话，“要把垃圾变成宝，先把垃圾分类好!”

**4. 垃圾焚烧发电厂**

许多城市都建造了垃圾焚烧发电厂。高高的红白相间的烟囱，正在忙碌地消化大城市的生活垃圾。许多垃圾焚烧发电厂还建在市中心。

城市里的人们在日常生活中必然会产生各种废弃物。据统计，一般一个人每天产生1 kg生活垃圾。上海是个特大城市，常住人口约2000万，每天产生垃圾2万t左右；16 d的垃圾堆起来，体积相当于一座金茂大厦。因此，用垃圾焚烧发电的办法来缓解全国日益严重的“垃圾围城"情况，是很有必要的。

城市垃圾是一种可再生的生物质能资源，而且可以做到就地取材、就地消化，可以减少为了运输垃圾所消耗的大量人力、物力和能源。

青少年朋友们，下面介绍一座现代化的生活垃圾焚烧发电厂——上海江桥城市生活垃圾焚烧厂。走进这座垃圾焚烧发电厂，就像走进花园一样，闻不到半点臭味。电厂师傅说，若要垃圾发电效果好，先把垃圾分类做好，并且做到符合减量化、无害化和资源化的垃圾处理要求。

在该垃圾发电厂门口看到树起一块数字显示的烟气排放指标牌，烟气排放指标牌上显示电厂向空气中排放的各种排放物的指标：氯化氢、氮氧化物、一氧化碳、二氧化碳、烟尘浓度。这些指标完全符合国家制定的排放标准，说明排放的烟气对人体不会造成危害。

垃圾焚烧发电厂有五大系统：①垃圾处理系统，工作流程为垃圾堆仓、垃圾处理、除铁、粉碎、运到锅炉料仓。②垃圾焚烧炉、焚烧出灰、烟气净化。③除尘，通过烟囱将烟气排向天空。④汽轮机及发电机系统，用蒸汽来发电。⑤出渣系统，配制肥料或制建材。

（1）从各地收集来的垃圾，用封闭式垃圾专用车运到垃圾发电厂接收大厅，通过活动门把垃圾卸入垃圾仓内，停留1～3 d。

（2）垃圾起重机（俗称吊车）把垃圾吊起装到锅炉的垃圾进料斗内。吊车控制室和垃圾贮仓是隔开的，但在玻璃窗外看得到，这样吊车司机就闻不到臭气了。

（3）垃圾焚烧炉是处理垃圾的主要设备，里面有活动的炉排。垃圾放在上面燃烧，下面有热风向上吹，使炉排上的垃圾充分燃烧。炉膛内的温度可达850℃以上，这时可以把有害物质二噁英分解掉。焚烧垃圾产生的热量加热锅炉内的水，使水变成高温高压蒸汽。

（4）由锅炉产生的高温高压蒸汽进入汽轮发电机组做功，使汽轮机高速旋转，在发电机的定子内发出50 Hz交流电，并输入到电网。

（5）垃圾燃烧后的烟气进入余热锅炉，对锅炉的给水进行加热，使之变成高温蒸汽，此时排出的烟气经过净化除尘，除去烟尘中的$SO_2$、$NO_x$、HCl等有害气体和细小灰尘。最后通过引风机把环保达标的烟气排入大烟囱，排到大气中。

（6）中央控制室是垃圾焚烧炉、汽轮发电机及厂用电设备，以及变压器、并网装置和输电线路等集中控制的地方，是垃圾发电厂的指挥中心，用计算机进行控制。

（7）垃圾经焚烧后的灰烬落入灰坑内，除尘器除下来的灰尘也送到灰坑内，最后用抓灰起重机把灰烬装到卡车上，送到综合利用的地方去。

## 五、废木材发电

在苏格兰有一座以木材为燃料的发电厂，于2007年年底投入使用，装机容量为4.4万kW，可供7万户家庭使用。

英国建造了一座全球最大的木屑发电厂，设计装机容量35万kW，投资4亿英镑。该电厂使用的木屑全部来自美国、俄罗斯和乌克兰的可持续林场，通过船运到发电厂。该电厂除燃烧木屑、柳树碎片和锯屑外，还可以利用农作物秸秆、禽粪垫草等来发电。该发电厂不会产生有害气体，烟囱高达100 m。电厂对周围空气的影响几乎可忽略不计。

## 六、甘蔗渣发电

广东、广西、云南等地盛产甘蔗，甘蔗制糖后产生大量甘蔗渣。许多制糖厂就自建热电车间，采用燃烧甘蔗渣的锅炉，产生蒸汽来发电、供热。此种生物质能热电厂投资省、见效快，而且对环境没有破坏。巴西是产糖大国，每年有甘蔗渣约1500万t，在圣保罗有140家企业用甘蔗渣发电，做到用电自给，多余电力出售给电网。

## 七、稻壳发电

稻谷在加工成白米时，碾磨下来的稻壳又称砻糠。过去在上海的弄堂内，开的老虎灶（是一种供应居民热开水的小店）就是用稻壳作燃料的。

中国台湾研制出旋风式稻壳燃烧炉，用稻壳作为燃料生产蒸汽发电。研究人员发现，每千克稻壳燃烧后，可以产生3600 cal热能。稻壳灰还可以作保温材料及炼钢炉的添加剂。

英国在2005年建造了世界上第一座“草电厂”。这是英国第一座以草作为燃料的大型发电厂，它位于英格兰中部的斯塔福德郡。造价约1200万美元。它用象草作为燃料生产蒸汽发电。象草是多年生草本植物，生长在热带、亚热带地区。专门由农民种植象草卖给发电厂。草电厂和燃煤电厂相比，每小时减少1 t $CO_2$的排放。

## 八、鸡粪发电

鸡粪又脏、又臭，能有用吗？在农村鸡粪是很好的有机肥料。你知道吗？

（1）1993年10月，英国建成世界上第一座以鸡粪为燃料的发电厂。这座鸡粪发电厂的燃料为鸡粪和木屑、秸秆的混合物。每年烧掉12.5万t鸡粪，发电容量为12500 kW。这座发电厂解决了1400万只鸡的粪便处理难题，防止了养鸡场对环境的污染，而且燃烧时排放的有害气体大大低于燃煤电厂。还有唯一的副产品，是富含磷、钾的有机肥。

目前，英国最大的生物质能发电厂是三个禽粪垫草发电厂中的一个，位于英格兰东部的塞特福特，装机容量为38.5 MW，为家禽业每年产生的40万t禽粪垫草提供了理想的解决方案。

（2）在美国，有一座以火鸡粪为燃料的全球最大的火鸡粪发电厂，每年燃烧70万t火鸡粪，装机容量为5.5万kW。火鸡粪比较干燥易燃，而火鸡是美国人的主要食用禽类，数量很多，火鸡粪来源较充足。

（3）福建凯圣生物质发电公司的首座鸡粪发电厂，并网后通过72 h满负荷试运行。该厂是亚洲首座利用鸡粪等垃圾发电的环保型生物质发电厂，装机容量为2万kW，由光泽圣农集团和武汉凯迪公司共同投资兴建，总投资3.5亿元。凯圣热电厂首期两台汽轮发电机组和循环流化床锅炉，每年可发电1.68亿kWh。发电厂的投产运行能满足1.2亿只肉鸡产生的40万t废弃物的资源化处理需求，并带来可观的经济效益和社会效益。

## 第三节 生物质液化发电

### 一、啤酒发电

澳大利亚在全球首次推出使用微生物的“啤酒发电”，它是利用微生物来分解啤酒酿造废液的生物发电。它采用细菌燃料电池，当细菌在吞噬啤酒酿造废液中所含的淀粉、酒精和糖分的过程中会产生电力，同时对废水进行净化。该细菌燃料电池的容量为2 kW，可供家庭使用。

### 二、甲醇发电

日本的一个民间组织正在开发将甲醇用作发电厂燃料的新工艺，并研制出一套试验设备，利用甲醇发电，其转化率约为31%，可望提高到40%。这主要因为甲醇可转化为一种高热值气体，用来燃烧发电。今后将研究如何用家庭垃圾来生产甲醇，再用甲醇来发电。

### 三、甲醇燃料电池

只要把少量甲醇灌人燃料电池，它就能连续发电。输出电压约为5 V，电流可达400 mA。可用于手机充电或照明。

## 第四节 生物质气化发电

利用生物加工废料、生活垃圾及畜禽粪便等生物质原料进行气化发电，是一种利用生物质能的方式。其残渣可做肥料。

## 一、秸秆气化发电系统

首先把稻麦秸秆、木屑、玉米秆、稻壳、花生壳、杂草、树枝等，经粉碎、混合、挤压等工艺制成颗粒燃料，再将颗粒燃料经输送机送入气化炉中直接燃烧。

颗粒燃料经热解气化反应转换成可燃气体，在净化器中，除去燃气中的灰尘、水分等杂质，冷却到常温，由风机加压送到储气柜。储气柜主要作用是稳定燃气压力、平衡用气量的波动。经燃气输配系统，将燃气供用户使用或进入燃气轮机发电机组发电。该系统由气化机组、储气柜、净化器、燃气输配系统和燃气发电机组组成。

意大利有一家公司采用将垃圾气化后发电的新技术，最终产生的灰烬为原垃圾量的15%～20%。其工艺大致为：先除去垃圾中的金属（如铁），然后把垃圾粉碎压成块状，放入高大的金属气化器内，使之产生可燃气，最后进入燃气轮机进行发电。使用这项技术投资费用比垃圾焚烧发电低，一般在一年半左右可收回投资成本。

## 二、稻壳气化发电

1981年我国第一台稻壳气化发电机在苏州八圻米厂成功投运，功率为160 kW。采用固定床气化炉，用内燃机组发电，使用旋风分离器除尘，机组容量有60 kW、160 kW、200 kW三种。到1998年底，共开发了300多台稻壳气化发电机组。

我国优质大米生产基地——安徽省南陵县利用稻壳发电技术，在城关米厂建成2台200 kW发电机组，并已发电近50万kWh。这种机组每发电1万kWh，只需燃烧稻壳30 t。稻壳经焖烧工艺处理后产出10 t炭化稻壳，这是一种新型保温材料，有较高的经济价值。作为大米生产基地，仅城关米厂每年生产大米的稻壳就有4000 t，该发电项目不仅使该厂实现了电力自给，还为稻壳的综合利用创造了条件。

## 三、生物质气化（燃气-蒸汽联合循环）发电

生物质气化发电技术是把农作物秸秆、稻壳、木屑、树皮、杂草等多种原材料首先转化成可燃气，再利用燃气发电设备来发电。整个过程包括生

物质气化、气体净化、燃气发电三个部分。为了提高发电效果，系统采用燃气～蒸汽联合循环，即燃气发电后的高温余气进入余热锅炉，使之产生高温蒸汽，再去推动汽轮发电机组发电，其发电功率可达4000～6 000 kW，发电效率为25%～28%，每度电原料消耗为1.0～1.2 kg。

## 四、生物质热裂解气化发电

生物质热裂解技术的基本原理，是通过对有机物的适度加热，使组成有机物的大分子链在一定压力、温度、时间等条件下发生断裂，而转化成易处理和可再生利用的气（可燃气体）、液（裂解油）、固（炭）三种状态的初级能源物质。由于没有燃烧过程，因此可以有效地控制二噁英的排放。

济南省利用大米草和农作物秸秆等生物质原料，采用热解气化技术，在缺氧状态下加热反应，产生可燃气体，通过净化处理后，用于炊事、发电和供热，实现气、电、热三联供。

## 五、湿式生物质气化发电系统

湿式生物质气化发电系统既安全又清洁，除可处理畜禽排泄物外，还能产生电力、热水和堆肥。

该系统有四大功能：

（1）能合理、安全地处理畜禽排泄物；

（2）能安全、方便地处理生活垃圾；

（3）能发电及供应热水；

（4）能制堆肥用于绿化。

## 六、生活垃圾低温负压热馏处理发电

福建一家环保公司创新采用低温负压热馏炉，代替现有的生活垃圾中转压缩站，成为生活垃圾终端处理厂，实现生活垃圾减量化、无害化。其产品为热馏气、焦油、炭黑。各热馏站的炭黑产品经加工精选之后，成为优质的固体燃料。公司建设日处理1000 t低温负压热馏厂一座，日处理300 t炭黑精选厂一座，可配套建设年发电1.7亿kWh的发电厂一座，投资约3.5亿元，实现生活垃圾处理的资源化目标。

# 第五节 有趣的生物质能发电探索

生物质能的开发前途无限，如目前世界上已在大规模种植能源植物如大米草、象草、油树等。有的国家开发用海藻发电，开发用海藻点亮LED灯；美国试验用狗粪点亮路灯；英国试验用尿液来获取尿素能，通过燃料电池得到电能。

## 一、日本开发海藻发电新技术

日本科学家开发一种生物质发酵系统，利用海边的海藻生产发电燃料。

海藻中脂类含量高达67%，它可以作为生物质能使用，代替煤炭、石油、天然气等资源。海藻生物质能发酵设备把收集来的大量海藻碾碎，再加水搅成藻泥。藻泥被微生物降解成半液体状，降解过程产生的甲烷气体又被用作燃料，可供内燃机发电。

每处理1 t海藻，能产生20 $m^3$甲烷气体，每小时可发电10 kWh。利用海藻生物质能发电，极具环保价值，残渣还可以做肥料，此项技术具有很大的发展前途。

## 二、大型会展期间产生的生物质能供燃料电池发电

在大型会展期间，大量参观人员产生的剩饭剩菜等餐余垃圾，经过微生物发酵，分解出一种气体，可以作为燃料电池的燃料发出电来。

## 三、大黄蜂能收集太阳能并可转换成电能

以色列科学家发现，亚洲大黄蜂有收集太阳能并将其转换为电能的能力，在其腰中的黄色环就是它的“太阳能电池”，它会吸收太阳光发出电来。科学家们还发现，大黄蜂身体中还有一个类似热泵的系统，使它即使在阳光直晒时，也能保持体温比外界温度略低。大黄蜂腰缠“太阳能电池”

## 四、用狗粪点亮路灯

美国一个停车场利用狗粪点亮路灯。这一装置是个甲烷消化器，用来代替垃圾桶。使用步骤如下：

（1）将宠物狗的排泄物用可降解袋子装好；

（2）将袋子丢进伸出地面的管口，进入地下的发酵容器；

（3）摇动设备上的手柄，搅拌混合物，同时使容器内的甲烷上升到容器顶部；

（4）到晚上，甲烷通过管道输到地面上的路灯，用电火花点燃甲烷发出光，路灯就亮了。

## 五、用尿液能发电

美国俄亥俄大学科学家通过电解尿液获得氢气，用于燃料电池。经试验，一头母牛的尿液可以取得为19个家庭提供烧热水的能量。但此方法本身耗电量太大，不宜推广。

英国斯特莱丝克莱德大学的科学家从事燃料电池新技术、新材料开发的研究近20年，经过一年多尿液电解获取氢气的实验研究，直接从尿液中成功获取了“尿素能”，并能计算出尿素燃料电池产生的电量。一个成年人一年的尿液产生的“尿素能”，可供轿车行驶2700 km。如有200人，一天的尿液可产生12 kWh电。

# 第八章 生物质能源发展前程似锦

随着全球大量使用化石能源所出现的问题，包括资源的有限性和环境污染问题，发达国家和发展中国家都把生物质能作为重要的能源予以重视。生物质能在燃烧过程中也释放$CO_2$，但由于其在再生的过程中又吸收$CO_2$，因此，生物质能被认为是对环境影响中性的能源，特别是其可再生性，使生物质能成为重要的可再生能源，属于发展的优先领域。21世纪是生物学世纪，生物科技的成功发展，将为生物质能发展提供有力的理论基础、技术支撑和光明前途。

## 第一节 发展我国生物质能的产业链

### 一、大力发展生物质能的原料

地球上每年植物光合作用固定的碳达$2\times10^{11}$ t，含能量达$3\times10^{21}$ J，因此每年通过光合作用贮存在植物的枝、茎、叶中的太阳能，相当于全世界每年耗能量的10倍。生物质遍布世界各地，其蕴藏量极大，仅地球上的植物，每年生产量就相当于现阶段人类消耗矿物能的20倍，或相当于世界现有人口食物能量的160倍。虽然不同国家单位面积生物质的产量差异很大，但地球上每个国家都有某种形式的生物质。生物质能是热能的来源，为人类提供了基本燃料。

我国拥有丰富的生物质能资源，类别有农业废弃物、林业废弃物、生活垃圾、工业垃圾、能源作物、能源林木等。现阶段可供开发利用的资源主要为生物质废弃物，包括农作物秸秆、薪柴林、禽畜粪便、工业有机废弃物和城市固体有机垃圾等。

近年来，我国在生物质能利用领域取得了重大进展。截至2010年年底，生物质发电装机约550万kW，沼气年利用量约130亿$m^3$，生物质固体成型燃料年利用量为50万t左右，非粮原料燃料乙醇年产量为20万t，生物柴油年产量为50万t左右。

"十一五"期间是我国农村沼气建设投入最大、发展最快、受益农户最多的时期，国家累计投入农村沼气建设资金达212亿元。在中央投资的带动下，农村沼气建设数量不断扩大、投资结构不断优化、服务体系逐步健全、沼气功能进一步拓展、沼气产业迅速发展，进入建管并重、多元发展的新阶段。

## 二、燃料乙醇、生物紫油等重点产品的展望

### 1. 燃料乙醇的展望

随着科学技术的进步，酒精发酵工业也将在我国出现飞跃式发展，但从目前看来，酒精生产中还存在很多亟待解决的问题。主要体现在以下几个方面。

（1）解决代粮节料的问题，探讨如何把目前酒精生产所用的原料耗量减少，降低吨酒精的原料费用。例如发展红薯种植，形成新的能源植物。

我国人口众多，粮食保障是头等大事。红薯是第四大粮食作物，也是高产、优质的能源植物。2007年，国家发展和改革委员会发文，正式宣布停止一切以粮食生产燃料乙醇的项目，鼓励发展红薯、甘蔗、甜高粱等非粮食原料生产燃料乙醇。我国目前每年红薯的种植面积在750万$hm^2$左右，占世界种植面积的62%，总产量占世界的84%。红薯的产量高，单位面积能源产出几乎相当于玉米的3倍；出酒率高，10 t鲜薯或2.8 t薯干就可生产1 t酒精，而且生产成本也是目前粮食酒精中最低廉的。总之，加工增值效益高，使红薯成为发展生物质能源的首要选择。扩大红薯种植面积，可以利用沙地、滩涂、盐碱地，做到不和主要粮食作物争地。红薯是匍匐生长的，生产期受台风影响小，而且田间种植是用无性繁殖，不会因大量传粉引起基因漂移，即使进行转基因试验，对环境的影响也小。红薯适应性强，产量高，采用集约化种植，效益明显高于小麦、玉米。

（2）选育性能优良的新菌种。当前生产中所用的菌种，无论是曲酶糖化菌，还是发酵用酵母菌，与世界上先进国家相比还有很大差距，远未达到

原料的理论产值，这些都需寻找和驯养新菌种，以此推动酒精发酵生产技术水平提高。

（3）采用先进的科学技术。由于科学技术不断发展，产量质量标准也在不断提高，对现有的生产技术提出了新的、更高的要求，所以必须吸取国内外的先进经验，采用先进的科学技术和先进工艺，才能在较短时间内解决生产上存在的问题。

总而言之，酒精发酵工业今后的发展方向也就是研究如何代粮节料、采用先进的科学技术、选用先进工艺、选育新菌种，研究设计性能完美的工艺。

**2. 生物柴油的主要问题**

生物柴油制备成本的75%是原料成本。因此采用廉价原料及提高转化率从而降低成本是生物柴油能实现实用化的关键。美国已开始通过基因工程方法研究高油含量的植物，日本采用工业废油和废煎炸油，欧洲是在不适合种植粮食的土地上种植富油脂的农作物。

但我国现有耕地资源贫乏，用来发展能源作物的耕地十分有限，依靠种植油料作物为生物柴油提供油源不符合我国国情。

自然界中少量微生物在适宜条件下产生并贮存质量超过其细胞干重20%的油脂，具有这种表型的菌种称为产油微生物。产油微生物利用可再生资源，得到的微生物油脂与植物油脂具有相似的脂肪酸组成，产油微生物具有资源丰富、油脂含量高、生长周期短、碳源利用谱广、能在多种培养条件下生长等特点。同时，微生物油脂生产工艺简单，高值化潜力大，有利于进行工业规模生产和开发，因此具有广阔的开发应用前景。

目前中国、日本、德国、美国等国已有商品微生物菌油或相应下游加工产品面市，但生产成本还较高。随着现代生物技术的发展，将可能获得更多的微生物资源。如通过对野生菌进行诱变、细胞融合和定向进化等手段能获得具有更高产油能力或其油脂组成中富含稀有脂肪酸的突变株，提高产油微生物的应用效率。

据美国国家可再生能源实验室（NREL）报告，微生物油脂发酵可能是生物柴油产业和生物经济的重要研究方向。微生物生产油脂不仅具有油脂含量高、生产周期短、不受季节影响、不占用耕地等优点，而且可用细胞融合、细胞诱变等方法，使微生物产生高营养油脂或某些特定脂肪酸组成油脂，如具有特定生理功能的EPA（二十碳五烯酸，是一种不饱和脂肪酸）、DHA（二十二碳六烯酸，俗称脑黄金）、类可可脂以及生物柴油等，这样又形成了新的交叉性学科——微生物油脂学。

微生物油脂是继植物油脂、动物油脂之后开发出来的又一人类食用油脂新资源。20世纪80年代以来，γ-亚麻酸（GLA）、花生四烯酸（AA）含量高的微生物相继在日本、英国、法国、新西兰等国投入工业化生产，日本、英国已有AA发酵产品投入市场。20世纪90年代以来，开发利用微生物进行功能性油脂的生产成为一大热点，如利用深黄被孢霉进行GLA的生产，以及利用微生物培养生产EPA、DHA等营养价值高且具有特殊保健功能的功能油脂的研究。

微生物产生生物柴油的工业经济意义十分突出，引起全世界的普遍关注。

微藻生产柴油也为柴油生产开辟了另一条技术途径。美国国家可再生能源实验室（NREL）通过现代生物技术建成工程微藻，即硅藻类的一种工程小环藻。在实验室条件下可使工程微藻中脂质含量增加到60%以上，户外生产也可增加到40%以上。工程微藻中脂质含量的提高主要由于乙酰辅酶A羧化酶（ACC）基因在微藻细胞中的高效表达，在控制脂质积累水平方面起到了重要作用。利用工程微藻生产柴油具有重要的经济意义和生态意义，其优越性在于微藻生产能力高、用海水作为天然培养基可节约农业资源；比陆生植物单产油脂高出几十倍；生产的生物柴油不含硫，燃烧时不排放有毒气体，排入环境中也可被微生物降解，不污染环境。发展富含油质的微藻或者工程微藻是生产生物柴油的一大趋势。

我国微藻制油已经走上快车道，早在2011年春天，就启动了“微藻能源规模化制备的科学基础”的研究，这是我国微藻能源方面首个国家重点基础研究发展计划项目，由国内十几家高校、科研院所和生物质能大企业单位联合组织实施。位于天津空港经济区的中国科学院天津工业生物技术研究所承担了六大系列课题中的三个子课题。至2015年该项目结题，突破了微藻制油的高成本瓶颈。

## 三、集中力量、因地制宜发展生物质能产业

我国发展生物质能产业的主要障碍，首先是与粮争地。生物质能资源与粮食的矛盾在中国尤其突出，这一实际情况决定了我国应当走以废弃物为原料的生物质能源发展之路。其次是技术落后，国内的生物质能源产业整体技术水平薄弱，转化率低，原料消耗大，企业生产成本较高，难以形成具备盈利能力的产业。

建议相关政府部门要看到生物质能发展的潜质与前途，通过建立准入制度，规范产业发展，避免产生“想做事的做不成，投机取巧者却竞相进入”的现象。此外，应该通过政策引导、宣传等方式来鼓励用户使用生物质能等新能源。

## 四、规划目标明确，措施给力

2020年是实现非化石能源发展目标、促进节能减排的关键时期，生物质能面临重要的发展机遇。相关部门规划分析了国内外生物质能发展现状和趋势，阐述了我国生物质能发展的指导思想、基本原则、发展目标、规划布局和建设重点，提出了保障措施和实施机制，是现阶段我国生物质能产业发展的基本依据。

# 第二节 生物质能源研发的瓶颈与对策

## 一、能源植物资源与改良

木薯及其亲缘种都是低地的热带灌木，起源于热带美洲。木薯是世界三大薯类作物之一，在土地相对贫瘠的地区广泛种植，过去常常被当作食品和饲料。随着生物乙醇生产对原料的需求，木薯根块的淀粉含量比玉米高，使木薯得到了新的应用，种植规模的扩大将给农民

带来更多的收入，有利于促进经济发展。

我国十分重视木薯产业的发展，广泛推动木薯淀粉生产燃料乙醇；加强木薯新品种研发，综合利用、经济分析和新技术应用，表明木薯可以比玉米生产出更多的乙醇，是一种非常有竞争力的生物乙醇生产原料。

## 二、生物质液化和液态生物质燃料的研发

在生物质液化和液态生物质燃料研究领域中，国内外都非常关注微藻能源技术，微藻是一种低等植物，在陆地、海洋分布广泛，种类繁多。微藻光合作用效率非常高，可直接利用阳光、二氧化碳和氮、磷等简单营养物质快速生长，合成油脂、蛋白质、多糖、色素等物质。在2010年上海世博会的最佳实践区中的“沪上·生态家”的展览里，微藻培养是未来时尚家庭的重要组成部分，可以综合利用家庭的阳光、污水、二氧化碳等繁殖微藻。微藻可以加工成生物柴油，微藻释放氧气，供给人们需要，达到节约能源、保护环境、美化生活的综合目的。

我国微藻基础研究力量较强，拥有一大批淡水和海水微藻种质资源，在微藻大规模养殖方面走在世界前列，养殖的微藻种类包括螺旋藻、小球藻、盐藻、栅藻、雨生红球藻等。中国科学院大连化学物理研究所等单位在产氢微藻、清华大学等单位在产油淡水微藻方面具有一定的研究基础。

以山东省青岛市为中心，汇集了一批堪称“国家队”水平的海洋科研机构。中国科学院海洋研究所获得了多株系油脂含量在30%～40%的高产能藻株，微藻产油研究取得了重要成果。

中国海洋大学拥有海洋藻类种质资源库，已收集600余株海洋藻类种质资源，目前保有油脂含量接近70%的微藻品种，在山东省无棣县实施的裂壶藻（油脂含量50%，DHA含量40%）养殖项目正在建设。

另外，我国在利用滩涂能源植物，如碱蓬、海滨锦葵、油葵以及地沟油制备生物柴油方面开展了一系列研究，取得了一些重大技术突破。我国和中东正在积极研发海蓬子——一种新的能源植物。

一位中国科学院院士强调，微藻是潜力很大的生物能源，但规模和成本是目前开发微藻的两大瓶颈问题，因此要把微藻生物柴油技术作为一项长远事业，重视方案和路线选择。中国科学院与中国石化集团在微藻生物柴油这一前瞻性领域从一开始就以产业为导向紧密合作，为学术界与工业界的合作提供了很好的示范，具有重要意义。中国科学院目前正在实施太阳能行动计划，微藻生物能源是其中的重要组成部分。

中国石化集团技术负责人指出，在项目技术经济性方面，目光要放长

远，坚持长期作战。随着技术进步及环境要求提高，微藻生物柴油技术会体现出竞争力。合作双方应优势互补，争取推出高水平的科学技术成果。

专家建议，利用微藻制取生物柴油，具有重要的政治、经济、科学意义，需要国家立项支持，各部委在科技立项时，要向微藻制油倾斜，鼓励相关企业开发微藻制油自动化设备，大力促进微藻制油产业化。

## 三、生物质气化生产

生物质气化是生物质能源转化过程最新的技术之一。生物质原料通常含有70％～90%的挥发成分，这就意味着生物质受热后，在相对较低的温度下就有相当量的固态燃料转化为挥发分物质析出。

由于生物质这种独特的性质，因此气化技术非常适用于生物质原料的转化。它不同于完全氧化的燃烧反应。它的气化是通过两个连续反应过程将生物质中的内在能量转化为可燃烧气体，即生物质可燃气（BGF），既可以供工业生产直接燃用，也可以进行热电联产联供，从而实现生物质的高效清洁利用。

## 四、制备氢的研究和开发

中国科学院能源领域战略研究组提出我国未来氢能和燃料电池的发展规划。

另外，甲醇裂解一变压吸附联合工艺制取氢气是适用于中小型用氢规模的制氢装置技术，我国经过近十年的研究改进，已经达到国际先进水平，并先后成功地在一百多家企业得到工业化运用，同时先后获得数项国家专利。

上述制氢工艺流程：甲醇和脱盐水经混合、加压、汽化、过热进入反应器，在催化剂作用下，反应生成$H_2$、$CO_2$、CO等混合气，混合气经变压吸附（PSA）分离技术一次性获得高纯氢气。该技术特点是生产技术成熟，运行安全可靠，原料来源容易，运输贮存方便，价格稳定；流程简洁，装置自动化程度高，操作简单、易行；占地小，投资省，回收期短；能耗低，产品成本低，无环境污染。特别是随着我国生产甲醇装置的大规模建设投产（内蒙古鄂尔多斯生产甲醇500万t/年、海南120万t/年、重庆90万t/年、黑龙江鹤岗120万t/年、新疆石河子60万t/年、陕西神木60万t/年、山东30万t/年等），可以预见，甲醇裂解制取氢气的生产成本也会大幅度降低，产品的竞争力将得到不断的提高。

## 五、提高生物质能的自主科技创新能力

深入研究光合作用，为改良能源植物及其能源产物提供理论指导，分析影响光合作用的因素，为合理密植、植物间种或套种等，创造最佳条件，提供能源植物的产量和产物质量。

中国科学院沈允钢院士带领的团队，在光合磷酸化研究的基础上，继续探究相关因素的作用。

我们要努力培养青少年学科学、用科学，鼓励他们勇于创新、不断探索，引导他们多实践、多观察，从实验中不断提高植物光能的利用率，把他们培养成为将来提高农业生产和能源植物生产的核心技术人才。

## 六、中国需要开发三种绿色能源

开发绿色能源是落实科学发展观的一项基本战略。一位中国工程院院士提出，我国需要开发三种概念的绿色能源，在今后的几十年内，不仅能够解决我国能源的需求问题，而且可以显著改变我国的能源结构，使其逐步绿色化，以达到“资源节约型、环境友好型社会”的要求。

1.什么是三种绿色能源？

绿色能源指新型的清洁能源，即太阳能、氢能、生物质能。

专家指出，绿色能源是指低污染或无污染的环境友好型能源；可再生能源属于绿色能源范畴，它的最大特点就是可再生，主要包括水能、风能、生物质能、太阳能等；新能源则是相对于传统能源而言的，主要包括核能、风能、生物质能、太阳能等，而水电发展起步较早，不属于新能源行列。

2.我国生物质能的重点发展时间进程。

生物质能是蕴藏在生物质中的能量，是绿色植物通过光合作用将太阳能转化为化学能而储存在生物内部的能量。它是绿色能源，是可再生、可循环使用的新能源。中国科学院能源领域战略研究组提出以下研究时间进程，指导我国生物质能的有序、快速、健康发展。

3.国家加大投入，研究植物光合作用，利用建成的东亚最先进的人工气

候室。我国著名植物生理学家沈允钢院士就在《国际技术经济研究》期刊上发表重要文章《二十一世纪的绿色植物产业》，阐述了现代农业对经济和社会的可持续发展所做的贡献，并指出存在的问题；综述了“绿色植物产业”的主要特征是“更大规模、更有效地利用太阳能，是种植业、养殖业、农副产品加工业按生态学原理的有机组合，统筹兼顾社会效益、经济效益和生态环境效益”，这为发展生物质能奠定了理论基础。